普通高等教育"十二五"土木工程系列规划教材

建筑结构试验

主　编　刘　杰　闫西康
副主编　冯士伦　王书祥

机械工业出版社

本书根据土木工程专业"建筑结构试验"教学大纲的要求编写。书中结合教学改革、最新国家规范和标准，以结构试验的基本理论和基础知识为重点，注重理论与实际相结合。内容包括：建筑结构试验概述、结构试验的加载方法和设备、结构试验的量测仪表和仪器、结构试验设计、结构构件的静载试验、结构动力试验、结构抗震试验、建筑结构现场检测技术、试验数据处理等。

本书可作为土木工程专业和其他有关专业的教材，也可作为从事工程结构试验的专业人员和有关工程技术人员的实用参考书。

图书在版编目（CIP）数据

建筑结构试验/刘杰，闫西康主编. —北京：机械工业出版社，2012.2（2025.1重印）

普通高等教育"十二五"土木工程系列规划教材
ISBN 978-7-111-36983-7

Ⅰ.①建… Ⅱ.①刘…②闫… Ⅲ.①建筑结构—结构试验—高等学校—教材 Ⅳ.①TU317

中国版本图书馆 CIP 数据核字（2011）第 280106 号

机械工业出版社（北京市百万庄大街 22 号　邮政编码 100037）
策划编辑：刘　涛　责任编辑：刘　涛　林　辉
版式设计：石　冉　责任校对：闫玥红
封面设计：张　静　责任印制：郜　敏
北京富资园科技发展有限公司印刷
2025 年 1 月第 1 版第 8 次印刷
184mm×260mm · 14.5 印张 · 356 千字
标准书号：ISBN 978-7-111-36983-7
定价：39.80 元

电话服务

客服电话：010- 88361066
　　　　　010- 88379833
　　　　　010- 68326294
封底无防伪标均为盗版

网络服务

机 工 官 网：www. cmpbook. com
机 工 官 博：weibo. com/cmp1952
金 书 网：www. golden- book. com
机工教育服务网：www. cmpedu. com

前　言

　　建筑结构试验是土木工程专业的一门具有较强实践性的专业技术基础课程。建筑结构试验以科学试验为手段，研究建筑结构的新材料、新体系、新工艺，检验和修正建筑结构的计算方法和设计理论，不断探索建筑结构的新理论、新技术，对建筑结构科学的发展起着重要作用，具有很强的实践性。本书是根据高等院校土木工程专业"建筑结构试验"教学大纲的要求编写而成的。"建筑结构试验"课程的任务是通过理论和实践教学环节，使学生获得结构试验技术的基础知识和基本技能，掌握试验组织的一般程序。根据本专业设计、施工和科学研究任务的需要，能够进行一般建筑结构试验的设计和操作，并得到初步的训练和实践，以适应生产和科研工作的需要。

　　本书以结构试验的基本理论和基础知识为重点，注重理论与实际相结合，系统地介绍了结构试验的加载方法和设备、结构试验的量测仪表和仪器、结构试验设计、结构构件的静载试验、结构动力试验、结构抗震试验、建筑结构现场检测技术、试验数据处理等。为了加强培养学生的实践动手能力，书中附有教学试验说明。

　　参加本书编写工作的有：天津大学刘杰(前言，第1、3、8章)，河北工业大学闫西康(第7、9章)，天津大学冯士伦(第2、4章)，天津城建大学王书祥(第5、6章、附录)。天津大学研究生姜晓峰、张岩岩、魏鹏翔、邵朋、孙宗训为本书的编写做了大量辅助工作。全书由刘杰统稿，刘杰、闫西康担任主编，冯士伦、王书祥担任副主编。

　　本书在编写过程中参考了近年来出版的多本优秀教材，书中直接或间接引用了参考文献所列书目中的部分内容，对上述作者表示感谢。天津大学建筑工程学院姜忻良教授、机械工业出版社刘涛编辑为本书的组织和编写提供了很多帮助，给予了大力支持，在此一并致谢。

　　由于编者理论水平和实践经验有限，书中疏漏和错误之处在所难免，敬请同行专家和读者不吝赐教。

编　者

目　　录

第1章 建筑结构试验概述

本章提要 本章系统介绍建筑结构试验的意义、作用和目的，介绍结构试验的分类和结构试验的发展过程，重点是建筑结构试验的目的和分类。

建筑结构是不同类型的承重构件（梁、板、柱等）相互连接而形成的结构体系，该结构体系在规定的使用期内必须安全有效地承受外部及内部形成的各种作用，满足结构各种使用功能的要求，承受可能产生的各种风险。如结构建造阶段可能出现的各种施工荷载；正常使用阶段可能遭遇的各种外界作用，特别是自然或人为灾害的作用；建筑老化阶段产生的各种损伤的积累和正常抗力的丧失等。为了对工程结构进行合理的设计，工程技术人员必须掌握工程结构在上述各种作用下的实际应力分布和工作状态，了解结构构件的刚度、抗裂性能以及实际所具有的强度及安全储备。这种结构分析工作可以利用传统和现代的设计理论和计算方法完成，也可以利用试验方法，即通过结构试验的分析方法来解决。

计算机技术的发展，不仅为使用数学模型方法进行计算分析创造了条件，也为利用计算机控制结构试验，实现荷载模拟、数据采集和数据处理，以及实现整个试验自动化提供了便利条件，使结构试验技术发生了根本性的变化。试验技术人员利用计算机控制的多维地震模拟振动台可以实现地震波的人工再现，模拟地面运动对结构作用的全部过程；计算机联机的拟动力电液伺服加载系统可以在静力状态下量测结构的动力反应；计算机控制的各种数据采集和自动处理系统可以准确、及时、完整地收集并再现荷载与结构相互作用的各种信息，计算机技术大大提高了结构试验的技术水平能力。在结构工程学科发展过程中形成的结构试验、结构理论与结构计算三极结构中，结构试验已成为真正的试验科学，是发展结构理论、解决工程设计方法的主要手段之一。工程结构试验还是研究和发展工程结构新材料、新体系、新工艺以及探索工程结构计算分析、设计理论的重要手段，在工程结构科学研究和技术创新等方面起着重要作用。

1.1 建筑结构试验的任务

工程结构在外荷载作用下可能产生各种反应，通过结构试验可以获得结构的各种反应，以此判断结构的工作性能。常见的结构试验有以下几种：

1）钢筋混凝土简支梁在竖向静力荷载作用下，通过检测梁在不同受力阶段的挠度、角变位、截面应变和裂缝宽度等参数，分析梁的整个受力过程以及结构的强度、刚度和抗裂性能。

2）结构承受动力荷载作用，测量结构的自振频率、阻尼系数、振幅和动应变等参量，研究结构的动力特性和结构对动力荷载的反应。

3）结构在低周反复荷载作用下，通过试验获取应力-变形关系滞回曲线，为分析抗震结构的强度、刚度、延性、刚度退化、变形能力等提供数据资料。

建筑结构试验的任务是：在工程结构的试验对象（局部或整体、实物或模型）上，使用仪器设备和工具，以各种试验技术为手段，在荷载（重力荷载、机械扰动荷载、地震荷载、风荷载等）或其他因素（温度、变形）作用下，通过量测与结构工作性能有关的各种参数（变形、挠度、应变、振幅、频率等），从强度（稳定）、刚度和抗裂性以及结构实际破坏形态等方面判明工程结构的实际工作性能，估计工程结构承载能力，确定工程结构对使用要求的符合程度，并用以检验和发展工程结构的计算理论。

1.2 建筑结构试验的作用

1.2.1 结构试验是发展结构理论和计算方法的重要途径

17世纪初，伽里略（1564—1642）首先研究了材料的强度问题，提出许多正确的理论。但他在1638年出版的著作中曾错误地认为受弯梁的断面应力分布是均匀受拉的。46年后，法国物理学家马里奥脱和德国数学家兼哲学家莱布尼兹对这个假定提出了修正，认为该断面应力分布不是均匀的，而是三角形分布的。后来胡克和伯努利建立了平面假定学说。1713年法国人巴朗进一步提出中和层的理论，认为受弯梁断面上的应力分布以中和层为界，一边受拉另一边受压。由于无法验证，该理论只是一个假设，受弯梁断面上存在压应力的理论并未被人们接受。

1767年法国科学家容格密里首先用简单的试验方法，证明了断面上压应力的存在。他在一根简支梁的跨中，沿上缘受压区开槽，方向与梁轴线垂直，槽内嵌入硬木垫块。试验证明，这种梁的承载能力丝毫不低于整体并未开槽的木梁。试验现象表明，只有梁的上缘受压力时，才可能有这样的结果。当时，科学家们对容格密里的这个试验给予了极高的评价，誉为"路标试验"。

1821年法国科学院院士拿维叶从理论上推导了材料力学中，受弯构件断面应力分布的计算公式。20年后由法国科学院另一位院士阿莫列思用试验的方法验证了这个公式。人类对这个问题进行了200多年的不断探索至此告一段落。由此可以看到，试验技术不仅对于验证理论，而且在选择正确的研究方法上都起了重要作用。

1.2.2 建筑结构试验是发现结构设计误区的主要手段

人们对于框架矩形截面柱和圆形截面柱的受力特性认识较早，在工程设计中应用广泛。到20世纪80年代，人们为了满足建筑空间使用功能的需要，出现了异形截面柱框架，如"T"形、"L"形和"+"形截面柱。起初，设计者认为矩形截面柱和异形截面柱在受力特性方面没有区别，只是截面形状不同，并误认为柱子的受力特性与柱的截面形式无关。但试验证明，柱子的受力特性与柱子截面的形状有很大关系，矩形截面柱的破坏特征属于拉压型破坏，异形截面柱的破坏特征属剪切型破坏，异形截面柱和矩形截面柱在受力性能方面有本质的区别。

1.2.3 建筑结构试验是验证结构理论的唯一方法

从最简单的受弯杆件截面应力分布的平截面假定理论、弹性力学平面应力问题中应力集中现象的计算理论，到比较复杂的结构平面分析理论和结构空间分析理论，都必须通过试验加以证实。隔振结构、消能结构设计理论的发展也离不开建筑结构试验。

1.2.4　建筑结构试验是建筑结构质量鉴定的直接方式

已建的结构工程(由单一的结构构件到结构整体)在进行灾害或事故后建筑工程的评估、鉴定时,不论进行质量鉴定的目的如何,最可靠、最直接的检验方式仍然是结构试验。

1.2.5　建筑结构试验是制定各类技术规范和技术标准的基础

土木建筑技术的发展需要制定一系列技术规范和技术标准,土木工程领域所使用的各类技术规范和技术标准都离不开结构试验的成果。

我国现行的各种结构设计规范总结了大量已有科学试验的成果和经验。为了设计理论和设计方法的发展,工作人员进行了大量钢筋混凝土结构、砖石结构和钢结构的梁、柱、框架、节点、墙板、砌体等实体或缩尺模型的试验,以及实体建筑物的试验研究,为我国编制各种结构设计规范提供了基本资料与试验数据。事实上,现行规范采用的钢筋混凝土结构构件和砖石结构的计算理论,绝大多数都是以试验研究的直接结果为基础的,体现了建筑结构试验在发展和改进设计理论、设计方法上的作用。

1.3　建筑结构试验的分类

实际工作中,根据试验目的不同,建筑结构试验分为生产鉴定性试验(简称鉴定性试验)和科学研究性试验(简称科研性试验)两大类。建筑结构试验除了上述按试验目的分为鉴定性试验和科研性试验以外,还经常以试验对象、荷载性质、试验场地、试验时间等不同因素进行分类。

1.3.1　按试验目的分类

1. 生产鉴定性试验

这类试验经常具有直接的生产目的,是以实际建筑物或结构构件为试验对象,经过试验对具体结构作出正确的技术结论。此类试验经常解决以下问题。

(1) 鉴定结构设计和施工质量的可靠程度　比较重要的结构与工程,除在设计阶段进行必要和大量的试验研究外,在实际结构建成以后,还应通过试验,综合地鉴定其质量的可靠程度。

(2) 鉴定预制构件的产品质量　构件厂或现场成批生产的钢筋混凝土预制构件,在出厂或现场安装之前,必须根据科学抽样试验的原则,依据预制构件质量检验评定标准和试验规程的要求,进行试件的抽样检验,推断该批产品的质量。

(3) 工程改建或加固,通过试验判断结构的实际承载能力　旧有建筑在需要改变结构实际工作条件、扩建加层或进行加固时,必须通过结构试验确定结构的实际承载能力。

(4) 为处理受灾结构和工程事故,提供技术根据　遭受地震、火灾、爆炸等灾害而受损的结构或在建造和使用过程中发现有严重缺陷的危险性建筑,必须进行详细的检验。

(5) 已建建筑结构可靠性检验,推定结构剩余寿命　已建建筑结构随建造年代和使用时间的增长,结构物出现不同程度的老化现象,为保证已建建筑的安全使用,延长使用寿命，防止发生破坏、倒塌等重大事故，需要通过对已建建筑的观察、检测和分析，依据可靠性鉴定规程评定结构的安全等级，推断结构可靠性并估算其剩余寿命。可靠性鉴定大多采用非破损检测的试验方法。

鉴定性试验是在比较成熟的设计理论基础上进行的，离开理论指导，鉴定性试验就会成为盲目的试验；鉴定性试验又为结构设计理论积累宝贵的资料，为设计理论更新提供了重要依据。

2. 科学研究性试验

科学研究性试验的任务是验证结构设计理论和各种科学判断、推理、假设以及概念的正确性，为发展新的设计理论，发展和推广新结构、新材料、新工艺提供实践经验和设计依据，试验的目的是：

1) 验证结构计算理论的各种假定。结构设计中，为计算上的方便，经常对结构计算图式或本构关系作某些简化的假定，这些假定是否成立需通过试验加以验证。

2) 为发展和推广新结构、新材料与新工艺提供实践经验。随着建筑科学和基本建设的发展，新结构、新材料和新工艺不断涌现。如轻质、高强、高效能材料的应用；薄壁、弯曲轻型钢结构的设计；升板、滑模施工工艺的发展以及大跨度结构、高层建筑与特种结构的设计以及施工工艺的发展，都离不开科学试验。一种新材料的应用，一种新型结构的设计或新工艺的实施，往往需要多次的工程实践与科学试验，使设计计算理论不断改进和完善。

3) 为制定设计规范提供依据。为了制定设计标准、施工验收标准、试验方法标准和结构可靠性鉴定标准，需要对钢筋混凝土结构、钢结构、砌体结构以及木结构等，从基本构件的力学性能到结构体系的分析优化，进行系统的科学研究性试验，提出符合实际情况的设计理论、计算公式、试验方法标准和可靠性鉴定分级标准，完善规范体系。科学研究性试验必须事先周密考虑，按计划进行。试验对象是专为试验而设计制造的模型，以突出研究的主要问题，忽略对结构有较小影响的次要因素，使试验工作合理，观测数据易于分析总结。

1.3.2　按试验对象的尺寸分类

1. 原型试验

原型试验的试验对象是实际结构或按实际结构足尺复制的结构或构件，一般用于生产性试验。工业厂房结构的刚度试验、楼盖承载能力试验、在高层建筑上进行风振测试和通过环境随机振动测定结构动力特性等试验均属此类试验。

原型试验中的另一类是足尺结构或构件的试验，试验对象是一根梁、一块板或一榀屋架之类的足尺构件，可以在实验室内试验，也可以在现场进行。

2. 模型试验

结构的原型试验具有投资大、周期长的特点。当进行原型结构试验在物质上或技术上存在某些困难，或在结构设计方案阶段进行初步探索以及在对设计理论、计算方法进行探讨研究时，可以采用比原型结构缩小的模型进行试验。模型试验又分为：

（1）相似模型试验　模型的设计制作与试验根据是相似理论。模型是用适当的比例尺和相似材料制成的与原型几何相似的试验对象，在模型上施加相似力能使模型重现原型结构的实际工作状态，可以根据相似理论即可由模型试验结果推算实际结构的工作情况。模型要求严格的模拟条件，即要求几何相似、力学相似和材料相似等。

（2）缩尺模型试验　缩尺模型试验即小构件试验，是结构试验常用的研究形式之一，它有别于模型试验。采用小构件进行试验，不需依靠相似理论，无需考虑相似比例对试验结果的影响，即试验不要求满足严格的相似条件。小构件试验是通过将试验结果与理论计算进行对比校核研究结构的性能，验证设计假定与计算方法的正确性，并认定这些结果所证实的一般规律与计算理论可以推广到实际结构中去。

1.3.3　按试验荷载性质分类

1. 静力试验

静力试验是结构试验中最常见的基本试验。大部分工程结构在工作时所承受的是静力荷载，通过重力或各种类型的加载设备即可实现或满足加载要求。静力试验分为结构静力单调加载试验和结构低周反复静力加载试验两种。在结构静力单调加载过程中，荷载从零开始逐步递增，直到结构破坏为止，在不长的时间段内完成试验加载的全过程，常称为"结构静力单调加载试验"。

为了探索结构抗震性能，常采用结构抗震静力试验的方式模拟地震作用。抗震静力试验采用控制荷载或控制变形的周期性的反复静力荷载，有别于一般单调加载试验，故称之为低周反复静力加载试验，也叫伪静力试验，是国内外结构抗震试验采用较多的一种形式。

静力试验的优点是：加载设备相对简单，荷载可以逐步施加，并可以停下来仔细观察结构变形的发展，给人以最明确、最清晰的破坏概念。

2. 动力试验

研究主要承受动力作用的结构或构件在动力荷载作用下的工作性能需要进行结构动力试验。如厂房在起重机或动力设备作用下的动力特性；吊车梁的疲劳强度与疲劳寿命问题；多层厂房安装的设备相互之间的振动影响；高层建筑和高耸构筑物在风载作用下的动力问题；结构抗爆炸、抗冲击问题等都属于动力试验范畴。在结构抗震性能的研究中，可以采用静力加载模拟，但最符合实际受力特点的是施加动力荷载进行试验。抗震动力试验常采用电液伺服加载设备或地震模拟振动台等设备进行；现场或野外的动力试验，常采用环境随机振动试验测定结构动力特性模态参数；也可以利用人工爆炸产生人工地震或直接利用天然地震对结构进行试验。由于荷载特性的不同，动力试验的加载设备和测试手段与静力试验有很大的差别，并且比静力试验更为复杂。

1.3.4　按试验时间长短分类

1. 短期荷载试验

承受静力荷载的结构构件，其工作荷载是长期作用的，在结构试验时，限于试验条件、时间和试验方法，不得不采用短期荷载试验，即荷载从零开始施加到某个阶段进行卸荷或直至结构破坏，整个试验时间只有几十分钟、几小时或者几天。

结构动力试验，如结构疲劳试验，整个加载过程仅在几天内完成，与实际工作条件有很大差别。至于爆炸、地震等特殊荷载作用时，整个试验加载过程只有几秒甚至是数微秒或数毫秒，试验实际上是瞬态的冲击过程，也属于短期荷载试验。严格地讲，短期荷载试验不能代替长期荷载试验，由于客观因素或技术限制所产生的种种影响，在分析试验结果时必须考虑并进行修正。

2. 长期荷载试验

结构在长期荷载作用下的性能,如混凝土结构的徐变、预应力结构中钢筋的松弛等,都必须进行静力荷载的长期试验。长期荷载试验也称为"持久试验",它将持续几个月或几年时间,通过试验最终获得结构变形随时间变化的规律。为了保证试验的精度,应对试验环境进行严格控制,如保持恒温、恒湿、防止振动等。长期荷载试验一般需在实验室内进行,但对实际结构物进行长期系统的观测,所积累的数据资料对于研究结构实际工作性能,完善结构理论将具有极为重要的意义。

1.3.5 按试验所在场地分类

1. 实验室试验

结构和构件的试验可以在具有专门设备的实验室内进行,也可以在现场进行。

在实验室内进行试验,由于具备良好的工作条件,可以应用精密和灵敏的仪器设备,具有较高的准确度,甚至可以人为地创造适宜的工作环境,减少或消除各种不利因素对试验的影响,突出主要的研究方向,消除对试验结果产生影响的次要因素,所以实验室适合进行研究性试验。实验室试验的对象可以是真型结构或模型结构,试验可以进行到结构破坏。近年来,大型结构实验室的建设和计算机技术的发展,为足尺结构的整体试验以及结构试验的自动化提供了便利条件。

2. 现场结构试验

现场结构试验是指,在生产或施工现场进行的实际结构试验,常用于生产鉴定性试验。试验对象是正在使用的已建结构或将要投入使用的新结构。现场试验与实验室试验相比,由于客观环境条件的限制,不便于使用高精度仪器设备进行观测,试验的方法比较简单,试验精度较差。目前,采用的非破损检测技术所进行的结构现场试验,提高了试验精度,可获得近乎实际工作状态下的数据资料。

本 章 小 结

本章系统介绍了建筑结构试验的意义、作用和目的,主要介绍了建筑结构试验的分类。学习本章后应提高对建筑结构试验课程重要性的认识,了解建筑结构试验在工程结构科学研究、计算理论的发展和技术创新等方面所起的作用。

思 考 题

1-1 建筑结构试验的作用是什么?

1-2 建筑结构试验分为哪几类?各类试验的目的是什么?

1-3 生产检验性试验通常解决哪些问题?

1-4 科学研究性试验通常解决哪些问题?

1-5 你对建筑结构测试技术的发展有多少了解?

第2章 结构试验的加载方法和设备

本章提要 本章系统地介绍了建筑结构试验中的加载方法和加载设备,包括重力加载法、机械力加载法、气压加载法、液压加载法、惯性力加载法、电磁加载法、人工激振加载法、环境随机振动激振法、荷载支承装置和试验台座等内容。其中,液压加载法是本章的重点内容。学习本章时,应着重了解各种加载方法的作用方式、工作特点和要求,以及各种加载方法的适用范围等,并应对各种加载设备的基本结构有一定的了解。

2.1 概述

大多数建筑结构试验都需要根据试验目的和要求对试验对象施加荷载,以便模拟结构的实际工况,并采集结构产生的各种反应作为结构分析的重要信息,因此结构加载试验是最基本的结构试验。除少部分试验,如结构长期观测、环境激励下的结构试验外,结构试验都需采用专门的加载设备。

在结构试验方案设计中,正确设计加载方案和选择加载设备是试验成败的关键。结构实验室的加载设备、加载能力或试验现场的加载条件是决定试验设计中试件形状和尺寸的关键因素。若加载方案设计不当,加载设备选择不合理,会影响试验工作顺利进行,甚至导致试验失败,发生安全事故。试验人员应当熟悉各种加载方法和设备,掌握各种加载设备的性能特点,根据不同试验目的和试验对象正确选择加载手段和设备。

结构试验中加载的方法和设备种类很多,按荷载性质可分为静力试验设备和动力试验设备;按加载方法分为重力加载法、机械力加载法、液压加载法、电液伺服加载法、人工爆炸加载法、环境激振加载法、惯性力加载法、电磁加载法、压缩空气或真空作用加载法以及地震模拟振动台加载法等。各种加载方法使用其相应的设备,具有各自的特点。

2.2 重力加载法

重力加载法属静力加载,具有加载方便、能就地取材、试验荷载稳定等特点,适用于建筑结构现场试验。重力加载法是利用物体的重力直接作用在试验对象上,通过控制重物数量改变加载值的大小。在实验室和现场试验中,凡是便于搬运,质量稳定并便于测定的物体均可用于重力加载,常用的加载重物有标准铸铁砝码、水、砂、石、砖、钢锭、混凝土块、载有重物的汽车等。重力加载法分为重力直接加载和间接加载两种方法。

2.2.1 重力加载的荷载作用方式

1. 重力直接加载

重力直接加载是将物体的重力直接作用于结构上的一种加载方法,在结构表面堆放重物模拟构件表面的均布荷载(见图2-1)。试验时可将块状重物按分级重量逐级施放或在结构表面围设水箱(见图2-2),设置防水膜并向水箱内注水进行加载。用水加载时,根据水的密度及灌注深度可计算作用于结构表面的荷载大小。利用水加载有许多优点,水的重力作用最接近于结构所受的重力状态;易于施加和排放,加卸载便捷;适用于大面积的平板试件,如楼面、屋面、桥面等建筑物的现场试验。水塔、水池、油库等特殊结构,利用水加载不但操作方便,而且与结构的实际使用状态一致,能检验结构的抗裂、抗渗性能。但水加载要求水箱具有良好的防水性能;水深随结构的挠度发生变化;对结构表面平整度要求较高;观测仪表布置较为困难。

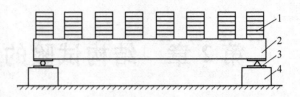

图 2-1 重物直接加载
1—重物 2—试件 3—支座 4—支墩

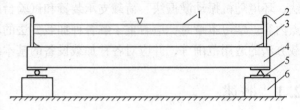

图 2-2 用水加载均布荷载
1—水 2—防水膜 3—水箱 4—试件 5—支座 6—支墩

2. 重力间接作用

为了增加重力加载时的作用效果或将荷载转变为集中力荷载,常采用杠杆原理把荷载放大后作用在结构试件上,如图2-3所示。利用杠杆支点间的比例关系,可将作用力放大 5 倍以上;在支点处使用分配梁还可实现对试件的两点加载,如图2-4所示。杠杆加载装置应根据实验室或现场试验条件按力的平衡原理设计。根据荷载大小可采用单梁式、组合式或桁架式杠杆。试验时杠杆和挂篮的自重是直接作用于试件上的荷载,杠杆各支点位置必须准确测量,实际加载值应根据各支点的比例关系计算获得。

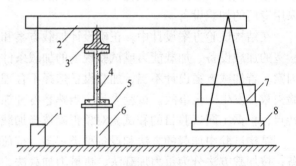

图 2-3 杠杆机构加载原理
1—锚杆 2—杠杆 3—杠杆支点 4—试件 5—支座
6—支墩 7—重物荷载 8—荷载挂篮

2.2.2 重力加载的特点和要求

1. 重力加载的特点

重力加载是一种传统的加载方式,有如下特点:

1)重力加载可以就地取材,重复使用,根据情况采用符合要求的石、砖或水等重物。

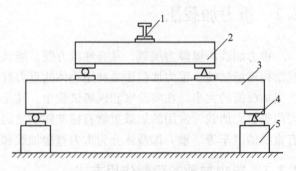

图 2-4 杠杆加载采用荷载分配梁装置
1—杠杆 2—分配梁 3—试件 4—支座 5—支墩

2)加载值稳定,波动小。采用杠杆间接加载时,作用在试件上的荷载大小不随试件的变形而变化,特别适用于长期性的结构试验,如混凝土结构的徐变试验等。

3）重力加载能较好地模拟均布线荷载或均布面荷载，更接近于结构实际受力的状态。

4）采用汽车载重加载可实现对结构的动力加载，如桥梁结构动力加载等。

5）重力加载的劳动量很大，加卸载速度缓慢，耗费时间长。大荷载值试验时，需要动用大量的人力、物力进行试验的准备、加卸载以及重物的分装和运输等。

6）重物占据空间大、安全性差、组织难度大；有时重力加载试验由于重物体积过大无法堆放而难以实现；进行破坏性结构试验时，加载重物随结构破坏塌落，易造成安全事故。

2. 重力加载的要求

重力加载采用的材料有如下要求：

1）加载重物的重量在试验期间应稳定，砂、石、砖等吸湿性材料加载时其含水量的变化会导致荷载减少或增加，试验过程中应采取措施防止含水量变化，试验结束后应立即抽样复查加载量的准确性。采用水等液体加载时，防水膜必须有效，水的渗漏会使荷载量减小。

2）加载重物堆放时应防止因重物起拱而产生卸荷作用；砂、石等颗粒状材料应采用容器分装、逐级称量并规则地堆放在结构上；砖、砝码、钢锭等块状重物应分堆放置，堆与堆之间要有一定的间隙（一般30～50mm）。

3）铁块、混凝土块等块状重物应逐块或逐级分堆称量，最大块重应符合加载分级的需要，不宜大于25kg；红砖等小型块状材料，宜逐级分堆称量。块体大小应均匀，含水量一致，经抽样核实，块重确系均匀的小型块材，可按平均块重计算加载量。

4）采用水作为均布荷载时，水中不应含有泥、砂等杂物，可根据水柱高度或精度不低于1.0级的水表计量加载量。

5）称量重物的衡器，示值误差应小于±1.0%，试验前应由计量监督部门认可的专门机构标定并出具检定证书。

2.3 机械力加载法

机械力加载是利用简单的机械原理对结构试件加载，建筑结构试验中采用的有卷扬机加载法、捯链加载法，机械千斤顶加载法、弹簧加载法等。

2.3.1 机械力加载法的作用方式

1）卷扬机加载装置是由卷扬机、钢丝绳、链条测力计或测力传感器、滑轮组、锚固装置等组成。通过钢丝绳或链条对试验结构施加拉力荷载，或使结构产生初位移，如图2-5所示。荷载大小由测力计或测力传感器进行测量。

2）机械式千斤顶加载是利用螺旋千斤顶对结构施加压力荷载，加载值可达600kN，荷载由压力传感器测量。

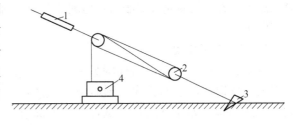

图2-5 卷扬机加载装置
1—链条测力计或测力传感器 2—滑轮组
3—固定桩 4—绞盘或卷扬机

3）弹簧加载法是利用弹簧压缩变形的恢复力对结构施加压力荷载，荷载值的大小通过弹簧刚度与弹簧的压缩变形决定，图2-6所示是利用弹簧加载装置对简支梁进行试验的装置。加载前使弹簧产生相应荷载值的变形，使弹簧保持压缩状态，依靠弹簧的回弹力施加荷载。弹簧加载法常用于长期加载试验。

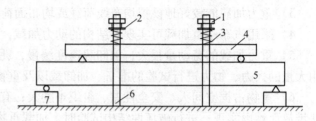

图2-6　弹簧加载的试验装置

1—螺母　2—垫片　3—弹簧　4—分配梁
5—试件　6—螺杆　7—支墩

2.3.2　机械力加载法的特点和要求

机械力加载设备简单，容易实现加载；采用钢丝绳等索具时，便于改变荷载作用方向。机械力加载法适用于对结构施加水平集中荷载。机械加载能力有限，荷载值不宜太大；采用卷扬机等机械设备加载时，应保证钢丝绳和滑轮组的质量，并具有足够的安全储备；采用卷扬机、捯链等机具加载时，力值量测仪表应串联在绳索中，直接测定加载值，当绳索通过导向轮或滑轮组对结构加载时，力值量测仪表宜串联在靠近试验结构端的绳索中。

2.4　气压加载法

气压加载法是利用压缩气体或真空负压对结构施加荷载，对试验对象施加的是均布荷载。

2.4.1　气压加载法的作用方式

1. 气压正压加载

气压正压加载通过橡胶气囊给试验对象施加荷载，如图2-7所示。气囊安置于结构试件表面和反力支承板之间，压缩空气通过管道

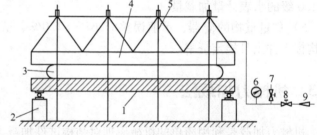

图2-7　气压加载装置示意图

1—试件（板）　2—荷载支撑装置　3—气囊　4—支撑板
5—反力桁架　6—气压表　7—排气阀　8—进气阀　9—压缩空气进入

阀门进入气囊，气囊充气膨胀对物体施加荷载，荷载大小通过连接于气囊管道上的气压表或阀门测量。

2. 真空负压加载

真空负压加载是气压加载的另一种形式，特别适用于面积大、形状复杂的密封结构，如壳体结构。试件应制成中空的密封结构，如图2-8所示，试验时从试件空腔向外抽出气体，使结构内外形成压力差，实现由外向内的均布加载，能较真实地模拟结构实

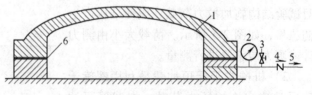

图2-8　真空加载试验

1—试验壳体　2—真空表　3—进气阀　4—单向阀
5—接真空泵　6—橡胶支撑密封垫

际受力状态。试验时利用真空泵阀门或连接管上的真空表对所施加的荷载进行测量。

2.4.2　气压加载法的特点和要求

1. 气压加载法的特点

1）能真实地模拟面积大、外形复杂结构的均布受力状态。

2）加卸载方便、可靠。

3）荷载值稳定、易控。

4）需要采用气囊或将试件制作成密封结构，试件制作工作量大。

5）施加荷载值不能太大。

6）构件内表面无法直接观测。

7）气温变化易引起荷载波动。

2. 气压加载法的要求

1）气囊或真空内腔需密封，接缝及构件与基础间应采用薄膜、凡士林等密封。

2）为控制荷载大小，有时需在真空室或气囊壁上开设调节孔。

3）充气胶囊不宜伸出试验结构的外边缘，基础及反力架要有足够的强度。

4）为防止气压变化引起荷载波动，应增加恒压控制装置，使气压保持在允许的范围内。

5）应根据气囊与结构表面接触的实际面积和气囊中气压值计算确定加载量。

2.5　液压加载法

液压加载法是建筑结构试验中最理想、最普遍的一种加载方法。液压加载能力大，新型试验机加载能力可达 30000kN，可直接进行原型试验；液压加载装置体积小，便于搬运和安装；由液压加载系统、电液伺服阀和计算机可构成先进的闭环控制加载系统，适用于振动台动力加载系统或多通道加载系统。

2.5.1　液压加载器的类型及工作原理

液压千斤顶是液压加载系统中的主要部件，由活塞、液压缸和密封装置构成，其密封装置采用密封环形式，如图 2-9 所示。当液压泵将液压油压入千斤顶的工作液压缸时，活塞在压力油的作用下向前移动，与试件接触后，活塞便向结构施加荷载，荷载值的大小由液压油的压强和活塞工作面积确定。即

$$F = pA \qquad (2-1)$$

式中　F——荷载值；

　　　p——液压油压强；

　　　A——活塞工作面积。

液压油的压强由连接于管路的压力表测定，在生产性试验中，压力表须由法定计量部门检定；为了确定千斤顶实际作用力，可在千斤顶端部与试件（或反力架）之间安设测力传感器直

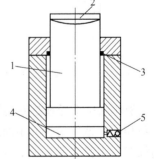

图 2-9　液压千斤顶构造图

1—活塞　2—荷载盘　3—密封圈
4—液压缸　5—进油口

接测量荷载大小。

液压千斤顶分为单作用式、双作用式、电液伺服式及张拉千斤顶等。单作用式千斤顶液压缸只有一个供油口，如图2-9所示，这种千斤顶只能对试件施加单向作用力（压力）。

双作用式千斤顶有前后两个工作油腔及供油口，如图2-10所示。工作时一个供油口供油，另一个供油口回油，后油腔供油、前油腔回油时施加推力，反之施加拉力。通过换向阀交替供油与回油，可使活塞对结构产生拉或压的双向作用，施加反复荷载，适用于低周反复加载试验。

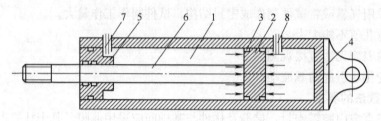

图 2-10　双作用液压加载器
1—工作液压缸　2—活塞　3—油封装置　4—固定座
5—端盖　6—活塞杆　7、8—进出油孔

电液伺服作动器是专门用于电液伺服系统的加载器，分为单作用和双作用；双作用作动器又分为单出杆式和双出杆式两种。单出杆式和图2-10相同，由于前后两个油腔的活塞工作面积不同，工作油压相同时作动器产生的推、拉力不相同；双出杆式结构如图2-11所示，前后两个油腔的活塞工作面积相同，产生的最大推力和拉力相同。电液伺服加载器采用间隙密封，加载器活塞与液压缸之间的摩擦力小，工作频率高，频响范围宽，可施加动力荷载。为了满足控制要求，液压缸上装有位移传感器、荷载传感器、电液伺服阀等。电液伺服作动器常用作振动台的起振器；多个电液伺服加载器可构成多通道加载系统，可用于静力试验、拟动力试验、疲劳试验、结构动力试验等。

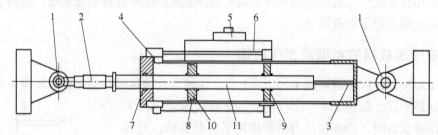

图 2-11　电液伺服作动器的构造简图
1—球铰法兰　2—拉压力传感器　3—位移传感器　4—进出油口　5—电液伺服阀
6—油管　7、8、9—密封件　10—活塞　11—活塞杆

液压张拉千斤顶是专门用于预应力施工和试验的液压加载设备，工作原理与普通液压千斤顶相同，通常分为单孔张拉千斤顶和多孔张拉千斤顶。单孔张拉千斤顶只能张拉单根钢绞线，本身自带夹具，不需要专门工具锚。这种张拉千斤顶既可用于逐根张拉钢绞线，也可用于退出已张拉的夹具（退锚）；多孔液压张拉千斤顶能同时张拉多根钢绞线，其结构如图2-12所示。活塞被加工成中空形式，便于钢绞线穿过，工作时在张拉千斤顶底部安装工具锚及工作夹片，在活塞伸出的端部安装工具锚及夹片，通过电动液压泵驱动张拉千斤

顶活塞移动，张拉钢绞线。液压泵上的压力表可指示张拉力，当张拉力达到指定值（荷载、位移）时，操作液压泵改变供油方向，使千斤顶活塞回缩，钢绞线松弛，回缩的钢绞线带动工作夹片夹紧钢绞线，使其保持张拉状态，并退出工具锚，卸除张拉千斤顶。使用张拉千斤顶前必须由法定计量部门标定并出具检定证书，施工操作时必须严格按照操作规程进行，以免发生事故。

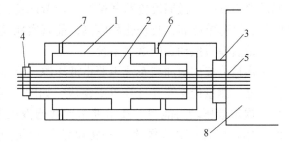

图 2-12 液压张拉千斤顶

1—缸体 2—活塞 3—锚固锚具及夹片 4—工作锚具及夹片
5—预应力钢绞线 6—进油孔 7—回油孔 8—构件

2.5.2 大型结构试验机

为了进行大型结构构件的试验，在实验室常将大吨位的液压千斤顶制作成专门的液压加载系统，该系统由液压操作台、液压千斤顶、试验机架和管路系统组成，是集液压加载、反力机构、控制与测量于一体的专用加载系统。长柱结构试验机（如图 2-13 所示）是最典型的实例，其试验空间达 3m 以上，最大吨位超过 30000kN，结构分为二立柱式和四立柱式两种。根据操作系统的不同，分为普通液压式和电液伺服式。普通液压式试验机通过液压操作柜操作使用，试验数据利用指针或数字形式显示，由人工记录或利用计算机显示和记录；电液伺服式试验机除了具有普通试验机的结构外，还增加了电液伺服阀和计算机控制系统。电液伺服阀能够控制试验加载的力、速度或位移，加载精度高，配有专门的数据采集和处理系统，最大吨位可达 10000kN 以上，适用于柱、墙板、砌体、节点、梁等大型构件的受压与受弯试验。

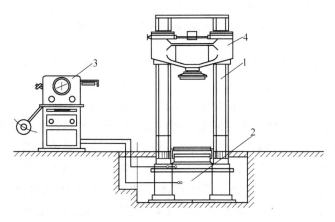

图 2-13 长柱结构试验机

1—试验机架 2—液压千斤顶 3—液压控制台 4—升降横梁

2.5.3 电液伺服试验加载系统

电液伺服加载系统是一种闭环控制加载系统，多通道电液伺服加载系统通过计算机编程技术可以模拟产生各种波谱，如正弦波、三角波、梯形波、随机波等对结构进行动力试验、精确的静力试验、低周反复荷载试验、疲劳试验、力控与位控之间方式转换的试验和拟动力试验等，试验精度高，自动化程度高，能真实地模拟地震、海浪等动荷载波谱的作用，特别适合于地震模拟振动台的激振系统。

多通道电液伺服加载系统主要由液压源、液压管路、电液伺服作动器、电液伺服阀、模拟控制器、测量传感器和计算机等组成，如图2-14所示。液压源及管路系统为整个电液伺服系统提供液压动力能源，技术要求比普通液压源高；电液伺服作动器是电液伺服加载系统的动作执行者；电液伺服阀是将电信号转化为液压信号的高精密元件；模拟控制器将位移、力等控制信号转换成电信号传输给电液伺服阀，电液伺服阀根据电信号控制作动器产生运动，完成对试件推、拉等加载过程。模拟控制器由测量反馈器、运算器、D-A转换器等构成，是向电液伺服阀发出命令信号的电子部件，工作时完成波形产生、运算、信号转换（A-D、D-A转换）、输出、反馈调节等过程，控制电液伺服作动器实现期望的试验加载过程。

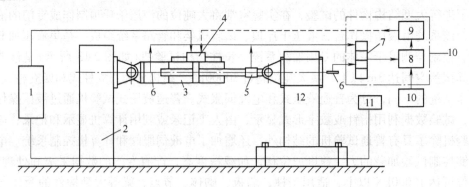

图2-14 电液伺服加载系统工作原理

1—液压源 2—反力墙 3—作动器 4—伺服阀 5—力传感器 6—位移传感器
7—测量反馈 8—运算器 9—D-A转换器 10—模拟控制器
11—液压源控制器 12—试件

电液伺服系统采用闭环控制加载方式，通过力、应变、位移等物理参数对试验过程进行控制，通常称为力控、位控或参控试验。工作时试验人员通过计算机编制试验程序或直接发出动作指令，指令信号传输给模拟控制器，模拟控制器经过信号转换等一系列过程后向电液伺服阀发出相应的模拟电信号，电液伺服阀则根据模拟电信号指挥作动器按试验设计的动作运动，如向试件施加力、位移或应变等。这一过程与普通液压系统加载相似，作动器所施加的力或位移没有被测量反馈回控制器，故称为开环控制系统。电液伺服系统必须通过安装在作动器或试件上的力、位移或应变等传感器将作动器实际工作信号反馈给测量反馈调节器，并在运算器内与指令信号对比运算后产生调差信号，再向电液伺服阀发出调差命令，伺服阀根据调差命令继续操作作动器。该过程循环进行。整个操作过程包括命令信号产生、加载信号执行以及误差信号反馈等步骤，形成一个闭合回路，称为闭环控制过程。模拟控制器含有微处理器，具有记忆、运算能力，每一闭环控制过程都由模拟控制器在瞬间自动执行，整个试验过程中不需人为干预，试验人员只需通过计算机向模拟控制器发出试验加载指令，并观测试验反馈值，也可预先编制好试验程序，整个试验过程完全由计算机和试验系统自动完成。

2.5.4　电液伺服振动台

电液伺服振动台能模拟地震过程或进行人工地震波的试验，是实验室内研究结构地震反应和破坏机理最直接的方法。该设备可用于工业与民用建筑、桥梁、水工结构、海洋结构、原子能反应堆等结构的抗震性能、动力特性等试验，是结构抗震研究的重要试验手段。电液伺服振动台主要由台面和基础、高压液压源、管路系统、电液伺服作动器、模拟控制系统、计算机控制系统和数据采集处理系统七大部分组成，如图 2-15 所示。

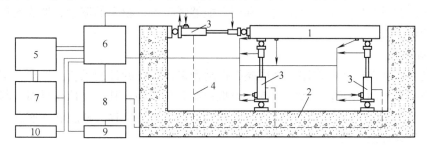

图 2-15　地震模拟振动台系统示意图

1—台面　2—基础　3—液压加载器　4—管路　5—控制系统　6—伺服控制器
7—测试和分析系统　8—液压源　9—供电控制系统　10—监视终端

1. 地震模拟振动台的基本性能指标

振动台的主要技术参数有承载能力、台面尺寸、激振力和试验频率范围等。承载能力和台面尺寸是决定振动台规模的主要技术指标，决定了振动台的试验规模，常分为三种：承载能力 100kN，台面尺寸 2m×2m 以内的为小型；承载力在 200kN 左右，台面尺寸在 6m×6m 以内的为中型；大型振动台的承载能力可达数百吨以上，目前世界上最大的振动台台面尺寸达 15m×25m。振动台通常采用电液伺服驱动方式，位移幅值在 ±100mm 以内、最大速度 80cm/s、最大加速度 $2g$（$1.2g$ 即可满足要求）、振动台的最大激振力可根据最大荷载下应产生的最大加速度确定，即加速度与运动质量之积。振动台的使用频率为 0～50Hz，特殊情况可达 100Hz 以上。振动台频率的上限受电液伺服阀特性和液压源系统流量限制。一般情况下，当试验模型的频率相似常数

$$S_f = \left(\frac{S_F}{S_M S_l} \right)^{\frac{1}{2}}$$

式中　S_f——频率相似常数；

　　　S_F——力相似常数；

　　　S_M——质量相似常数；

　　　S_l——几何长度相似常数。

几何相似常数为 1/10 时，振动台满载时的最大频率不应低于 33Hz。

2. 台面与基础

振动台的台面要有足够的刚度和承载能力，自振频率应远离振动台的使用频率，以免产生共振，一般其一阶弯曲频率应高于 $\sqrt{2}$ 倍的最大使用频率。台面重量应尽量轻，以获得更大的激振加速度，目前多数振动台面是由钢板焊接而成的格栅结构。

振动台基础的设计与处理十分重要，如果设计不当会对人身和建筑物产生严重的影响。基础的最大加速度应小于 $0.005g$，基础最小重量应大于最大激振力的 20 倍，通常基础重量约为最大台面重量（包括构件）的 20～50 倍。

3. 液压源与管路系统

液压源与管路系统是振动台的液压动力源，压力及流量均应满足振动台最大激振力和最大工作速度的要求。地震是一个脉冲过程，需要液压泵站的瞬间流量很大，为减小系统流量，常在管路系统中设置大型蓄能器提供瞬时所需驱动力。试验时选用较小工作流量的液压泵站，在允许的系统压力下降范围内，利用蓄能器瞬时提供很大的流量，形成比较经济的地震模拟试验台组成方式。

4. 控制系统

为了真实再现地震波的作用，地震模拟振动台采用精密的控制系统。振动台有两种控制方式：纯模拟量控制和模拟＋数字控制。模拟控制又分两种：其一是位移反馈控制的 PID 控制方法，采用压差反馈作为提高系统稳定的补偿；其二是将位移、速度和加速度共同进行反馈的三参量反馈控制方法。

为了提高振动台控制精度，很多振动台利用计算机进行数字迭代补偿地震再现时的失真。试验时，振动台台面的地震波是期望再现的地震波信号，但振动台是一个非常复杂的控制对象，其振动效果不仅与模拟控制系统、作动器、台面等部分的工作特性有关，而且与试件的特性也有关系，尤其当结构模型在试验过程中不断出现非线性变化直到破坏时，使振动台在试验过程中的工况变化很大，导致计算机给台面输入激励信号所产生的反应与输出的期望之间存在误差。为了减小这种误差，利用计算机采用数字迭代控制方法，即在每次驱动振动台后，将台面再现的结果与期望信号进行比较，根据两者的差异对驱动信号进行修正后再次驱动振动台，并再一次比较台面再现结果与期望信号，直到台面再现的结果满足要求为止，可以在台面得到较满意的振动效果。

2.6　惯性力加载法

惯性力加载法对结构施加动力荷载，激发结构产生动力响应，通过采集结构动力响应时程，可以分析结构自振频率、阻尼等动力特性参数。惯性力加载法包括初位移法、初速度法、反冲激振法、离心力法等。

2.6.1　初位移加载法

初位移加载法利用张拉钢丝绳使结构沿振动方向产生一初始位移，然后突然释放，使结构产生自由振动，如图 2-16 所示。试验时，在钢丝绳中设一钢拉杆，当拉力达到拉杆极限拉力时，拉杆被拉断而形成突然卸载。选择不同的拉杆截面可获得不同的拉力和初位移。

初位移法应根据自由振动测试目的布

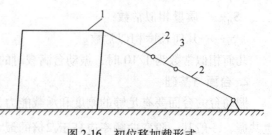

图 2-16　初位移加载形式

1—试验结构　2—钢丝绳　3—钢拉杆

置拉线点，拉线与被测试结构的连接部分应具有整体向被测试结构传递力的能力。每次测试时应记录拉力值以及拉力与结构轴线间的夹角，测量振动波时，应取记录波形中的中间数个波形，测试过程中不应使被测试结构出现裂缝。

2.6.2　初速度加载法

初速度加载法也称突然加载法，是利用运动重物对结构施加瞬间水平或垂直冲击，分摆锤法或落重法，如图 2-17 所示，使结构产生初速度而获得所需的冲击荷载。

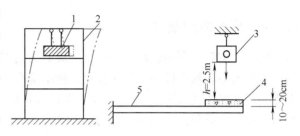

图 2-17　突然加载法
1—摆锤　2—结构　3—落重　4—沙垫层　5—试件

初速度法加载时，应注意作用力的持续时间应短于结构振型的自振周期，使结构的振动成为初速度的函数而不是冲击力的函数；采用摆锤法时，应防止摆锤和建筑物有相近的自振频率，否则摆的运动会使建筑物产生共振；使用落重法时，应尽量减轻重物下落后的跳动对结构自振特性的影响，可采取加垫砂层等措施，冲击力的大小应按结构强度确定，以防结构产生局部损伤。重物下落后附着于结构一起振动时，其质量会改变结构振动特性参数，因此重物质量应尽量小，测试结果还应根据重物质量修正。

2.6.3　反冲激振法

反冲激振法是利用反冲激振器对结构施加动荷载，也称火箭激振，适用于现场结构试验，小型反冲激振器也可用于实验室内构件试验。图 2-18 所示是反冲激振器的结构示意图，激振器壳体由合金钢制成，结构由五部分组成：①燃烧室壳体：圆筒形，一端与喷管相连，另一端固定于底座上；②底座：它与燃烧室固装后，安装到被试验结构上，底座内腔装有点火装置；③喷管：采用先收缩后扩散的形式，将燃烧室内燃气的压力势能转变为动能，可控制燃气的流量及推力方向；④主装火药：是激振器的能源；⑤点火装置：包括点火头

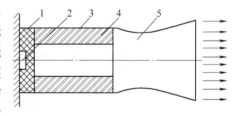

图 2-18　反冲激振器的结构示意图
1—底座　2—点火装置　3—燃烧室壳体
4—主装火药　5—喷管

（电阻和引燃药）和点火药。反冲激振器工作时先将点火装置内的点火药点燃，很快使主装火药到达燃烧温度，主装火药在燃烧室中平稳的燃烧，产生的高温高压气体从喷管口以极高的速度喷出。如果气流每秒喷出的重量为 W_s，根据动量守恒定律可知，反冲力 P（作用在结构上的脉冲力）为

$$P = W_s \frac{v}{g} \qquad (2-2)$$

式中　v——气流从喷口喷出的速度；

　　　g——重力加速度。

反冲激振器的反冲力由 $1 \sim 8kN$ 分为八种，反冲输出近似于矩形脉冲，上升时间 2ms；

持续时间 50ms；下降时间 3ms；点火延时时间 25ms ± 5ms。采用单个反冲激振器激振时，一般将激振器布置在建筑物顶部，尽量靠近建筑物质心的轴线，效果较好；如将单个激振器布置在离质心位置较远的地方，可以进行建筑物的扭振试验；如在结构平面对角线相反方向上布置两台相同反冲力的激振器，则测量扭振的效果会更好；在高耸构筑物或高层建筑试验中，可将多个反冲激振器沿结构不同高度布置，以进行高阶振型的测定。

2.6.4 离心力加载法

离心力加载是利用旋转质量产生的离心力对结构施加简谐振动荷载，运动具有周期性，作用力的大小和频率按一定规律变化，使结构产生强迫振动。靠离心力加载的机械式激振器工作原理如图 2-19 所示。当一对偏心质量按相反方向运转时，离心力将产生一定方向的激振力。由偏心质量产生的离心力为

$$P = m\omega^2 r \tag{2-3}$$

式中　　m——偏心块质量；

　　　　ω——偏心块旋转角速度；

　　　　r——偏心块旋转半径。

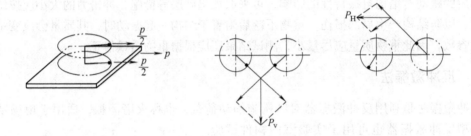

图 2-19　机械式激振器工作原理

通过调整偏心质量的转向和相位，可得到垂直方向或水平方向的激振力，即

$$P_v = P\sin a = m\omega^2 r\sin\omega t \tag{2-4}$$

$$P_H = P\cos a = m\omega^2 r\cos\omega t \tag{2-5}$$

式中，P_v、P_H 是按简谐规律变化的。

激振器由机械和电控两部分组成。机械部分是由两个或多个偏心质量组成，小型激振器的偏心质量安装在圆形旋转轮上，调整偏心轮的位置，可产生垂直或水平的激振力。激振器产生的激振力等于各旋转质量离心力的合力。改变质量或调整偏心质量的转速，即改变角频率 ω，就可调整激振力的大小。使用时将激振器底座固定在试验结构物上，由底座把激振力传递给结构，使结构受到简谐变化的激振力作用。底座应有足够的刚度，以保证激振力的传递效率。

普通机械式激振器工作频率范围较窄，为 50~60Hz，由于激振力与转速的平方成正比，所以当工作频率很低时激振力很小。为了改进激振器的稳定性和测速精度，提高激振力，控制系统采用了单相晶闸管调速、电流双闭环反馈电路系统，即控制直流电动机实现无级调速，利用测速发电机进行速度反馈，通过自整角机产生角差信号，反馈到速度调节器与给定信号进行比较。该系统可保证两台或多台激振器旋转速度相同，不同激振器间的旋转角度也

按一定关系运行。

同时使用多台同步激振器可以提高激振力、扩大使用范围;将激振器分别装置于结构物不同特定位置上,可以激发结构物的高阶振型;利用两台激振器进行反向同步激振,能进行扭振试验;使激振器产生水平激振并与刚性平台相连,就构成了机械式水平振动台。

2.6.5 直线位移惯性力加载

直线位移惯性力加载系统采用电液伺服加载系统,由闭环伺服控制器通过电液伺服阀控制固定在结构上的双作用液压加载器,带动质量块作水平直线往复运动产生惯性力激振结构,如图 2-20 所示。调整工作频率或改变荷重块的质量,可改变激振力的大小。该加载方法适用于现场结构动力加载,在低频工作条件下各项性能指标较好,可产生较大的激振力,但工作频率较低,适用于 1Hz 以下的激振环境。

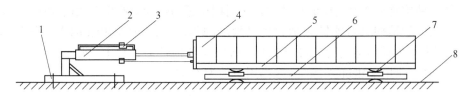

图 2-20 直线位移惯性力加载系统
1—固定螺栓 2—双作用千斤顶 3—电液伺服阀 4—荷重
5—平台 6—钢轨 7—低摩擦直线滚轮 8—结构楼板

直线位移惯性力加载试验时,应正确选择激振器的安装位置;合理选择激振力,防止引起测试结构的振型畸变;当激振器安装在楼板上时,应避免受楼板竖向自振频率和刚度的影响;激振力应具有传递途径;激振测试中宜采用扫频方式寻找共振频率,在共振频率附近测试时,应保证半功率带宽内有不少于 5 个频率的测点。

2.7 电磁加载法

在永久磁场或直流励磁磁场中放入线圈,再向线圈中通入直流或交变电流,固定于动圈上的杆件在电磁力作用下将产生单向或往复运动,向试验对象施加荷载,电磁加载设备分为电磁式激振器和电磁振动台。

电磁式激振器由励磁系统(包括励磁线圈、铁芯、磁极)、动圈(工作线圈)、弹簧、顶杆等部件组成,图 2-21 所示是电磁式激振器的结构图。顶杆固定在动线圈上,线圈位于磁隙中,顶杆由弹簧支承处于平衡状态,工作时弹簧产生的预压力稍大于电磁激振力,防止激振时产生顶杆撞击试件的现象。激振器工作时,向励磁线圈通入恒定的直流电流,磁极空隙中产生强大的恒定磁场,将交流功率信号输入工作线圈,线圈将按交变电流的变化规律在磁场中运动,带动顶杆推动试件振动,产生的激振力为

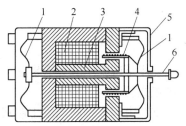

图 2-21 电磁激振器的构造
1—支承弹簧 2—励磁线圈 3—铁芯
4—动圈 5—外壳 6—顶杆

$$F_{max} = 0.102 BLI_{max} \times 10$$

式中　　F_{max}——激振力最大幅值(N);

　　　　　B——工作气隙中平均磁感应强度(T);

　　　　　L——切割磁力线的线圈导线的有效长度(m);

　　　　　I_{max}——工作电流的最大幅值(A)。

工作时,将电磁激振器安装于支座上即可以作垂直激振或水平激振。电磁式激振器的工作频率0~200Hz,最高1000Hz,推力可达数千牛。电磁式激振器重量轻,控制方便,能产生各种波形的激振力,但激振力不大,仅适合于小型结构及模型试验。

2.8　人工激振加载法

现场试验时由于条件的限制,有时希望用简单的加载方法满足加载试验的需要。试验人员利用身体在结构物上作有规律的与结构自振周期相近的运动能产生较大的激振力,对于自振频率较低的大型结构有可能被激励到足以量测的程度。体重约70kg的人作频率为1Hz、双向振幅为15cm的前后运动时,将产生大约0.2kN的惯性力;在1%临界阻尼、动力放大系数约为50时,作用于建筑物上的有效作用力约为10kN。

2.9　环境随机振动激振法

环境随机振动激振法也称为脉动法。自然环境下存在很多微弱的激振能量,如大气运动、河水流动、机械的振动、汽车行驶以及人群的移动等,使地面存在复杂的激振力。这些激振能量使结构产生各种微弱振动,采用高灵敏度的传感器测量并经放大器放大后,就能清楚地观测和记录这种振动信号。环境引起的振动是随机的,激励的脉动信号包含的频谱相当丰富,利用脉动现象可以测定和分析结构的动力特性。环境随机振动试验时不需任何激振设备,也不受结构形式和大小的限制,特别适合于大型建筑物的振动试验。

采用环境随机振动激振法时应避免环境及系统中的冲击信号干扰;试验时需要较长的观测时间,测量结构振型和频率时连续观测和采样时间应不少于5min,在测量阻尼时不应少于30min;观测期间须保持环境激励信号稳定,不能有大的波动,因此试验多选择在夜间或凌晨进行。测量桥梁时还需要完全封闭交通。

2.10　荷载支承设备和试验台座

2.10.1　支座

支座是试验中的支承装置,是正确传递作用力、模拟实际工作荷载的设备,它由支座和支墩组成。

支墩由钢或钢筋混凝土制成,也可用砖块临时砌筑。支墩上部应有足够大的平整支承面,砌筑时最好铺以钢板。支墩强度必须经过验算,底面积要按地面实际承载力复核,以免发生沉陷或过度变形。

铰支座由钢材制成,按自由度不同分为活动铰支座和固定铰支座两种,如图2-22所示。

对铰支座的基本要求是：必须保证结构在支座处能自由转动以及结构在支座处力的可靠传递。在试件制作时，应在试件支承处预先埋设支承钢垫板，或者在试验时另附钢垫板。铰支座长度不应小于试验结构构件在支承处的宽度，垫板宽度应与试验结构构件的设计支承长度一致，厚度不应小于垫板宽度 1/6。支承垫板的长度 l 可按下式计算

$$l = \frac{R}{bf_c} \qquad (2\text{-}6)$$

式中　R——支座反力（N）；

　　　b——构件支座宽度（mm）；

　　　f_c——试件材料的抗压强度设计值（N/mm²）。

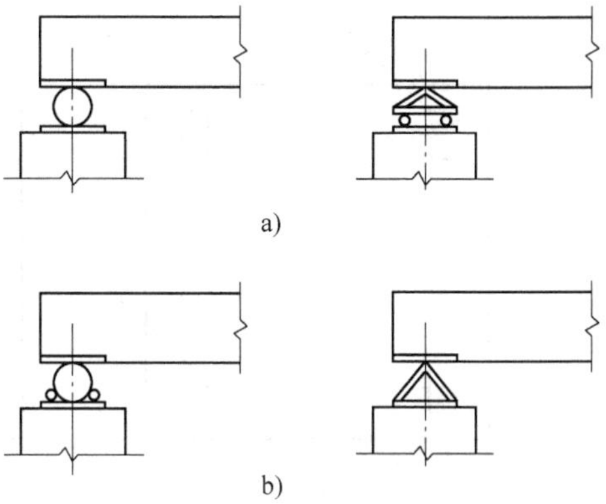

图 2-22　支座形式和构造

a）活动铰支座　b）固定铰支座

构件支座处铰支座的上下垫板应具有一定刚度，其厚度 d 可按下式计算

$$d = \sqrt{\frac{2f_c a^2}{f}} \qquad (2\text{-}7)$$

式中　f——垫板钢材的强度设计值（N/mm²）；

　　　a——滚轴中心至垫板边缘的距离（mm）。

滚轴长度不得小于试件支承处的宽度，其直径可按表 2-1 取用，并按下式进行强度验算

$$\sigma = 0.418 \sqrt{\frac{RE}{rb}} \qquad (2\text{-}8)$$

式中　E——滚轴材料的弹性模量（N/mm²）；

　　　r——滚轴半径（mm）。

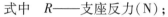

表 2-1　滚轴直径选用表

滚轴受力/（kN/mm）	<2.0	2.0~4.0	4.0~6.0
滚轴直径 d/mm	50	60~80	80~100

梁、桁架等平面结构使用的铰支座，应选用图 2-22 中一种固定铰支座和一种活动铰支座。

板壳结构应按实际支承情况利用各种铰支座组合而成，一般常采用四角支承或四边支承方式（见图 2-23），除活动铰支座和固定铰支座外，有时还需使用双向可动的球形铰支座。沿周边支承时，滚珠支座的间距不宜超过支座处结构高度的 3~5 倍。为了保持滚珠支座位置不变，可用 ϕ5mm 的钢筋做成定位圈，焊接在滚珠下的垫板上，滚珠直径至少为 30~50mm。为保证板壳整个支承面在同一平面内，防止某些支承脱空影响试验结果，应将各支承点设计成上下可微调的支座，以便调整高度，保证与试件严密接触、均匀受力。

柱或墙板试验时，为了获得纵向弯曲系数，构件两端均应采用刀形铰支座。进行柱试验时，选用的刀形铰支座分为单向和双向刀形铰支座两种（见图 2-24），双向刀形铰支座适用于薄壁弯曲型钢压杆纵向压屈试验时在两个方向发生屈曲的试验场合。柱或墙板进行偏心受压试验时，可利用调节螺钉调整刀口与试件几何中心线的距离，满足不同偏心矩的要求。

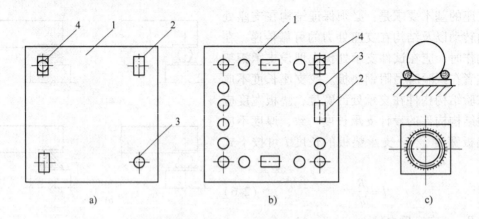

图 2-23　板壳结构支座布置方式

a）四角支承板支座设置　b）四边支承板支座设置　c）滚珠支座

1—试件　2—铰支座　3—钢球铰　4—固定球铰

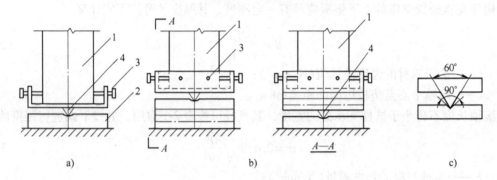

图 2-24　柱和墙板试验的铰支座

a）单向刀形铰支座　b）双向刀形铰支座　c）刀口尺寸

1—试件　2—铰支座　3—调整螺钉　4—刀口

使用刀形铰支座时，刀口的长度不应小于试验结构的截面宽度；上下刀口应安装在同一平面内；刀口的中心线应垂直于试验结构发生纵向弯曲的所在平面并与试验机或荷载架的中心线重合；刀口中心线与试验结构截面形心间的距离为加载偏心距。在压力试验机上作短柱轴心受压强度试验时，如果试验机上、下压板中的一个已设有球铰，则短柱两端可不再设置刀形铰支座；双向偏心受压试验，结构构件两端应分别设置球形支座或双层正交刀形铰支座，且球铰中心应与加载点重合，两层刀口的交点应落在加载点上。

悬臂梁的嵌固端支座可按图 2-25 所示设置，上支座中心线和下支座中心线至梁端的距离应分别为设计嵌固长度 c 的 1/6 和 5/6，拉杆应有足够强度和刚度。结构试验用的支座是结构试验装置中模拟结构受力和边界条件的重要组成部分。对于不同的结构形式，不同的试验要求，应有不同形式与构造的支座与之相适应。这是结构试验设计中需要考

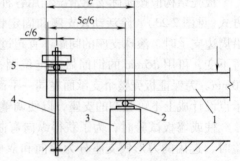

图 2-25　嵌固端支座设置

1—试件　2—下铰支座　3—支墩

4—拉杆　5—上铰支座

虑和研究的重要问题。

2.10.2　荷载支承机构

在试验室内荷载支承设备是由横梁、立柱组成的反力架和试验台座组成或利用抗弯大梁或空间桁架式台座组成；现场试验时常采用平衡重物、锚固桩头或专门为试验浇注的钢筋混凝土地梁等装置构成，有时也利用约束框架利用成对的构件进行卧位或正、反位加荷试验。

用型钢制成立柱和横梁的荷载支承机构，其特点是制作简单、取材方便，可按钢结构的柱与横梁设计组合成门式支架，结构形式如图 2-26 所示。横梁与柱的连接采用精制螺栓或销栓连接，支承机构的强度和刚度较大，能满足大型结构构件试验的要求，支架的高度和承载能力可按试验需要设计，横梁高度可调，是试验室内最常用的荷载支承设备。

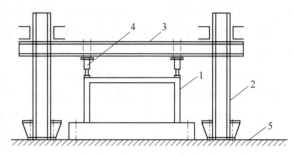

图 2-26　加荷架结构图
1—试件　2—立柱　3—横梁　4—加载器　5—试验台

另一种支撑设备用大截面圆钢制成立柱，配以型钢制成的横梁，圆钢立柱两端车有螺纹，用螺母固定横梁并与台座连接固定。此类加荷架轻便、刚度较小，使用不当容易产生弯曲变形，且螺杆螺纹容易损坏。

支承机构在试验台座上移位时，可配置电力驱动机构，以试验台的槽道为导轨驱动门式支架前后移动，横梁也可调节升降，再将液压加载器连接在横梁上就组成了一台移动式的结构试验机。试件在台座上安装就位后，调整加荷架位置并用地脚螺栓固定支架，即可进行试验加载。这种荷载支架能大大减轻试验安装与调整的工作量。

2.10.3　结构试验台座

1. 试验台座

试验室内的试验台座是永久性的固定设备，可以平衡试验结构上施加荷载所产生的反力。试验台座的台面可与试验室地坪标高一致，可以充分利用试验室的地坪面积；室内运输搬运试件方便，缺点是试验活动易受干扰。试验台座的台面也可以高出地平面成为独立的体系，此时试验区划分比较明确，不易受周边活动及试件搬运的影响。

试验台座的长度和宽度为十几米到几十米，台座的承载能力为 $200 \sim 1000 \mathrm{kN/m^2}$。台座刚度极大，受力后变形极小，能消除试件试验时支座沉降变形的影响，允许在台面上同时进行多个结构试验，不需考虑相互的影响。试验台座除具有平衡加载时产生的反力外，也能用以固定横向支架，保证构件的侧向稳定。还可以通过水平反力支架对试件施加水平荷载。

设计台座时，应在纵向和横向均按各种试验组合可能产生的最不利受力情况进行验算与配筋，保证具有足够的强度和整体刚度。用于动力试验的台座还应具有足够的质量和耐疲劳强度，防止引起共振和疲劳破坏，尤其要注意局部预埋件和焊缝的疲劳破坏。试验室内同时拥有静力试验台座和动力试验台座时，动力台座必须采取隔振措施，避免试验时相互干扰。

国内外常见的试验台座，按结构构造的不同可以分为板式试验台座和箱式试验台座。

（1）板式试验台座　板式试验台座的结构为整体钢筋混凝土或预应力钢筋混凝土的厚

板。利用结构的自重和刚度平衡结构试验时施加的荷载。按荷载支承装置、台座连接固定的方式和构造形式的不同，可分为槽式和预埋螺栓式两种形式。

1）槽式试验台座。槽式试验台座是国内使用较多的静力试验台座，其构造是沿台座纵向全长布置数条槽轨，槽轨用型钢制成纵向框架结构，埋置在台座的混凝土内（见图2-27）。槽轨用于锚固加载支架，平衡结构物上荷载所产生的反力。加载架立柱如用圆钢制成可直接用螺母固定于槽内；加载架立柱由型钢制成，其底部则设计成钢结构柱脚形式，用地脚螺栓固定在槽内。试验加载时，立柱受拉力，槽轨和台座的混凝土有牢固的连接，以防拔出。这种台座的特点是加载点位置可沿试验台座的纵向随意调整，不受限制，容易满足试验结构加载位置的变化。

2）地脚螺栓式试验台座。地脚螺栓式试验台座的特点是，台面上每隔一定间距设置一个地脚螺栓，螺栓下端锚固在台座内，顶端镶嵌在台座表面特制的圆形孔内（略低于台座表面标高），使用时利用套筒螺母与加载架的立柱连接，不用时用圆形盖板将孔盖住，保护螺栓端部并防止污物落入孔中。缺点是螺栓受损后修理困难；螺栓和孔位置固定，试件安装位置受到限制，没有槽式台座灵活方便。此类试验台座通常设计成预应力钢筋混凝土结构，以节省材料。图2-28所示为地脚螺栓式台座的示意图。此类试验台座不仅适用于静力试验，还可以安装疲劳试验机进行结构构件的动力疲劳试验。

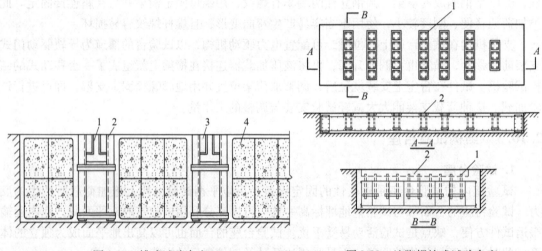

图 2-27　槽式试验台座　　　　　　　　　图 2-28　地脚螺栓式试验台座
1—槽轨　2—型钢骨架　3—高强混凝土　4—混凝土　　　　1—地脚螺栓　2—台座地槽

（2）箱式试验台座（孔式试验台座）　图2-29所示是箱式试验台座示意图。这种试验台座规模较大，由于台座本身构成箱形结构，所以比其他形式的台座具有更大的刚度。在箱形结构的顶板上，沿纵、横两个方向按一定间距留有竖向贯穿的孔洞，能沿孔洞连线的任意位置固定试件，即先将槽轨固定在相邻的两孔洞之间，再将立柱或拉杆按需要加载的位置固定在槽轨中。试验时也可将立柱或拉杆直接安装于孔内，故也称孔式试验台座。试验测量工作和试验加载工作可在台座上面进行，也可在结构内部完成。台座结构下部构成的地下室，可供长期荷载试验或特殊试验使用。大型箱形试验台座可同时兼作试验室的建筑基础。

2. 抗弯大梁式台座和空间桁架式台座

在现场试验或在缺少大型试验台座的小型试验室内试验时，可以采用抗弯大梁或空间桁

架式台座进行中小型构件试验或混凝土制
品的检验。抗弯大梁台座本身是刚度极大
的钢梁或钢筋混凝土大梁，如图 2-30 所
示。用液压加载器加载时，所产生的反作
用力通过门式加荷架传至大梁，试验结构
的支座反力也由台座大梁承受使之保持平
衡。荷载支承及传力机构可用型钢或圆钢
制成的加荷架。抗弯大梁台座受大梁抗弯
能力与刚度的限制，只能进行跨度 7m 以
下，宽度 1.2m 以下的板和梁的试验。

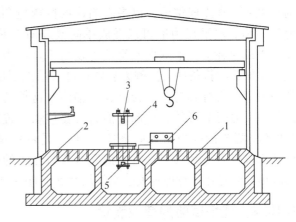

图 2-29　箱式试验台座示意图

1—箱形台座　2—顶板上的孔洞　3—试件
4—荷载架　5—液压加载器　6—液压操作台

　　空间桁架台座常用于中等跨度的桁架
及屋面大梁试验，如图 2-31 所示。通过
液压加载器及分配梁对试件进行集中力加
载，液压加载器的反作用力由空间桁架自身平衡。

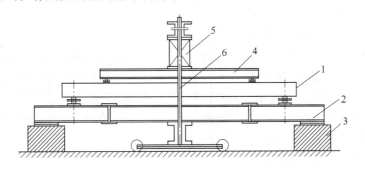

图 2-30　抗弯大梁台座的荷载试验装置

1—试件　2—抗弯大梁　3—支座　4—分配梁　5—液压加载器　6—加荷架

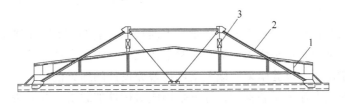

图 2-31　空间桁架式台座

1—试件　2—空间桁架式台座　3 - 液压加载器

3. 抗侧力水平反力墙

　　在结构试验研究中，除了要对构件施加垂直荷载外，有时还需要施加水平方向的荷载，
如在结构抗震试验研究时，需要进行结构抗震的静力和动力试验，常利用电液伺服加载系统
对结构或模型施加模拟地震作用的低周反复水平荷载，这就要求有水平反力设施平衡所施加
的作用力，常在台座的端部建有刚度极大的抗侧力结构，称为水平反力墙，用以承受和抵抗
水平荷载所产生的反作用力。由于刚度要求较高，水平反力墙的结构一般建成钢筋混凝土或
预应力钢筋混凝土的实体墙，有时为了增大结构刚度而采用箱型结构。在墙体的纵横方向按
一定距离间隔布置锚孔，以便试验时在不同位置固定水平加载的液压加载器。抗侧力墙体结

构与水平台座连成整体，以提高墙体抵抗弯矩和底部剪力的能力。水平反力墙可以做成单向或双向 L 形两种，如图 2-32 所示。L 形双向水平反力墙与垂直反力架可组成三向加载试验条件。抗侧力装置也可采用钢制反力架，利用地脚螺栓将其与水平台座连接锚固。这种装置的特点是，反力钢架可随意拆卸，根据需要移动位置或改变高度（将两个钢推力架竖向叠接）；缺点是用钢量较大，而且承载能力受到限制，此外钢反力架与台座的连接锚固麻烦，同时在任意位置安装水平加载器也有一定困难。

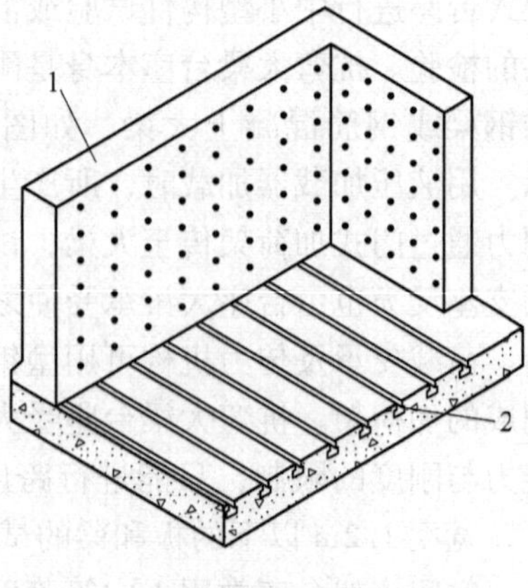

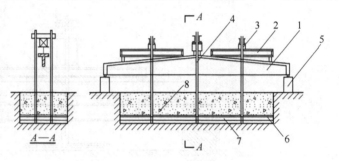

图 2-32 抗侧力水平反力墙
1—反力墙 2—槽式台座

2.10.4 现场试验的荷载装置

跨度较大的屋架、自重较重的吊车梁、预制桥面板等大型构件，经常需要在施工现场进行试验，为此就必须考虑采用适用于现场试验的加载装置。在现场广泛采用平衡重式加载装置，其工作原理与抗弯大梁或试验台座相同，即利用平衡重物承受并平衡液压加载器所产生的反力（见图 2-33）。在试验现场必须开挖地槽，在预制的地脚螺栓下埋设钢轨或型钢做成的横梁，然后在上面堆放块石、钢锭或铸铁等重物，重物的质量必须经过计算。地脚螺栓应露出地面以便与加载架连接，连接方式采用螺母或正反扣的紧固螺栓，甚至可采用直接焊接的方式。

图 2-33 现场试验用平衡重加载装置
1—试件 2—分配梁 3—液压加载器 4—荷载架 5—支座
6—铺板 7—纵梁 8—平衡重物

平衡重式加载装置要耗费较大的劳动量，有时可采用打桩或用爆扩桩的方法作为地锚，也可利用厂房基础下原有桩头作为地锚，在两个或几个基础间沿柱的轴线浇捣钢筋混凝土大梁作为抗弯平衡梁使用，试验结束后该大梁可代替原设计的地梁使用。

现场条件下缺乏上述加载装置时，也可采用成对构件加载试验的方法，即采用另一个构件作为台座或平衡装置使用，通过简单的框架将两个试件约束在一起，维持内力的平衡，此时多采用结构卧位试验的方法。需要进行破坏试验时，用作平衡的构件应比试验构件的强度和刚度大，可采用两个同样的构件并联作为平衡构件，在重型吊车梁试验中常采用这种方法。

本 章 小 结

本章系统地介绍建筑结构试验中的加载方法及相关设备，包括重力加载法、液压加载法、惯性力加载法、机械力加载法、气压加载法、电磁加载法、人工激振加载法、环境随机振动激振法、荷载支承装置和试验台座等内容。详细阐述了各种加载方法的作用方式、所需加载设备、基本原理和要求，重点介绍了液压加载法。这些加载方法是建筑结构试验长期以来从科学研究和生产实践中总结出来的行之有效的方法，各有特点，有的适合现场试验，如重力加载法、人工激振加载法、环境随机振动激振法等；有的技术先进，体现了现代建筑结构试验的发展水平，如电液伺服加载系统、地震模拟振动台等。同时，反力设备是结构试验中必不可少的，本章介绍了支座、反力架、试验台座、水平反力墙和适用于现场试验的试验大梁等。结构试验中，采取合理的加载方法，设置可靠的支座和反力设备，是保证试验得以顺利进行乃至关系到试验成功的关键。

思 考 题

2-1　重物加载方法的作用方式及其特点、要求是什么？

2-2　液压加载千斤顶可分为哪几种？各有什么特点？

2-3　液压加载装置有哪几类？各由哪几部分构成？

2-4　简述液压加载的工作原理。

2-5　电液伺服加载系统的工作原理是什么？与普通液压加载系统有何区别？

2-6　什么是环境随机振动激振法？其有何特点？

2-7　支座有哪几种？其自由度个数和方向如何？

2-8　结构试验中反力设施有哪些？它们各自的作用是什么？

第3章 结构试验的量测仪表和仪器

本章提要 结构试验主要量测结构静态参数和动态参数。结构静态参数可分为局部纤维应变和整体变形两大类;结构动态参数主要是结构的动力特性和结构振动随时间变化的动态反应。由于静态和动态参数的特征不同,采用的量测仪表和量测方法也有所区别。本章系统阐述了应变、位移、力值、裂缝、振动参数的量测原理与方法,并对测量仪器和数据采集系统工作原理进行了简要介绍。

3.1 量测仪表的工作原理及分类

3.1.1 量测仪表的工作原理

量测仪表种类繁多,按其功能分为:传感器、放大器、显示器、记录器、分析仪器、数据采集仪或数据采集系统等。其中,传感器能感受各种物理量(力、位移、应变等)并把它们转换成电信号或其他容易处理的信号;放大器用于将传感器采集的信号放大,使之可被显示和记录;显示器具有把信号用可见的形式显示出来的功能;记录器用于记录测量到的数据并长期保存;分析仪器能对采集到的数据进行分析处理;数据采集仪具有自动扫描和采集功能,可作为数据采集系统的执行机构;数据采集系统是集成式仪器,它包括传感器、数据采集仪和计算机或其他记录器、显示器等,具有自动扫描、采集和数据处理功能。

1. 传感器

传感器的功能是感受各种物理量(如力、位移、应变等数据信号),按一定规律将其转换成可以直接测读的形式,然后直接显示或以电量的形式传输给后续仪器。按工作原理传感器可以分为机械式传感器、电测式传感器、光学传感器、复合式传感器和伺服式传感器等。结构试验中较多采用的是将被测非电参量转换成电参量的电测传感器。

(1) 机械式传感器 机械式传感器利用机械原理工作,通常不能进行数据传输,需具备显示装置。它主要由以下四部分组成:

1) 感受机构:直接感受被测量的物理量的变化的机构。

2) 转换机械:将感受到的被测量变化转换成长度、角度或转向等便于显示的物理量。

3) 显示装置:将被测量或转换后的物理量放大或缩小后显示,常由指针和度盘等组成。

4) 附属装置:如外壳、防护罩、耳环等,它使仪器成为一个整体,便于安装使用。

(2) 电测式传感器 电测式传感器利用某种特殊材料的电学性能或某种装置的电学原理,把所需测量的非电物理量变化转换成电量变化,如把非电量的力、应变、位移、速度、加速度等转换成与之对应的电流、电阻、电压、电感、电容等。电测式传感器根据输出电量的形式可进一步分为电阻应变式、磁电式、电容式、电感式、压电式传感器。电测式传感器主要由以下四部分组成:

1）感受部分：直接感受被测量物理量变化的部件。如弹性钢筒、悬臂梁或滑杆等。

2）转换部分：将感受到的物理量变化转换成电量变化。如把应变转换成电阻变化的电阻应变计，把速度转换成电压变化的磁场—线圈组件，把力转换成电荷变化的压电晶体等。

3）传输部分：将变化的电信号传输到放大器、记录器或显示器的导线或接插件等。

4）附属装置：即传感器的外壳、支架等。

（3）其他传感器　其他类型的传感器还有红外线传感器、激光传感器、光纤传感器、超声波传感器，利用两种或两种以上工作原理工作的复合式传感器及能对信号进行处理和判断的智能传感器。

2. 放大器

通常，传感器输出的电信号很微弱，在多数情况下需根据传感器的种类配置不同类型的放大器，对信号进行放大，再将其输送到记录器和显示器。放大器必须与传感器、记录器和显示器的阻抗相匹配。

3. 记录器

数据采集时，为了把数据（各种电信号）保存、记录下来以备分析处理，必须使用记录器。记录器把数据按一定的方式记录在某种介质上，需要时再把这些数据读出或输送给其他分析仪器处理。数据的记录方式有两种：模拟式和数字式。模拟量是连续的，数字量是间断的。自然界的物理量都是模拟量。模拟式记录仪把模拟量直接记录在介质上，数字式记录仪则是把模拟量转换成数字量再记录在介质上。常用记录介质有普通记录纸、光敏纸、磁带和磁盘等。常用的记录器有 X-Y 函数记录仪、磁带记录仪和磁盘记录器等。

3.1.2　量测仪表的分类

量测仪表除按工作原理、完成功能和使用情况分类外，还有以下分类方法：

按仪器的用途可分为：

1）应变传感器——用于测量应变。

2）位移传感器——用于测量线位移。

3）测力传感器——用于测量荷载、压力。

4）倾角传感器——用于测量倾角或转角。

5）频率计——用于测量振动的频率。

6）测振传感器——用于测量振动参数如速度、加速度等。

按仪器与结构的关系可分为：

1）附着式与非附着式。附着式仪器工作时附着在试件上；非附着式仪器工作时不附着在试件上。非附着式仪器包括用手握着进行测量的手持式仪器以及固定在地面或其他物体上对试件进行测量的仪器。

2）接触式和非接触式。接触式仪器工作时与试件接触；非接触式仪器工作时不与试件接触。

仪器设备按显示和记录方式可以分为：

1）直读式和自动记录式。直读式仪器工作时直接读数；自动记录式仪器工作时可以自动记录。

2）模拟式和数字式。模拟式仪器输出模拟量，需通过转换显示为数值；数字式仪器的输出是数字量。

3.1.3 量测仪表的技术指标及选用原则

1. 量测仪表的技术指标

结构试验用量测仪表的主要技术性能指标有：

1）量程（量测范围）：仪器能测量的最大输入量与最小输入量之间的范围。

2）最小分度值（刻度值）：仪器的指示或显示装置所能指示的最小测量值。

3）精确度（精度）：仪表的指示值与被测值的符合程度，常用满程相对误差（FS）表示，并以此来确定仪表的精度等级。如一台精度为0.2级的仪表，表示其测定值的误差不超过最大量程的±0.2%。

4）分辨率：使仪表表示值发生变化的最小输入物理量变化值。

5）灵敏度：单位输入量所引起的仪表示值的变化。对于不同用途的仪表，灵敏度的单位各不相同，如百分表的灵敏度单位是mm/mm，测力传感器的灵敏度单位是 $\mu\varepsilon/N$。

6）滞后：仪表的输入量从起始值增至最大值的测量过程称为正行程，输入量由最大值减至起始值的测量过程称为反行程。同一输入量正反两个行程输出值间的偏差称为滞后。常以满量程中的最大滞后值与满量程输出值之比表示。

7）零位温漂和满量程热漂移：零位温漂是指当仪表的工作环境温度不为20℃时，零位输出随温度的变化率；满量程热漂移是指当仪表的工作环境温度不为20℃时，满量程输出随温度的变化率。它们都是温度变化的函数，一般由仪表的高低温试验得出其温漂曲线，在试验中获得的量测值应利用温漂曲线加以修正。

除上述性能外，对于动力试验量测仪表的传感器、放大器及显示记录仪器等仪表尚需考虑下述特性：

1）线性范围：保持仪器的输入量和输出信号为线性关系时，输入量的允许变化范围。在动态量测中，对仪表的线性度要求较高，否则将引起量测结果较大的误差。

2）频响特性：指仪器在不同频率下灵敏度的变化特性。常以频响曲线（一般以对数频率值为横坐标，以相对灵敏度为纵坐标）表示。在进行高频动态量测时，使用频率应限制在频响曲线的平坦部分以免引起过大的量测误差。对于传感器，提高自振频率将有助于增加使用频率范围。

3）相移特性：振动参量经传感器转换成电信号或经放大、记录后在时间上产生的延迟称相移。若相移特性随频率而变，则具有不同频率成分的复合振动信号将产生输出电量的相位失真。通常以仪器的相频特性曲线表示其相移特性。在使用频率范围内，输出信号相对于原信号的相位差不应随频率改变而变化。

由传感器、放大器、记录器组成的量测系统，还需注意仪器之间的阻抗匹配及频率范围的配合等问题。

2. 量测仪器的选用原则

在选用量测仪表时，应考虑下列要求：

1）选用的量测仪表应符合量测所需的量程及精度要求。选用仪表前，应先估算被测值范围。一般应使最大被测值在仪表的2/3量程范围附近，以防仪表超量程而损坏。同时为保证量测精度,应使仪表的最小刻度值不大于最大被测值的 5%。

2)动态试验选用的量测仪表,其线性范围、频响特性以及相移特性都应满足试验要求。

3)对于安装在结构上的仪表或传感器,要求自重轻、体积小,不影响结构的工作。特别要注意夹具设计是否正确、合理,不正确的安装夹具将给试验结果带有很大的误差。

4)同一试验中选用的仪器种类应尽可能少,以便统一数据精度、简化量测数据整理工作和避免差错。

5)选用仪表时应考虑试验的环境条件,如在野外试验时仪表常受到风吹日晒,周围的温、湿度变化较大,宜选用温度性能稳定的机械式仪表。此外,应从试验实际需要出发选择仪器仪表的精度,切忌盲目选用高精度、高灵敏度的仪表。一般来说,测定结果的最大相对误差不大于 5% 即满足要求。

3.2　应变测量仪器

应力量测是结构试验中重要的量测内容。结构在外力作用下内部产生应力,了解构件的应力分布情况,尤其是结构危险截面处的应力分布及最大应力值,是评定结构工作状态的重要指标,也是建立强度计算理论或验证设计是否合理、计算方法是否正确等的重要依据。直接测定构件截面的应力较困难,一般是先测定应变,再通过材料已知的 σ-ε 关系曲线或方程换算为应力值。应变量测往往还是其他物理量量测的基础。

应变的量测通常是在预定的标准长度范围(称标距)L 内,量测长度变化增量的平均值 ΔL,由 $\varepsilon = \Delta L / L$ 求得 ε。原则上 L 的选择应尽量小,特别是应力梯度较大的结构和应力集中的测点,但对非均质材料组成的结构,L 应有适当取值范围。对于混凝土应取大于骨料的最大粒径的 3 倍;砖石结构取大于 4 皮砖;木结构取不小于 20cm 等,才能正确反映平均值 ΔL。

应变量测方法和使用仪表种类很多,主要分为电测与机测两类。电测法具有精度高、灵敏度高、可远距离量测和多点量测、采集数据快速、自动化程度高等优点,而且便于将量测数据信号和计算机或微处理机连接,为采用计算机控制和用计算机分析处理试验数据创造了有利条件。电测法以电阻应变仪量测为主,即在试件测点粘贴感受元件——电阻应变计(也称电阻应变片),与试件同步变形,量测输出电信号的方法。

3.2.1　电阻应变计

1. 电阻应变计的构造及工作原理

不同用途的电阻应变计其构造有所不同,但都包括敏感栅、基底、覆盖层和引出线。其结构如图 3-1 所示。

1)敏感栅:是应变片将构件应变变化变换成电阻变化量的敏感部分,是由金属或半导体材料制成的单丝或栅状体。敏感栅的形状与尺寸直接影响应变计的性能。栅长 L 和栅宽 B 表示标称尺寸,即规格。

2)基底和覆盖层:主要起定位和保护敏感栅的作用,并使电阻和被测试件之间绝缘。基底的尺寸通常代表应变片的外形尺寸。

3）粘结剂：粘结剂是具有一定电绝缘性能的粘结材料。其作用是将敏感栅固定在基底上，或将应变片的基底粘贴到试件的表面。

4）引出线：引出线通过测量导线将敏感栅接入应变测量桥。引出线一般采用镀银、镀锡或镀合金的软铜线制成，在制造应变片时与敏感栅焊接在一起。

电阻应变片的工作原理是基于电阻具有应变效应，即电阻的电阻值随其变形而发生改变。由物理学知道，金属丝的电阻 R 与长度 L 和截面积 A 有如下关系

$$R = \rho \frac{L}{A} \tag{3-1}$$

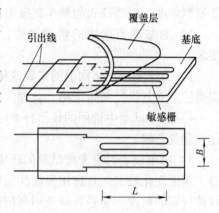

图3-1 电阻应变计构造示意图

如图3-2所示，设变形后其长度变化为 ΔL，则电阻变化率可由式（3-1）取对数微分得

$$\frac{dR}{R} = \frac{d\rho}{\rho} + \frac{dL}{L} - \frac{dA}{A} \tag{3-2}$$

式中，$\dfrac{dA}{A} = 2\dfrac{dD}{D} = -2\mu\dfrac{dL}{L} = -2\mu\varepsilon$

将上式代入式（3-2），得

$$\frac{dR}{R} = \frac{d\rho}{\rho} + (1 + 2\mu)\varepsilon$$

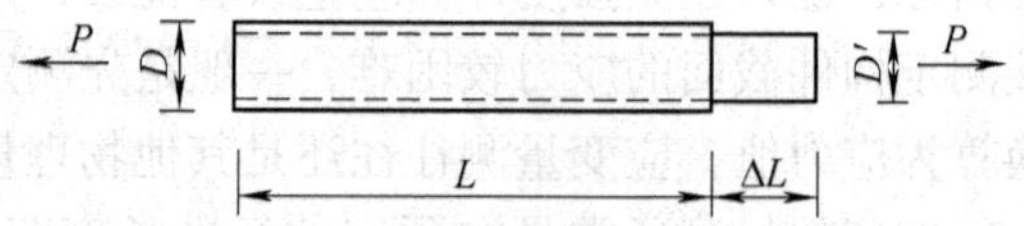

即

$$\frac{\dfrac{dR}{R}}{\varepsilon} = (1 + 2\mu) + \frac{\dfrac{d\rho}{\rho}}{\varepsilon}$$

图3-2 金属丝的电阻应变工作原理

令

$$(1 + 2\mu) + \frac{\dfrac{d\rho}{\rho}}{\varepsilon} = K_0$$

则

$$\frac{dR}{R} = K_0\varepsilon \tag{3-3}$$

式中 μ——电阻材料的泊松比；

K_0——金属应变片的灵敏因数。

大多数电阻的 K_0 为常量，因栅状应变片或箔式应变片不是单根金属丝，用灵敏系数 K 代替 K_0，即

$$\frac{dR}{R} = K\varepsilon \tag{3-4}$$

可见，应变计的电阻变化率与应变值呈线性关系。当把应变片牢固粘贴于试件上使之与试件同步变形时，便可由式（3-4）中的电量-非电量转换关系测得试件的应变。在应变测量中，由于敏感栅几何形状的改变和粘胶、基底等的影响，灵敏系数一般由产品分批抽样实际测定，通常 K 取2.0左右。

2. 电阻应变片的分类

图3-3所示为几种应变计的形式。按栅极分有丝式、箔式、半导体等；按基底材料分有纸基、胶基等；按使用极限温度分有低温、常温、高温等。箔式应变计是在薄胶膜基底上镀

合金薄膜(0.002~0.005mm)，然后通过光刻技术制成，具有绝缘度高、耐疲劳性能好、横向效应小等特点，但价格较高。丝绕式多为纸基，具有防潮、价格低、易粘贴等优点，但耐疲劳性稍差，横向效应较大，静载试验采用较多。按敏感栅结构的形状有单轴与多轴之分。单轴应变计指一片应变计只有一个敏感栅，多用于测量单轴应变，多轴应变片是一片应变计由几个敏感栅组成，因而也称应变花。图 3-4 所示为几种丝式应变计示意图。

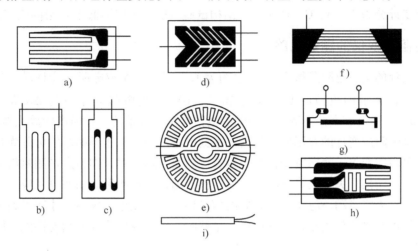

图 3-3　各种电阻应变计

a)、d)、e)、f)、h)　箔式电阻应变计　b)　丝绕式电阻应变计
c)　短接式电阻应变计　g)　半导体应变计　i)　焊接电阻应变计

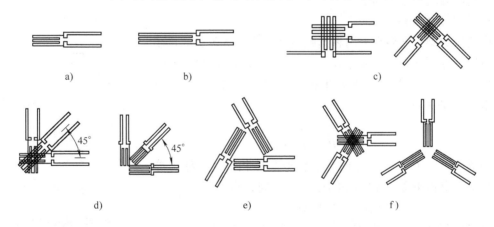

图 3-4　丝式应变计

a)　U 形　b)　H 形　c)　二轴 90°　d)　三轴 45°　e)　三轴 60°　f)　三轴 120°

3. 电阻应变计的技术指标

应变计的主要技术性能指标如下：

1)　标距：指敏感栅在纵轴方向的有效长度 L。

2)　规格：以使用面积 LB 表示。

3)　电阻值：与电阻应变计配套使用的电阻应变仪的测量线路中，电阻均按 120Ω 作为标准电阻进行设计，因而测量用应变计的阻值大部分也为 120Ω 左右，否则应加以调整或对测量结果予以修正。

4）灵敏系数：出厂前经抽样试验确定。使用时，必须把应变计上的灵敏系数调节器调整至应变片的灵敏系数值，否则应对测量结果予以修正。

5）温度适用范围：主要取决于胶合剂的性质，可溶性胶合剂的工作温度约为 $-20 \sim 60℃$；经化学作用而固化的胶合剂，其工作温度约为 $-60 \sim 200℃$。

电阻应变计分为 A、B、C、D 四级，结构试验一般应选用不低于 C 级的应变计。

3.2.2 电阻应变仪的测量电路

电阻应变计的金属电阻灵敏系数 K_0 值约为 $1.7 \sim 3.6$，制成电阻应变计后，灵敏系数 K 取 2.0 左右，被测量的机械应变一般为 $10^{-6} \sim 10^{-3}$，则电阻变化率为 $\Delta R/R = K\varepsilon = 2 \times 10^{-6} \sim 2 \times 10^{-3}$。用仪表直接检测这样微弱的电信号是很困难的，必须借助放大器将之放大。电阻应变仪是电阻应变计的专用放大仪器，根据电阻应变仪工作频率范围可分为静态电阻应变仪和动态电阻应变仪。静态应变仪本身带有读数及指示装置，作多点量测时需配用预调平衡箱，通过多点转换开关依次将各测点与应变仪接通，逐点测量。动态电阻应变仪往往仅有粗略的指示表，需将经动态应变仪放大后的信号接入显示或记录仪器后才能得到量测值。一台动态应变仪可有多路放大器，当进行多点量测时，可将各个测点分别连接到不同放大器同时进行量测。

电阻应变仪分为直流桥源式和交流桥源式两种，交流桥源式由振荡器、测量电路、放大器、相敏检波器和电源部分组成，可将应变计输出的信号进行转换、放大、检波、显示或记录，能解决温度补偿等问题。

1. 电桥基本原理

应变仪的测量电路常采用惠斯顿电桥，如图 3-5 所示。在四个桥臂上分别接入电阻 R_1、R_2、R_3、R_4，在 A、C 端接入电源，B、D 端为输出端。根据基尔霍夫定律，输出电压 U_{BD} 与输入电压 U 的关系如下

$$U_{BD} = U \frac{R_1 R_3 - R_2 R_4}{(R_1 + R_2)(R_3 + R_4)} \tag{3-5}$$

当 $R_1 = R_2 = R_3 = R_4$，即四个桥臂电阻值相等时，称为等臂电桥。当电桥平衡，即输出电压 $U_{BD} = 0$ 时，有

$$R_1 R_3 - R_2 R_4 = 0$$

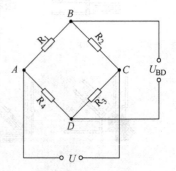

图 3-5 惠斯顿电桥

如桥臂电阻发生变化，电桥将失去平衡，输出电压 $U_{BD} \neq 0$。设电阻 R_1、R_2、R_3、R_4 变化分别 ΔR_1、ΔR_2、ΔR_3、ΔR_4，且变化前电桥平衡，则输出电压为

$$U_{BD} = U \frac{R_2 R_4}{(R_1 + R_2)(R_3 + R_4)}\left(\frac{\Delta R_1}{R_1} - \frac{\Delta R_2}{R_2} + \frac{\Delta R_3}{R_3} - \frac{\Delta R_4}{R_4}\right) \tag{3-6}$$

上式中，忽略了分母项中的 ΔR 项，分子中则取 $\Delta R_i \Delta R_j = 0 (i,j = 1,2,3,4)$。如四个应变计规格相同，即 $R_1 = R_2 = R_3 = R_4$，$K_1 = K_2 = K_3 = K_4$，则有

$$U_{BD} = \frac{1}{4}UK(\varepsilon_1 - \varepsilon_2 + \varepsilon_3 - \varepsilon_4) \tag{3-7}$$

由上式可知，当 $\Delta R \ll R$ 时，输出电压与四个桥臂应变的代数和呈线性关系；相邻桥臂的应变符号相反，如 ε_1 与 ε_2；相对桥臂的应变符号相同，如 ε_1 与 ε_3。这种利用桥路的不平衡输出进行测量的电桥称为不平衡电桥，其测量方法称为偏位测定法。偏位测定法适用于动态应变测量。

2. 平衡电桥原理

由式(3-7)可知，不平衡电桥的输出项中含有电源电压 U。当采用电网供电且测试工作又需要延续较长时间时，电源电压的波动将不可避免地影响到量测结果的准确性；另外，不平衡电桥采用偏位法测量，要求输出对角线上的检测计有很高的灵敏度和较大的测量范围。为此，新型静态电阻应变仪都改用平衡电桥，如图3-6所示。R_1 为贴在受力构件上的工作应变片，R_2 为贴在非受力构件上的温度补偿片，R_3 和 R_4 由滑线电阻 ac 代替，触点 D 平分电阻 ac，且使桥路 $R_1 = R_2 = R'$，$R_3 = R_4 = R''$。构件受力前工作电阻没有增量，桥路处于平衡状态检流计指零，即 $R_1 R_3 - R_2 R_4 = 0$。构件受力变形后，应变片的电阻由 R_1 变为 $R_1 + \Delta R_1$，桥路失去平衡，检流计指针偏转至某一位置，调节触点 D 使检流计指针回到零位，即桥路重新恢复平衡，则新的平衡条件为

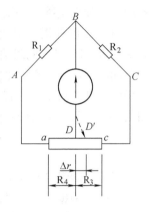

图3-6　零位法量测桥路图

$$(R_1 + \Delta R_1)(R_3 - \Delta r) = R_2(R_4 + \Delta r)$$

整理后有

$$\varepsilon = \frac{2\Delta r}{KR''} \tag{3-8}$$

可见，滑线电阻的滑移量可用来度量工作电阻的应变量。若滑线电阻以 $\mu\varepsilon$ 为刻度，则可直接读取工作电阻的应变值，而检流计仅用来判别电桥平衡与否，可避免偏位法测量的缺点。此法称零位测定法，常用于静态电阻应变测量。图3-6所示的电桥，半个桥参与测量工作，另一半供读数使用，为了使四个桥臂都能参与测量工作，提高电桥的输出灵敏度，新型应变仪把平衡电桥改成两个桥路，即所谓双桥路，如图3-7所示。双电桥桥路除有一个连接电阻应变片的测量电桥外，还有一个能输出与测量电桥变化相反的读数电桥，读数电桥的桥臂由可以调节的精密电阻组成。当试件发生变形时测量电桥失去平衡，检流计指针发生偏转。调节读数电桥的电阻，产生一个与测量电桥大小相等、方向相反的量，使指针重新指向零。由于测量电桥的 U 与 ε 成正比，因此读数电桥的电阻调整值也必定与 ε 成正比。

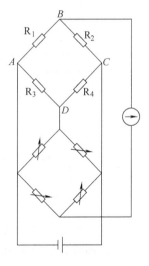

图3-7　双桥路原理

3. 温度补偿技术

用电阻应变计测量应变时，除能感受试件应变外，也受到环境温度变化的影响，这种影响称为温度效应。温度引起应变计电阻值发生变化的原因有两个：其一，电阻温度改变 Δt 时，电阻将随之改变；其二，试件材料与应变计电阻的线膨胀系数不相等但两者又粘结在一起，试件温度改变 Δt 时，将引起应变计的附加电阻变化。总的应变效应为两者之和，可用

电阻增量 ΔR_t 表示，即

$$U_{BD} = \frac{U}{4}\frac{\Delta R_t}{R} = \frac{U}{4}K\varepsilon_t \tag{3-9}$$

ε_t 称为视应变。当应变计的电阻为镍铬合金时，温度每变动 $1\,^\circ\!C$，将产生相当于钢材（$E = 2.1 \times 10^5 Pa$）应力为 $14.7 N/mm^2$ 的示值变动，该量值不能忽视，结构试验中常采用温度补偿方法加以消除，补偿方法有以下几种。

（1）温度补偿应变计法　温度补偿应变计温度补偿法是在电桥的 BC 臂上接一个与工作应变计 R_1 同型号、同阻值的应变计 R_2，R_2 称为温度补偿应变计。工作应变计 R_1 贴在受力构件上同时受应变和受温度作用，电阻变化值为 $\Delta R_1 + \Delta R_t$；补偿应变计 R_2 贴在一个与试件材料相同的补偿块上，并置于试件同一温度场中，补偿块不受外力作用，只存在 ΔR_t 的变化，如图 3-8 所示。由式(3-7)有

$$U_{BD} = \frac{U}{4}\frac{\Delta R_1 + \Delta R_t - \Delta R_t}{R} = \frac{U}{4}\frac{\Delta R_1}{R} = \frac{U}{4}K\varepsilon_1$$

可见，测量结果仅为试件受力后产生的应变值，温度产生的电阻增量（或视应变）自动得到消除。根据试验目的和试验材料的不同，一个温度应变计可以补偿一个工作应变计（单点补偿），或连续补偿多个工作应变计（多点补偿）。如钢结构，材料的导热性好，应变计通电后散热较快，可以用一个补偿应变计连续补偿 10 个工作应变计；混凝土等材料散热性差，一个补偿应变计连续补偿的工作应变计不宜超过 5 个，最好采用单点补偿。

（2）工作应变计温度互补偿法　被测结构或构件，若存在应变符号相反，比例关系已知，温度条件相同的两个或四个测点，可以将符号相反的应变计分别接在相邻桥臂上，在等臂条件下，既是工作应变计，又互为温度补偿，如图 3-9 所示。该接法不适用于混凝土等非匀质材料。

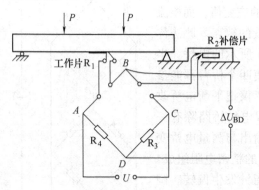
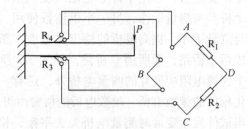

图 3-8　温度补偿应变计桥路连接示意图　　　　图 3-9　工作应变计温度补偿法桥路示意图

上述两种方法是常用的消除温度影响的方法，都是通过桥路连接实现温度补偿，称桥路补偿法。

（3）温度自补偿计法　如果没有适当位置安装温度补偿片，或工作片与补偿片的温度变动不相等时，应采用温度自补偿计法。温度自补偿计是一种单元片，由两个单元组成（见图 3-10a），相应效应可以通过改变外电路来调整，如图 3-10b 所示。其中 R_G 和 R_T 互为工作片和补偿片，R_{LG} 和 R_{LT} 为各自的导线电阻，R_B 为可变电阻，通过调节可给出预定的最小视应变。

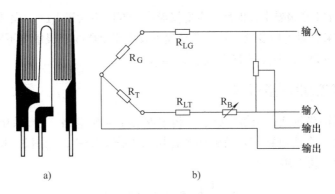

图 3-10　温度自补偿电路

a) 温度自补偿计　b) 电路图

4. 多点测量线路

实际测量时，往往要求应变仪具有多个测量桥，以进行多测点的测量工作。图 3-11 所示是实现多点测量的两种线路。工作肢转换法每次只切换工作片，温度补偿片为公用片；中线转换法每次同时切换工作片和补偿片，通过转换开关自动切换测点而形成测量桥。

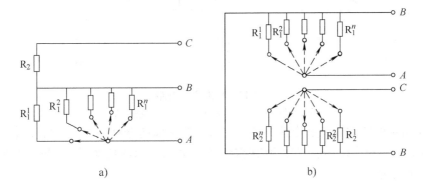

图 3-11　多点测量线路

a) 工作肢转换　b) 中线转换

5. 电阻应变仪预调平衡

电桥桥源电压为交流时称交流电桥。在交流电桥中，邻近导体及导体与机壳间存在分布电容，测量导线之间也存在分布电容。分布电容的存在会严重影响电桥的平衡，导致电桥灵敏度大大降低，因此必须在测量前预先进行电容调平，使桥路对角线上的容抗乘积相等（即 $Z_1Z_3 = Z_2Z_4$），分布电容引起的对角线输出为零。电阻应变仪预调平衡的原理如图 3-12 所示。$ABCD$ 组成测量桥路。R_1、R_2、R_3、R_4 为工作片时，组成全桥测量。若用 R_3'、R_4'（仪器内部标准电阻）代替 R_3、R_4 时，组成半桥测量。R_a 与 R_{ta} 组成电阻预调平衡线路；C_t 与 R_t 组成电容预调平衡线路。当 R_t 或 R_{ta} 的触点分别左右滑动时，就可以使电容或电阻达到平衡状态。

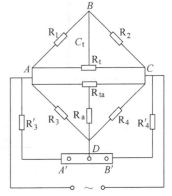

图 3-12　预调平衡原理

静载试验用的电阻应变仪，不宜低于我国 JJG 623—2005

《电阻应变仪》标准的 1.0 级要求，即静态应变仪最小分度值不大于 $1\mu\varepsilon$，误差不大于 1%，零点漂移不大于 $\pm 3\mu\varepsilon/4h$。动态应变仪，其标准量程不宜小于 $200\mu\varepsilon$；灵敏度不宜低于 $10\mu\varepsilon/mA$，灵敏度变化不大于 $\pm 2\%$，零点漂移不大于 $\pm 5\%$。

3.2.3 电阻应变常用测量桥路

电阻应变常用桥路包括：全桥电路、半桥电路和 1/4 桥电路三种，如图 3-13 所示。

（1）全桥电路　全桥电路测量桥的四个臂接入工作应变片，如图 3-13a 所示，相邻臂工作片兼作温度补偿，桥路输出为

$$U_{BD} = \frac{U}{4}K(\varepsilon_1 - \varepsilon_2 + \varepsilon_3 - \varepsilon_4)$$

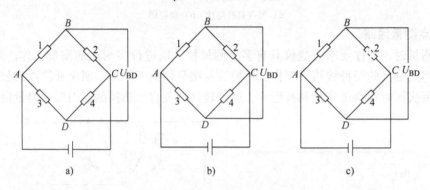

图 3-13　标准实用电路

a）全桥电路　b）半桥电路　c）1/4 桥电路

图 3-14 所示的圆柱体荷重传感器在筒壁的纵向和横向分别贴有电阻应变计，采用了全桥电路接线方式。根据横向应变片的泊松效应和对角线输出的特性可知，图示两种贴片和连接方式的输出均为

$$U_{BD} = \frac{U}{4}K \cdot 2(1+\mu)\varepsilon$$

该桥路的输出将实际应变放大了 $2(1+\mu)$ 倍，提高了量测灵敏度；温度补偿自动完成，并消除了读数中因轴向力偏心引起的影响。该桥路连接方式适用于金属匀质材料应

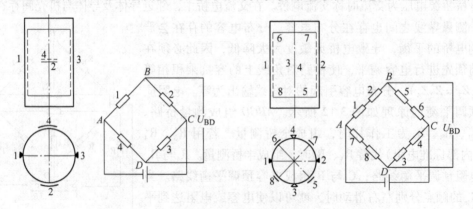

图 3-14　荷重传感器全桥接线

1～8—电阻应变片

变测量。

（2）半桥电路　半桥电路由两个工作片和两个固定电阻组成，工作片接在 *AB* 和 *BC* 臂上，固定电阻设在应变仪内部，如图 3-13b 所示。例如悬臂梁固定端的弯曲应变（见图 3-15a）可以用 R_1 和 R_2 来测定，其输出为

$$U_{BD} = \frac{U}{4} \times K[\,\varepsilon_1 - (-\varepsilon_1)\,] = \frac{U}{4}K\varepsilon \times 2$$

电桥输出灵敏度提高了一倍，温度补偿由两个工作片自动完成。

（3）1/4 桥电路　1/4 桥电路常用于测量应力场的单个应变，接线方法如图 3-13c 所示。如简支梁下边缘的最大拉应变（见图 3-15b），温度补偿必须由一个补偿应变片 R_2 来完成。这种接线方法对输出信号没有放大作用。

桥路输出灵敏度取决于应变片在受力构件上的贴片位置和方向，以及它在桥路中的接线方式。除上述情形之外，还可根据各种具体情况进行桥路设计（见表 3-1），从而获得桥路输出的不同放大系数。放大系数以 *A* 表示，称之为桥臂系数。荷载作用下的实际应变是实测应变 ε° 与桥臂系数之比，即 $\varepsilon = \varepsilon^\circ/A$。

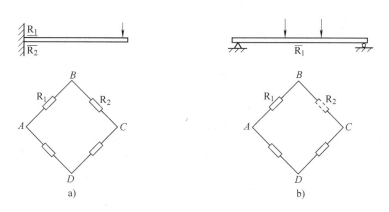

图 3-15　半桥和 1/4 桥的应用
a）半桥接线　b）1/4 桥接线

3.2.4　电阻应变计粘贴技术

应变计是应变电测技术中的感受元件，粘贴质量的好坏对测量结果影响甚大，应变计粘贴技术要求十分严格。为保证粘贴质量，要求测点基底平整、清洁、干燥；粘结剂的电绝缘性、化学稳定性及工艺性能良好，蠕变小，粘贴强度高（抗剪强度不低于 3～4MPa），温湿度影响小；同一组应变计规格型号应相同；应变计的粘贴应牢固，方位准确，不含气泡；粘贴前后阻值不改变；粘贴干燥后，敏感栅对地绝缘电阻不低于 500MΩ；应变线性好、滞后、零点漂移、蠕变等小，保证应变能正确传递。粘贴的具体步骤方法如下：

1）挑选、筛分应变片：应根据试件的材料性质和应力状态选择应变片的规格和形式。在匀质材料上贴片应选用普通型小标距应变计；在非匀质材料上贴片选用大标距应变计；处于平面应变状态时应选用应变花。分选应变计时应逐片进行外观检查，应变片丝栅应平直，片内无气泡、霉斑、锈点等缺陷，不合格的应变计应剔除；然后用电桥测定阻值并分组。同

表 3-1　电阻应变计的布置与桥路连接方法

序号	受力状态及其简图	工作片数	电桥型式	电桥线路	温度补偿	测量电桥输出	测量项目及应变值	特点
1	轴向应 (压)	1	半桥		另设补偿片	$U_{BD}=\dfrac{1}{4}UK\varepsilon$	拉(压)应变 $\varepsilon_r=\varepsilon$	不易消除偏心作用引起的弯曲影响
2	轴向应 (压)	2	全桥		另设补偿片	$U_{BD}=\dfrac{1}{2}UK\varepsilon$	拉(压)应变 $\varepsilon_r=2\varepsilon$	输出电压提高1倍,可消除弯曲影响
3	轴向应 (压)	2	半桥		互为补偿	$U_{BD}=\dfrac{1}{4}UK\varepsilon(1+\nu)$	拉(压)应变 $\varepsilon_r=(1+\nu)\varepsilon$	输出电压提高到$(1+\nu)$倍,不能消除弯曲影响
4	轴向应 (压)	4	半桥		互为补偿	$U_{BD}=\dfrac{1}{4}UK\varepsilon(1+\nu)$	拉(压)应变 $\varepsilon_r=(1+\nu)\varepsilon$	输出电压提高到$(1+\nu)$倍能消除弯曲影响且可提高供桥电压

（续）

序号	受力状态及其简图	工作片数	电桥型式	电桥线路	温度补偿	测量电桥输出	测量项目及应变值	特　点
5	轴向拉（压）	4	全桥		互为补偿	$U_{BD}=\dfrac{1}{2}UK\varepsilon(1+\nu)$	拉（压）应变 $\varepsilon_r=2(1+\nu)\varepsilon$	输出电压提高到 2（1+ν）倍且能消除弯曲影响
6	拉伸	4	全桥		互为补偿	$U_{BD}=UK\varepsilon$	拉应变 $\varepsilon_r=4\varepsilon$	输出电压提高到 4 倍
7	弯曲	2	半桥		互为补偿	$U_{BD}=\dfrac{1}{2}UK\varepsilon$	弯曲应变 $\varepsilon_r=2\varepsilon$	输出电压提高 1 倍且能消除轴向拉（压）影响
8	弯曲	4	全桥		互为补偿	$U_{BD}=UK\varepsilon$	弯曲应变 $\varepsilon_r=4\varepsilon$	输出电压提高到 4 倍且能消除轴向拉（压）影响

（续）

序号	受力状态及其简图	工作片数	电桥型式	电桥线路	温度补偿	测量电桥输出	测量项目及应变值	特点
9	弯曲	2	半桥		互为补偿	$U_{BD} = \dfrac{1}{4}UK$ $(\varepsilon_1 - \varepsilon_2)$	两处弯曲应变之差 $\varepsilon_r = \varepsilon_1 - \varepsilon_2$	可测出横向剪力 V 值 $V = \dfrac{EW}{a_1 - a_2}\varepsilon_r$
10	扭转	1	半桥		另设补偿片	$U_{BD} = \dfrac{1}{4}UK\varepsilon$	扭转应变 $\varepsilon_r = \varepsilon$	可测出扭矩 M_t 值 $M_t = W_t\dfrac{E}{1+\nu}\varepsilon_r$
11	扭转	2	半桥		互为补偿	$U_{BD} = \dfrac{1}{2}UK\varepsilon$	扭转应变 $\varepsilon_r = 2\varepsilon$	输出电压提高 1 倍可测剪应变 $\gamma = \varepsilon_r$

组应变计阻值偏差不得超过应变仪可调平的允许范围。

2）选择粘结剂：粘结剂分为水剂和胶剂两类，选择粘结剂的类型应视应变计基底材料和试件材料的不同而异。一般要求粘结剂具有足够的抗拉强度和抗剪强度，蠕变小，电气绝缘性能好。目前在匀质材料上粘贴应变计均采用氰基丙烯酸类水剂粘结剂，如 KH501、KH502 快速胶；在混凝土等非匀质材料上贴片常用环氧树脂胶。常用电阻应变计粘结剂参见表3-2。

表 3-2 常用电阻应变计粘结剂

种类	主要成分	牌号	适合的应变片基底	固化条件	固化压力/MPa	适应温度范围/℃	特 点
氰基丙烯酸脂	氰基丙烯酸甲酯单体	KH501	纸基、胶基、箔式基	室温 1h（固化完成需 3h 以上）	贴片时指压加 0.05～0.1	−50～+80	固化速度快，粘结力强，使用简单，蠕变、滞后小，耐温耐热性差，储存期短（24℃ 6 个月）
	氰基丙烯酸乙酯单体	KH502					
环氧类	环氧树脂、聚硫酸铜、胺固化剂等	914	纸基较好，胶基、箔基片稍差	室温 2.5h（固化完成需 24h）	0.05～0.1	−60～+80	粘结力强、防水性、耐蚀性、绝缘性好，固化收缩小，使用方便，24℃储存期为 12 个月，硬化后性脆、不耐冲击
	环氧树脂、固化剂等	509	纸基好、胶基可用，箔基片较差	200℃，2h	0.05～0.1	−60～+80	基本同上
	E_{44} 环氧树脂 100，邻苯二甲酸二丁脂 5～20 乙二胺 6～8	自配	纸基好、胶基可用，箔基片较差	室温 24～48h，人工干燥 2h	0.1～0.2	−60～+80	粘结力强，防潮性、绝缘性、耐蚀性好，也可用于防水、防潮、保护包扎等，软硬可调
酚醛类	酚醛树脂聚乙烯醇缩丁醛	JSF-2	胶基，箔式片	150℃，1h	0.1～0.2	−60～+150	性能稳定、耐酸、耐油、耐水、耐振动，常温可存放 6 个月
	酚醛树脂、聚乙烯醇甲乙醛、溶剂	1720	胶基，箔式片	190℃，3h	指压 0.05～0.1	−60～+100	性能稳定、蠕变小、滞后小，疲劳寿命长，粘结性大，耐老化、耐水、耐油、性脆、阴凉处可存放 1 年
	酚醛—有机硅	J-12	胶基，玻璃纤维布	200℃，3h		−60～+350	耐水、防潮、耐有机溶剂性较好
	酚醛-环氧间苯二胺，石棉粉	J06-2	胶基，玻璃纤维布	150℃，3h	2	−60～+250	粘结力强，对聚酰胺基底粘结力尤强
硝化纤维素	硝化纤维素（或乙基纤维素）溶剂（如丙酮等）	可自配	纸基	室温 10h 或 60℃，2h	0.05～0.1	−50～+80	价廉、易配、使用方便，吸湿性，收缩率较大，绝缘性较差，适合室内短时量测

（续）

种类	主要成分	牌号	适合的应变片基底	固化条件	固化压力/MPa	适应温度范围/℃	特　点
聚亚酰胺	聚亚酰胺	30#-14#	胶基、玻璃纤维布基	280℃，2h	0.1~0.3	-150~+250	耐水、耐酸、抗辐射、耐高温
聚脂	不饱和聚脂树脂，过氧化环己酮等	配	胶基、玻璃纤维布基	室温24h	0.3~0.5	-50~+150	
氯仿粘结剂	氯仿（三氯甲烷），有机玻璃粉（3%~5%）	配	纸基、玻璃纤维布基、箔式片等	室温3h	指压	室温	用于在有机玻璃上贴片

3）测点表面清理：为使应变计能牢固地贴在试件表面，应对测点表面进行加工，方法是：先用工具或化学试剂清除贴片处的漆层、油污、锈层等污垢，然后用锉刀挫平，再用0号砂布在试件表面打成45°的斜纹，吹去浮尘并用丙酮、四氯化碳等溶剂擦洗。

4）应变片的粘贴与干燥：选择好胶剂，在试件上画出测点的定向标记。用水剂贴片时，先在试件表面的定向标记处和应变计基底上分别均匀涂一层胶，待胶层发粘时迅速将应变计按正确位置粘贴，取聚乙烯薄膜盖在应变计上，用手指加压待其干燥。在混凝土或砌体等表面贴片时，应先用环氧树脂胶作找平层，待胶层完全固化后再用砂纸打磨、擦洗后方可贴片。

室温高于15℃和相对湿度低于60%时可采用自然干燥，干燥时间一般为24~48h；室温低于15℃和相对湿度高于60%时应采用人工干燥，但人工干燥前必须先经过8h自然干燥，人工干燥的温度不得高于60℃。

5）焊接导线：先在离应变计3~5mm处粘贴接线架，然后将引出线焊于接线架上，最后把测量导线的一端与接线架焊接，另一端与应变仪测量桥路连接。

6）应变片的粘贴质量检查：用绝缘电阻表（兆欧表）量测应变片的绝缘电阻；观察应变片的零点漂移，漂移值小于$5\mu\varepsilon$（3min之内）认为合格；将应变计接入应变仪，检查工作稳定性，若漂移值大、稳定性差，应铲除重贴。

7）防潮和防水处理：防潮措施必须在检查应变计贴片质量合格后立即进行。防潮的简便方法是用松香石蜡或凡士林涂于应变计表面，使应变计与空气隔离达到防潮目的。防水处理一般采用环氧树脂胶封闭。

应变电测法具有感受元件重量轻，体积小；量测系统信号传递迅速、灵敏度高；可遥测，便于与计算机联用及实现自动化等优点，因而在试验应力分析，断裂力学及宇航工程中都有广泛的应用。其主要缺点是连续长时间测量会出现漂移，原因在于粘结剂的不稳定性和对周围环境的敏感性所致；电阻应变计的粘贴技术比较复杂，工作量大；应变计不能重复使用，消耗量较大。

3.2.5　应变的其他量测方法与使用仪表

1. 机测法

机测法的优点是操作简单、可重复进行，但精度稍差。图3-16和图3-17所示是两种常

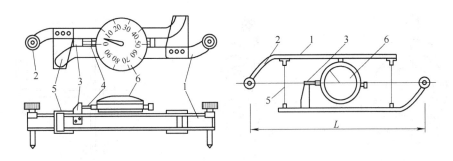

图 3-16　手持应变仪

1—刚性骨架　2—插轴　3—骨架外凸缘　4—千分表插杆　5—薄钢片　6—千分表

用测量应变的方法。手持应变仪常用于现场测量，标距为 50 ~ 250mm，读数可用百分表或千分表。手持应变仪的操作步骤为：①根据试验要求确定标距，在标距两端粘结两个脚标（每边各一个）；②结构变形前，用手持应变仪先测读一次；③结构变形后，再用手持应变仪测读；④变形前后的读数差即为标距两端的相对位移，由此可求得平均应变。百分表应变装置常用于实际结构、足尺试件的应变测量，其标距可任意选择，读数可用百分表、千分表或其他电测位移传感器，百分表应变装置的工作原理和操作步骤与手持应变仪基本相同。

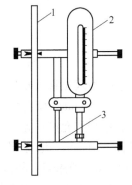

图 3-17　电子百分表测
应变装置

1—杆件　2—电子百分表
3—夹具

2. 光测法

在土木工程结构试验中，还常采用光测法，包括云纹法、激光衍射法、光弹法等，光测法多应用于节点或构件的局部应力分析。

3.3　位移测量仪器

位移是结构承受荷载作用后的最直观反应，结构在局部区域内的屈服变形、混凝土开裂以及钢筋与混凝土之间的粘结滑移等，在荷载-位移曲线上都可以得到反映。它既能反映结构的整体变形，也可区分结构的弹性和非弹性性质，因此位移测定对结构性能分析至关重要。结构的位移主要是指构件的挠度、侧移、转角、支座偏移等参数，可分为线位移和角位移变形两种。量测位移的仪表有机械式、电子式及光电式多种。在工程结构试验中，广泛采用的是接触式位移计和差动变压器式位移计等。

3.3.1　结构线位移量测仪器

1. 接触式位移计

接触式位移计是机械仪表，构造如图 3-18 所示，主要由测杆、齿轮、指针和弹簧等机械零件组成。测杆的功能是感受试件变形；齿轮 6、7、8 是将感受到的变形放大或改变方向；测杆弹簧可使测杆紧随试件变形并使指针返回原位；扇形齿轮和螺旋弹簧使齿轮 6、7、8 相互之间单面接触，消除齿隙造成的无效行程。

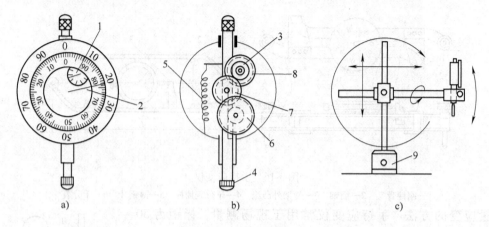

图 3-18　接触式位移计

a) 外形　b) 构造　c) 磁性表座

1—短针　2—长针　3—齿轮　4—测杆　5—测杆弹簧　6、7、8—齿轮　9—表座

接触式位移计根据刻度盘上最小刻度值分为百分表（刻度值为 0.01mm）、千分表（刻度值为 0.001mm）和挠度计（刻度值为 0.05mm 或 0.1mm）。接触式位移计的度量性能包括刻度值、量程和允许误差。百分表的量程为 5mm、10mm、30mm，允许误差 0.01mm。千分表的量程为 1mm，允许误差 0.001mm。挠度计量程为 50mm、100mm、300mm，允许误差 0.05mm。使用时，将位移计安装在磁性表架上，用表架横杆上的颈箍夹住位移计的颈轴，将测杆顶住测点使测杆与测面保持垂直。表座应置于铁磁性的相对静止点上，打开磁性开关固定表座。

2. 应变梁式位移传感器

应变梁式位移传感器的主要部件是一块弹性好、强度高的铍青铜制成的悬臂弹性簧片，簧片一端固定在仪器外壳上，簧片上粘贴四片应变计组成全桥或半桥测量线路，簧片的自由端固定有拉簧，拉簧与指针固结。当测杆随变形移动时，拉力弹簧使簧片产生挠曲，簧片产生应变，通过电阻应变仪测得的应变即可反映与试件位移间的关系。传感器的量程为 30 ~ 150mm，分辨率达 0.01mm，传感器的位移 $\delta = \varepsilon C$，其中为 ε 为铍青铜梁上的应变，由应变仪测定；C 为与簧片尺寸及拉簧材料性能有关的刚度系数。

悬臂梁上四片应变片按图示贴片位置和接线方式连接，若 $\varepsilon_1 = \varepsilon_3 = \varepsilon$，$\varepsilon_2 = \varepsilon_4 = -\varepsilon$，则桥路输出为

$$U_{BD} = \frac{U}{4}K(\varepsilon_1 - \varepsilon_2 + \varepsilon_3 - \varepsilon_4) = \frac{U}{4}K\varepsilon \times 4$$

由此可见，采用全桥接线时，桥路输出灵敏度最高，桥臂系数为 4。机电复合式电子百分表构造原理和应变梁式位移传感器相同。

3. 差动变压器式位移传感器

图 3-19 所示是差动变压器式位移传感器的构造原理，它由一个一次线圈和两个二次线圈分内外两层组成，共同绕在一个圆筒上，圆筒内放置一个能自由移动的铁芯。一次线圈通入激磁电压时，通过互感作用使二次线圈感应而产生电势。铁芯居中时，感应电势 $e_{s1} - e_{s2} = 0$，无输出信号。铁芯向上移动位移 $+\delta$，这时 $e_{s1} \neq e_{s2}$，输出为 $\Delta E = e_{s1} - e_{s2}$。铁芯向上移动的位移越大，$\Delta E$ 也越大。反之，当铁芯向下移动时，e_{s1} 减小而 e_{s2} 增大，所以 $e_{s1} - e_{s2} = -\Delta E$，

因此其输出量与位移成正比，且为模拟量，输出电压与位移的关系通过率定确定。图 3-19 所示的 $\Delta E\text{-}\delta$ 直线是率定得到的一组标定曲线。这种传感器的量程大，可达 ± 500mm。适用于整体结构的位移测量。

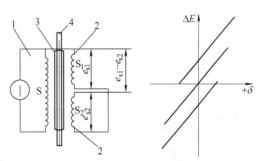

图 3-19　差动变压器式位移传感器
1——次线圈　2—二次线圈　3—圆形筒　4—铁芯

除上述各种位移传感器外，常用的位移测量方法还有滑线电阻式位移传感器测量法、水平仪测量法、拉紧钢丝绳测量法等。位移传感器测量的是沿传感器测杆方向的位移，在安装位移传感器时应使测杆的方向与测点位移的方向一致；此外，测点接触面凹凸不平也会引入测量误差；位移计应该固定在专用表架上，表架必须与试验载荷架及支撑架等受力系统隔离。

3.3.2　结构角位移测量仪器

1. 转角测定

受力结构的节点、截面或支座截面都可能发生转动，测量转角可采用专用仪器，也可自行设计。

（1）杠杆式测角器　杠杆式测角器构造如图 3-20 所示，利用刚性杆和位移计即可测量框架结点、结构截面或支座处的转角。将刚性杆 1 固定在被测试件 2 的测点上，结构变形带动刚性杆转动，测量 3、4 两点位移，即可算出转角 α

$$\alpha = \arctan \frac{\delta_4 - \delta_3}{L} \tag{3-10}$$

当 $L = 100$mm，位移计刻度差值 $\delta = 0.1$mm 时，则可测得转角值为 1×10^{-3} 弧度，具有足够的测量精度。

（2）水准式倾角仪　图 3-21 所示是水准式倾角仪的结构。水准管 1 安置在弹簧片 4 上，一端铰接于基座 6 上，另一端被测微调螺钉 3 顶住。当仪器用夹具 5 安装在测点上后，用微调螺钉使水准管的气泡居中，结构变形后气泡漂移，再转动微调螺钉使气泡重新居中，度盘

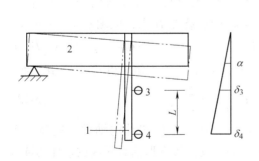

图 3-20　杠杆式测角器
1—刚性杆　2—试件　3、4—位移计

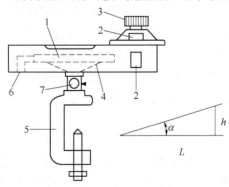

图 3-21　水准式倾角仪
1—水准管　2—刻度盘　3—微调螺钉　4—弹簧片
5—夹具　6—基座　7—活动铰

前后两次读数的差即为测点的转角

$$\alpha = \arctan \frac{h}{L} \tag{3-11}$$

式中 L——铰接基座与微调螺钉顶点之间距离；

h——微调螺钉顶点前进或后退的位移。

仪器的最小读数可达 $1'' \sim 2''$，量程为 $3°$，其特点是尺寸小、精度高、易受湿度及振动影响、阳光曝晒会引起水准管爆裂。

（3）电子倾角仪 电子倾角仪是一种传感器，它通过电阻变化测定结构某部位的转动角度，仪器的构造如图 3-22 所示。设有一个盛有高稳定性导电液体的玻璃器皿，在导电液体中插入 3 根电极并加以固定，电极等距离设置且垂直于器皿底面。当传感器处于水平位置时，导电液体的液面保持水平，3 根电极浸入液内的长度相等，A、B 极之间的电阻值等于 B、C 极之间的电阻值，即 $R_{AB} = R_{BC}$。工作时将倾角仪固定在结构测点上，结构发生微小转动时倾角仪随之转动。因导电液面始终保持水平，因而插入导电液内的电极深度必然发生变化，使 R_{AB} 减小 ΔR，R_{BC} 增大 ΔR。若将 AB 和 BC 接到惠斯顿电桥的两个臂，即可利用电桥原理测量并换算倾角 α，且具有 $\Delta R = K\alpha$ 的关系。

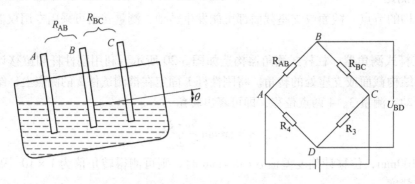

图 3-22 电子倾角仪构造原理

2. 曲率测定

构件变形后的曲率可以用位移计先测量构件表面某点及邻近两点之挠度差，再根据杆件变形曲线的形式近似计算测区内构件的曲率。图 3-23 所示是利用位移计测定曲率的两种装置。图 3-23a 中，金属杆一端设有固定刀口，A，B 为可移动刀口，当选定标距 AB 后，固定螺母使 B 刀口不因构件变形而改变 AB 间的距离。位移计安装在 D 点，取图示 x-y 坐标系，当构件表面变形符合二次抛物线时，则函数关系符合方程：$y = c_1 x^2 + c_2 x + c_3$，将 A、B、D 的边界条件代入，则有：$c_3 = 0$；$c_1 a^2 + c_2 a = 0$；$c_1 b^2 + c_2 b = f$；解方程组求得 c_1、c_2、ρ，即

$$c_1 = \frac{f}{b(b-a)}; \quad c_2 = \frac{af}{b(a-b)}; \quad \frac{1}{\rho} = \frac{2f}{b(b-a)} \tag{3-12}$$

适用于测定薄板模型曲率的方法如图 3-23b 所示，在一个位移计的轴颈上安装一个 "π" 形零件，使其对称于位移计测杆，距离为 $4 \sim 8mm$。设薄板变形前后两次位移计的读数之差为 f，假定薄板变形曲线近似球面，当 $f \ll a$ 时，则

$$\frac{1}{\rho} = \frac{8f}{a^2} \tag{3-13}$$

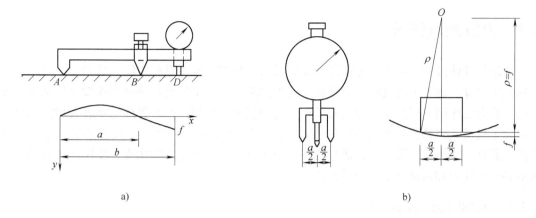

图 3-23　用位移计测曲率的装置

3. 剪切变形测量

梁柱节点或框架节点的剪切变形，可用百分表或手持应变仪测定其对角线上的伸长或缩短量，并按经验公式求得剪切变形 γ。当采用图 3-24a 测量方法时，剪切变形按式（3-14）计算；采用图 3-24b 测量时，按式（3-15）计算

$$\gamma = \alpha_1 + \alpha_2 = \frac{2ab}{\sqrt{a^2+b^2}}(\delta_1 + \delta_1' + \delta_2 + \delta_2') \tag{3-14}$$

$$\gamma = \frac{\delta_1 + \delta_2}{2L} \tag{3-15}$$

4. 扭角测量

图 3-25 所示是利用位移计量测扭角的装置，用它可近似测定空间壳体受到扭转后单位长度的相对扭角

$$\theta = \frac{\mathrm{d}\varphi}{\mathrm{d}x} = \frac{\Delta\varphi}{\Delta x} = \frac{f}{ba} \tag{3-16}$$

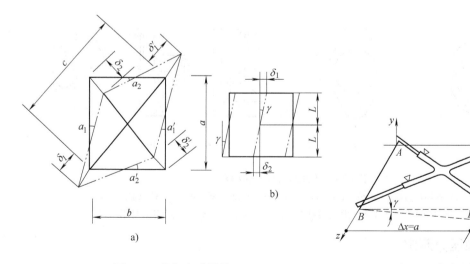

图 3-24　剪切变形测量　　　　　　　　图 3-25　扭角测定装置

3.4 力值测量仪器

结构静载试验主要需要测定荷载、支座反力、预应力施力过程中绳索的张力、风压、油压和土压力等。量测力的仪器分为机械式与电测两种，基本原理都是利用弹性元件感受力或液压，在力的作用下产生与外力或液压相对应的变形，再用机械装置或电测装置放大和显示就构成了机械式传感器，或电测式传感器。图 3-26 所示是几种测力计及传感器示意图。电测传感器具有体积小、反应快、适应性强及便于自动显示及记录等优点，使用比较普遍。下面主要介绍外力和内部应变的测量方法。

3.4.1 荷载和反力的测定

荷载传感器用于量测荷载、反力以及其他各种外力。根据荷载性质不同，荷载传感器的形式分为拉伸型、压缩型和通用型三种。各种荷载传感器的外形基本相同，承力结构是一个厚壁筒（见图 3-26），筒壁横断面取决于筒的最高允许应力。筒壁上贴有电阻应变计将机械变形转换为电量；为避免在储存、运输或试验时应变计的损坏设有外罩加以保护；为便于与设备或试件连接，筒两端加工有螺纹；在筒壁的轴向和横向贴有应变计并按全桥形式连接，桥路放大系数 $A = 2(1 + \mu)$；荷重传感器的灵敏度是单位荷重下的应变，灵敏度与设计的最大应力成正比，与荷重传感器的最大负荷能力成反比。常用荷载传感器可达 1000kN 或更高。

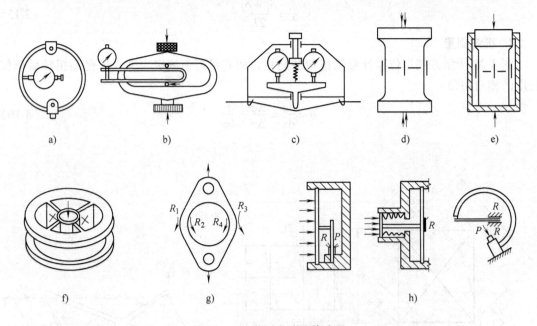

图 3-26　几种测力计及传感器

a）钢环拉力计　b）环箍式压力计　c）钢丝张力测力计　d）拉压传感器
e）压力传感器　f）轮辐式压力传感器　g）拉力传感器　h）三种测压传感器

3.4.2 拉力和压力测定

在结构试验中，测定拉力和压力的仪器是测力计。测力计利用钢制弹簧、环箍或簧片受力后产生弹性变形的原理，将变形经机械放大后用指针度盘或位移计表示力值。最简单的拉力计就是弹簧式拉力计，直接由螺旋形弹簧的变形求出拉力值；测量张拉钢丝或钢丝绳拉力的环箍式拉力计如图 3-27 所示，由两片弓形钢板组成环箍，在拉力作用下环箍产生变形，通过机械传动放大系统带动指针转动显示外力值。图 3-28 所示是环箍式拉、压测力计，由粗大的钢环作"弹簧"，钢环在拉、压力作用下变形，经杠杆放大后推动位移计工作，多用于测定压力。

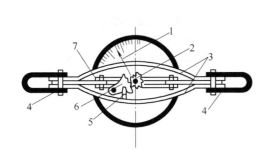

图 3-27　环箍式拉力计
1—指针　2—中央齿轮　3—弓形弹簧　4—耳环
5—连杆　6—扇形齿轮　7—可动接板

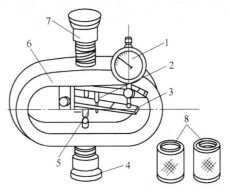

图 3-28　环箍式拉、压测力计
1—位移计　2—弹簧　3—杠杆　4、7—下、上压头
5—杠杆　6—钢环　8—拉力夹头

3.4.3　结构内部应力测定

结构试验中，常采用埋入式测力装置测定结构内部混凝土或钢筋的应力。图 3-29 所示是美国 Brownie 和 Mcurich 研制的埋入式应力栓，由混凝土或砂浆制成，应力栓上贴有两片电阻应变片。混凝土和应力栓的应力应变关系分别为 $\sigma_c = E_c \varepsilon_c$、$\sigma_m = E_m \varepsilon_m$，即 $\sigma_m = \sigma_c(1 + C_s)$，$\varepsilon_m = \varepsilon_c(1 + C_\varepsilon)$，其中，$C_s$、$C_\varepsilon$ 为应力栓的应力集中系数和应变增大系数。对于特定的应力栓，C_s、C_ε 为常数，但由于混凝土和应力栓的物理性能不完全匹配，因此，增大系数属于测量结果所引入的误差，即弹性模量、泊松比和热膨胀系数的差异所产生的误差。通过适当的标定方法和尽量减少不匹配因素，可使误差降

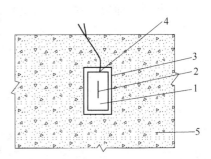

图 3-29　埋入式应力栓
1—与试件同材料的应力栓　2—应变片
3—防水层　4—引出线　5—试件

低至最小。试验表明，最小的误差可控制在 0.5% 以下，室温下，一年内的漂移量很小，可以忽略不计。

图 3-30 所示为埋入式差动电阻应变计。它主要用于测定各种大型混凝土水工结构的应变、裂缝或钢筋应力等。使用时直接将其埋入混凝土内，两端凸缘与混凝土或钢筋相连。试件受力后，两端的凸缘随之发生相对移动，使电阻 R_1 和 R_2 分别产生大小相等方向相反的电量，将其接入应变电桥便可测得应变值。

图 3-31 所示为振弦式应变计，它依靠改变受拉钢弦的固有频率工作。钢弦密封在金属管内，钢弦中部用激励装置拨动钢弦并接受钢弦产生的振动信号，将接受信号传送至显示或

记录仪表。当应变计上的圆形端板与混凝土浇为一体时，混凝土产生的应变将引起端板的相对移动，导致钢弦的原始张力或振动频率发生变化，由换算求得结构内部的有效应变值。其稳定性好，分辨率达 $0.1\mu\varepsilon$，室温下漂移量小，可忽略不计。

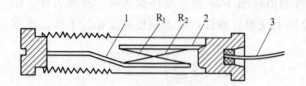

图 3-30　埋入式差动电阻应变计

1，2—刚性支架　3—引出线

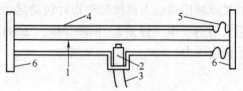

图 3-31　振弦式应变计

1—钢弦　2—激振线圈　3—引出线
4—管体　5—波纹管　6—端板

3.5　裂缝及温度的测量

3.5.1　裂缝测量

结构试验中，结构或构件裂缝的产生和发展、裂缝的位置和分布以及长度和宽度是反映结构性能的重要指标，对确定结构的开裂荷载、研究结构的破坏过程和结构的抗裂性及变形性能均有十分重要的价值。混凝土结构、砌体结构等脆性材料组成的结构，裂缝测量是一项必要的测量项目。裂缝测量包括两项内容：

1）开裂：即裂缝发生的时刻和位置。

2）度量：即裂缝的宽度和长度。

最常用发现开裂的简便方法是借助放大镜用肉眼观察。为便于观察，试验前用纯石灰水溶液均匀地刷在结构表面并使之干燥。试件受荷载作用后，白色涂层将在高应变下开裂并剥落。对于钢结构，在其表面可以看到屈服线条，而混凝土表面裂缝能明显地显示出来。为便于记录和描述裂缝发生的部位，可在结构或构件表面划分 $50\text{mm} \times 50\text{mm}$ 左右的方形格栅构成基本参考坐标系，便于分析和描绘结构构件在高应变场中的裂缝发展和走向。白灰涂层具有效果好、价廉和技术要求不高等优点。

当需要精确地确定开裂荷载时，可在拉应力区连续搭接布置应变计监测第一批裂缝的出现（见图 3-32）。出现裂缝时，跨裂缝的应变计读数会发生异常变化。由于裂缝出现的位置不易确定，往往需要在较大范围内连续布置应变计，占用仪表较多。另一种用导电漆膜发现裂缝的方法是将具有小阻值的弹性导电漆涂在经过清洁处理过的混凝土表面，涂刷长度 $100 \sim 200\text{mm}$，宽 $5 \sim 10\text{mm}$，待干燥后接入电路。当混凝土裂缝宽度达到 $1 \sim 5\mu\text{m}$ 时混凝土受拉，被拉长的导电漆膜会出现火花直至烧断。导电漆膜电路被烧断后可以用肉眼继续进行观察。

量测裂缝的宽度常用读数显微镜，它是由光学透镜与游标刻度组成的复合仪器，如图 3-33a 所示。其最小刻度值不大于 0.05mm。

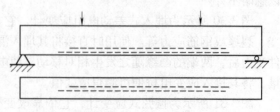

图 3-32　连续搭接布置应变计监测裂缝的发生

此外，也有用印刷有不同宽度线条的裂缝标准宽度板（见图 3-33b）与裂缝对比量测的方法；或用一组具有不同标准厚度的塞尺插入裂缝进行测试，刚好插入裂缝的塞尺厚度即裂缝宽度。后两种方法测试结果较为粗略，但能满足一般要求。

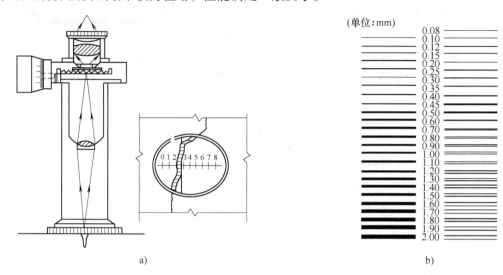

图 3-33 量测裂缝宽度的仪器及标尺
a）读数显微镜 b）宽度板

对某些材料（如钢材）或试件的裂纹扩展情况及扩展速率，可采用裂纹扩展片、声发射技术、光弹贴片等方法进行测量。

（1）裂纹扩展片 裂纹扩展片由栅体和基底组成，栅体是平行的栅条，各栅条有一端互不相连，将某一栅条的端部及公用端与仪器相连，即可测定裂纹是否已达到该栅条处。此方法在断裂力学试验中应用较多。

（2）声发射技术 声发射法是将声发射传感器埋入试件内部或置于试件表面，利用试件材料开裂时发出的声音检测裂缝的出现，如设置多个传感器，也可推定裂缝的位置。该方法既能发现试件表面的裂缝，也能发现内部的微细裂缝。声发射技术在断裂力学试验和机械工程中得到广泛应用。

（3）光弹贴片 光弹贴片是在试件表面牢固地粘贴一层光弹薄片，试件受力后，光弹片同试件共同变形，并在光弹片中产生相应的应力。若以偏振光照射事先已经加工磨光的试件表面，由于其具有良好的反光性（可用银粉增强其反光能力），当光穿过透明的光弹薄片后经过试件表面反射，再第二次穿过薄片射出，将射出的光线通过分析镜即可在屏幕上得到应力条纹，根据其应力与应变关系可进行场应变测量。

3.5.2 内部温度测量

大体积混凝土浇筑后的内部温度、预应力混凝土反应堆容器的内部温度等都是很重要的物理量，这些温度很难计算，只能用实测方法确定。量测混凝土内部温度常使用热电偶或热敏电阻，如图 3-34 所示。热电偶由两种导体 A 和 B 组合成闭合回路，并使结点 1 和结点 2 处于不同的温度 T 及 T_0，如测温时将结点 1 置于被测温度场中（结点 1 称工作端），使结点 2 处于某一恒定温度状态（称参考端）。由于互相接触的两种金属导体内自由电子的密度不同，在 A、B 接触处将发生电子扩散，电子扩散的速率和自由电子的密度与金属所处的温度成正比。假设金属 A 和 B 中的自由电子密度分别为 N_A 和 N_B，且 $N_A > N_B$，在单位时间内由金属 A 扩散到金属 B 的电子数，比从金属 B 扩散到金属 A 的电子数多，金属 A 带正电而金属 B 带负电，在接触点处便形成了电位差，从而建立电动势与温度之间的关系测得温度。回路总电动势与温度的关系为

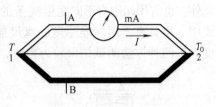

图 3-34 热电偶原理

$$E_{AB} = E_{AB}(T) - E_{AB}(T_0) = \frac{k}{e}(T - T_0)\ln\frac{N_A}{N_B} \tag{3-17}$$

式中　T、T_0——A、B 两种材料接触点处的热力学温度；

　　　　e——电子的电荷量，等于 1.6×10^{-19} C；

　　　　k——玻尔兹曼常量，等于 1.38×10^{-23} J/K；

　　N_A、N_B——为金属 A、B 的自由电子密度。

3.6　振动测量仪器

　　在动力试验中为研究振型、自振频率、位移、速度和加速度等动力反应必须获得振幅、频率、相位及阻尼系数等振动参量。振动量测设备由感受、放大和显示记录三部分组成，感受部分常称为拾振器(或称测振传感器)，其结构和静力试验中的传感器截然不同；振动量测中使用的放大器不仅需要将信号放大，有时还需要将信号进行积分、微分和滤波等处理，才能量测出振动中的位移、速度及加速度。显示记录部分是振动测量系统中的重要部分，在研究动力问题时，不仅需要量测振动参数的大小量级，还需要量测振动参数随时间历程变化的全部数据资料。目前有多种规格的拾振器和与之配套的放大器、记录器可供选用。根据被测对象的具体情况及各种拾振器的性能特点合理选用拾振器是成功进行动力试验的关键。因此，必须深入了解和掌握有关拾振器的工作原理与技术特性。

3.6.1　拾振器的力学原理

　　由于振动具有传递作用，动力试验时很难找到作为测振基准点的静止点，因此常在测振仪器内部设置惯性质量弹簧系统建立基准点。惯性系测振传感器的力学模型如图 3-35 所示，工作时将拾振器牢固固定在振动体的测点上，使仪器外壳和振动体一起振动。以下分析表明拾振器的输出信号和质量块与振动体之间的相对运动直接相关。

　　设计拾振器时使惯性质量 m 只能沿 x 方向运动，并使弹簧质量和惯性质量 m 相比小到可以忽略不计。如图 3-35 所示，仪器外壳随振动体一起振动，设振动体振动规律为 $x = X_0\sin\omega t$，则由质量块 m 所受的惯性力、阻尼力和弹性力之间的平衡关系，可建立振动体系的运动微分方程

$$m\frac{d^2(x + x_m)}{dt^2} + \beta\frac{dx_m}{dt} + Kx_m = 0$$

或　　　　$m\dfrac{\mathrm{d}^2 x_\mathrm{m}}{\mathrm{d}t^2} + \beta\dfrac{\mathrm{d}x_\mathrm{m}}{\mathrm{d}t} + Kx_\mathrm{m} = mX_0\omega^2\sin\omega t$　　（3-18）

式中　x——振动体相对于固定参考坐标的位移；

　　　X_0——被测振动体的振幅；

　　　x_m——质量块 m 相对于仪器外壳的位移；

　　　ω——被测振动的圆频率；

　　　β——阻尼；

　　　K——弹簧刚度。

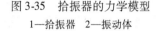

单自由度有阻尼的强迫振动方程，通解为

$$x_\mathrm{m} = Be^{-nt}\cos\left(\sqrt{\omega^2 - n^2}\,t + \alpha\right) + X_\mathrm{m}\sin(\omega t - \varphi)$$

（3-19）

图 3-35　拾振器的力学模型
1—拾振器　2—振动体

式中，$n = \beta/2m$，φ 为相位角。第一项为自由振动

解，因阻尼很快衰减；第二项 $X_\mathrm{m}\sin(\omega t - \varphi)$ 为强迫振动解，其中

$$X_\mathrm{m} = \dfrac{X_0\left(\dfrac{\omega}{\omega_0}\right)^2}{\sqrt{\left[1 - \left(\dfrac{\omega}{\omega_0}\right)^2\right]^2 + \left(2D\dfrac{\omega}{\omega_0}\right)^2}};\quad \varphi = \dfrac{\arctan\left(2D\dfrac{\omega}{\omega_0}\right)}{\left[1 - \left(\dfrac{\omega}{\omega_0}\right)^2\right]}$$

式中　D——阻尼比，$D = n/\omega_0$；

　　　ω_0——质量弹簧系统的固有频率，$\omega_0 = \sqrt{K/m}$。

将式（3-19）中的第二项 $X_\mathrm{m}\sin(\omega t - \varphi)$ 与式（3-18）相比较，显然质量块 m 相对于仪器外壳的运动规律与振动体的运动规律一致，频率均为 ω，但振幅和相位不同。质量块 m 的振幅 X_m 与振动体振幅 X_0 之比为

$$\dfrac{X_\mathrm{m}}{X_0} = \dfrac{\left(\dfrac{\omega}{\omega_0}\right)^2}{\sqrt{\left[1 - \left(\dfrac{\omega}{\omega_0}\right)^2\right]^2 + \left(2D\dfrac{\omega}{\omega_0}\right)^2}}$$

（3-20）

其相位相差相位角 φ。若以 ω/ω_0 为横坐标，以 X_m/X_0 和 φ 分别为纵坐标，根据不同阻尼作出曲线，如图 3-36 和图 3-37 所示，分别称为测振仪器的幅频特性曲线和相频特性曲线。

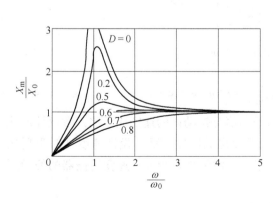

图 3-36　幅频特性曲线

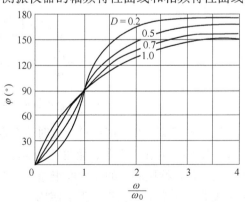

图 3-37　相频特性曲线

试验过程中 D 可能随时发生变化，根据图 3-36 和图 3-37 所示曲线，要保持 X_m/X_0 和 φ 角在试验期间为常数则必须限制 ω/ω_0 值。当取不同频率比 ω/ω_0 和阻尼比 D 时，拾振器将具有以下不同的特性。

（1）$\omega/\omega_0 \gg 1$，$D < 1$ 由图（3-36）和图（3-37）可以看出：$X_m \approx X_0$，$\varphi \approx 180°$，代入式（3-19）得测振仪的强迫振动解为

$$X_m = X_m \sin(\omega t - \varphi) \approx X_0 \sin(\omega t - \pi) \tag{3-21}$$

将式（3-21）与振动体振动方程 $x = X_0 \sin \omega t$ 比较，此时振动体振动频率远大于仪器的固有频率，无论阻尼比 D 的大小，X_m/X_0 趋近于 1，而 φ 趋近于 180°，即质量块的相对振幅和振动体的振幅趋于相等而相位相反，满足此条件的测振仪常用作位移计。为满足上述理想状态，在试验过程中应使 X_m/X_0 和 φ 保持常数即可。但从图 3-36 和图 3-37 所示不难看出，X_m/X_0 和 φ 都随阻尼比 D 和频率而变化，这是由于仪器的阻尼取决于内部构造、连接形式和摩擦等多种不稳定因素所致，但由幅频特性曲线发现，当 $\omega/\omega_0 \gg 1$ 时，这种变化与阻尼比 D 基本无关。实际使用中，若测定位移的精度要求较高，频率比可取上限，即 $\omega/\omega_0 > 10$；精度要求一般可取 $\omega/\omega_0 = 5 \sim 10$，此时仍可近似认为 X_m/X_0 趋近于 1，但具有一定误差；幅频特性曲线平直部分的频率下限与阻尼比有关，对无阻尼或小阻尼的频率下限可取 $\omega/\omega_0 = 4 \sim 5$，当 $D = 0.6 \sim 0.7$ 时，频率比下限可放宽到 2.5 左右，此时幅频特性曲线有最宽的平直段，也就是有较宽的频率使用范围。在被测振动体有阻尼情况下，仪器对不同振动频率呈现出不同的相位差，如图 3-37 所示。如果振动体的运动不是简单的正弦波而是两个频率 ω_1 和 ω_2 的叠加，由于仪器对相位差的反应不同，测出的叠加波形将发生失真，应注意对波形畸变的限制。

一般厂房、民用建筑的第一自振频率为 $2 \sim 3$Hz，高层建筑为 $1 \sim 2$Hz，高耸结构物如塔架、电视塔等柔性结构的第一自振频率更低，因此拾振器应具有很低的自振频率。为降低 ω_0 必须加大惯性质量，因此位移拾振器的体积较大也较重，对被测系统有一定影响，对于质量较小的振动体不适用，应寻求其他解决办法。

（2）$\omega/\omega_0 \approx 1$，$D \gg 1$ 当 $\omega/\omega_0 \approx 1$，$D \gg 1$ 时，有

$$X_m = \frac{X_0 \left(\dfrac{\omega}{\omega_0}\right)^2}{\sqrt{\left[1 - \left(\dfrac{\omega}{\omega_0}\right)^2\right]^2 + \left(2D\dfrac{\omega}{\omega_0}\right)^2}} \approx \frac{\omega X_0}{2D\omega_0}$$

且

$$v = \frac{dx}{dt} = X_0 \omega \cos \omega t = X_0 \omega \sin\left(\omega t + \frac{\pi}{2}\right) \tag{3-22}$$

$$x_m = X_m \sin(\omega t - \varphi) \approx \frac{1}{2D\omega_0} X_0 \omega \sin(\omega t - \varphi) \tag{3-23}$$

比较式（3-22）和式（3-23），此时拾振器输出的示值与振动体的速度成正比，常设计成速度计。$1/2D\omega_0$ 为比例系数，阻尼比 D 越大，拾振器输出灵敏度越低。设计速度计时阻尼比 D 很大，相频特性曲线的线性度很差，含有多频率成分波形失真较大，速度拾振器的使用频率范围非常狭窄，在工程中很少使用。

（3）$\omega/\omega_0 \ll 1$，$D < 1$ 当 $\omega/\omega_0 \ll 1$，$D < 1$ 时

$$X_m = \frac{X_0 \left(\dfrac{\omega}{\omega_0}\right)^2}{\sqrt{\left[1 - \left(\dfrac{\omega}{\omega_0}\right)^2\right]^2 + \left(2D\dfrac{\omega}{\omega_0}\right)^2}} \approx \frac{\omega^2 X_0}{\omega_0^2}, \quad \varphi \approx 0$$

则
$$a = \frac{d^2 x}{dt^2} = -X_0 \omega^2 \sin\omega t = A\sin(\omega t + \pi) \tag{3-24}$$

$$x_m = X_m \sin(\omega t - \varphi) \approx \frac{X_0 \omega^2 \sin(\omega t)}{\omega_0^2} = \frac{A\sin(\omega t)}{\omega_0^2} \tag{3-25}$$

比较式(3-24)和式(3-25)，拾振器的位移与振动体的加速度成正比，比例系数为 $1/\omega_0^2$。这种拾振器用于测量加速度，称加速度计。加速度计幅频特性曲线如图 3-38 所示，加速度计工作于频率比 $\omega/\omega_0 \ll 1$ 的范围，拾振器反应相位与振动体加速度的相位差近似为 π，且基本不随频率而变化。当加速度计的阻尼比 D 为 $0.6 \sim 0.7$ 时，相频曲线接近于直线，所以相频与频率比成正比，波形不会出现畸变。若阻尼比不符合要求，将出现与频率比成非线性的相位差。

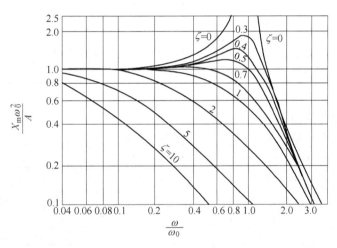

图 3-38　加速度计幅频特性曲线

总之，使用惯性式拾振器时必须特别注意振动体的工作频率与拾振器的自振频率之间的关系。当 $\omega/\omega_0 \gg 1$ 时，拾振器适用于量测振动体的振动位移；当 $\omega/\omega_0 \ll 1$ 时，拾振器适用于测量振动体的加速度特性，对加速度进行两次积分就可得到位移。

3.6.2　实用测振传感器

拾振器除应正确反映结构物的振动外，还应不失真地将位移、加速度等振动参量转换为电量输入放大器。信号转换的方式很多，有磁电式、压电式、电阻应变式、电容式、光电式、热电式、电涡流式等。磁电式拾振器基于磁电感应原理，能线性地感应振动速度，适用于实际结构物的速度测试，缺点是体积大而重，对被测系统有影响；使用频率范围较窄。压电晶体式拾振器体积小、重量轻、自振频率高，适用于模型试验。电阻应变式拾振器低频性能好，放大器应采用动态应变仪。差动电容式抗干扰能力强、低频性能好、体积小，重量轻，但其灵敏度比压电晶体式高，后续仪器简单，是一种很有发展前途的拾振器。机电耦合伺服式加速度拾振器，引进了反馈的电气驱动力，改变了原有质量弹簧系统的自振频率 ω_0，扩展了工作频率范围，提高了灵敏度和量测精度，在强振观测中大有代替原有各类加速度拾振器的趋势。表 3-3 所示是国内生产的常用磁电式速度传感器和压电式加速度传感器的型号及性能指标。

表 3-3　国内几种常用速度传感器的技术参数

型　号	名　称	频率响应/Hz	速度灵敏度/[mV/(mm·s⁻¹)]	速度最大测量值/(mm·s⁻¹)	生产厂家
CS-CD-001 型	磁电式速度传感器	0.35～60	1000	10	江苏联能电子技术有限公司
CS-CD-010 型		5～1000	20	50	
891-1 型	拾振器	0.8～60	2～50	400～800	中国地震局工程力学研究所（哈尔滨）
891-2 型		0.5～100	1～30	500～1800	
891-4 型		0.5～30	1.5～30	500～1200	
YD33 型	压电式速度传感器	4～2000	3.94	63.5	上海测振自动化仪器有限公司
YD9300 型	磁电式速度传感器	0.5～200	300	随灵敏度变化而变化	
DH610	磁电式速度传感器	0.1～100	0.3～15	300～20000	江苏东华测试技术股份有限公司
DH620		10～1000	20	500	

1. 磁电式速度传感器

磁电式速度传感器是基于电磁感应原理制成，特点是灵敏度高、性能稳定、输出阻抗低、频率响应范围宽，改变质量弹簧系统的设计参数，传感器既能测量非常微弱的振动，也能测量比较强的振动，是工程振动测量最常用的测振传感器。图 3-39 所示是典型的磁电式速度传感器，磁钢和壳体安装在所测振动体上与振动体一起振动，芯轴与线圈组成传感器的可动系统即传感器的惯性质量块，通过簧片与壳体连接，测振时惯性质量块相对仪器壳体振动，故线圈相对磁钢运动而产生感应电动势，感应电动势 E 的大小为

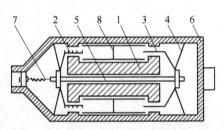

图 3-39　磁电式速度传感器
1—磁钢　2—线圈　3—阻尼环　4—弹簧片
5—芯轴　6—外壳　7—输出线　8—铝架

$$E = BLnv$$

式中　B——线圈在磁钢间隙的磁感应强度；

L——每匝线圈的平均长度；

n——线圈匝数；

v——线圈相对于磁钢的运动速度，即所测振动物体的振动速度。

对于确定的仪器系统 B、L、n 均为常量，所以感应电动势 E 即测振传感器的输出电压与所测振动的速度成正比，也就是惯性质量块的位移反映被测振动的位移，传感器输出的电压与振动速度成正比，所以也称为惯性式速度传感器。

工程试验中经常需要测量 10Hz 以下甚至 1Hz 以下的低频振动，需采用摆式测振传感

器。该类型传感器将质量弹簧系统设计成转动形式，以获得更低的仪器固有频率。图 3-40 所示是典型的摆式测振传感器，也是磁电式传感器，根据测量振动方向分为垂直摆、倒立摆和水平摆等形式，其输出电压也与振动速度成正比。

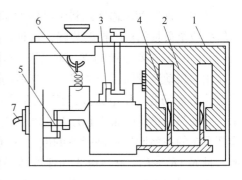

图 3-40　摆式测振传感器
1—外壳　2—磁钢　3—重锤　4—线圈
5—十字簧片　6—弹簧　7—输出线

磁电式测振传感器的主要技术指标：

1）固有频率 f_0：传感器质量弹簧系统本身的固有频率是传感器的一个重要参数，它与传感器的频率响应关系很大。固有频率取决于质量块 m 的质量大小和弹簧刚度 K。对于差动式测振传感器有

$$f_0 = \frac{1}{2\pi}\sqrt{\frac{K}{m}} \qquad (3\text{-}26)$$

2）灵敏度 k：即传感器的拾振方向感受到一个单位振动速度时传感器的输出电压，单位为 mV/(cm·s^{-1})。

$$k = \frac{E}{v} \qquad (3\text{-}27)$$

3）频率响应：在理想情况下，当所测振动的频率变化时传感器的灵敏度不应改变，但由于传感器的机械和信号转换系统都存在频率响应问题，故灵敏度 k 将随所测频率而变化，即传感器的频率响应。阻尼值固定的传感器只有一条频率响应曲线；可以调整阻尼的传感器随阻尼不同传感器的频率响应曲线也不同。

4）阻尼系数：即磁电式测振传感器质量弹簧系统的阻尼比，阻尼比的大小与频率响应有很大关系，通常磁电式测振传感器的阻尼比设计为 0.5 ~ 0.7。

磁电式传感器的输出电压与所测振动的速度成正比，通过信号的积分或微分可获得位移或加速度。

2. 压电式加速度传感器

压电式拾振器是利用压电晶体材料具有的压电效应制成。压电晶体在三轴方向上的性能不同，x 轴为电轴线，y 轴为机械轴线，z 轴为光轴线。若垂直于 x 轴切取晶片且在电轴线方向施加外力 F，晶片受到外力产生压缩或拉伸时内部会出现极化现象，在相应的两个表面出现异性电荷形成电场；去除外力将重新恢复不带电状态。这种将机械能转变为电能的现象称为"正压电效应"。若晶体不是在外力作用下而是在电场作用下产生变形，则称"逆压电效应"。压电晶体受到外力产生的电荷 Q 由下式表示

$$Q = G\sigma A \qquad (3\text{-}28)$$

式中　G——晶体的压电常数；

　　　σ——晶体的压强；

　　　A——晶体的工作面积。

石英晶体是较好的一种压电材料，它具有高稳定性、高机械强度和使用温度范围宽的特点，但灵敏度较低。目前较多使用的是压电陶瓷材料，如钛酸钡、锆钛酸铅等。它们经过人工极化处理可具有压电性质，采用良好的陶瓷配制工艺可以得到很高的压电灵敏度和很宽的工作温度，而且制作成形容易。

压电式加速度传感器是利用晶体的压电效应把振动加速度转换成电荷量的机电换能装置，这种传感器具有动态范围大（可达 $10^5 g$）、频率范围宽、重量轻、体积小等特点，被广泛应用于振动测量的各个领域，尤其适用于宽带随机振动和瞬态冲击等场合。压电式加速度传感器的结构如图 3-41 所示，用硬弹簧将压电晶体上的质量块 m 夹紧在基座上，质量弹簧系统的弹簧刚度由硬弹簧的刚度 K_1 和晶体的刚度 K_2 组成，且 $K = K_1 + K_2$。在压电式加速度传感器内质量块的质量 m 较小，阻尼系数也较小，而刚度 K 很大，因而质量弹簧系统的固有频率很高，可达数千赫兹，乃至 $100 \sim 200$kHz。如前所述，当被测物体的频率 $\omega \ll \omega_0$ 时，质量块相对于仪器外壳的位移与所测振动的加速度值成正比。

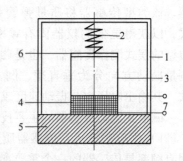

图 3-41　压电式加速度传感器原理
1—外壳　2—弹簧　3—质量块
4—压电晶体片　5—基座
6—绝缘垫　7—输出端

压电式加速度传感器的主要技术指标有：灵敏度、安装谐振频率、频率响应、横向灵敏度比和幅值范围（动态范围）等。

除上述惯性拾振器外，还有非接触式拾振器和相对拾振器，均属于磁电式传感器。非接触式是利用振动体和传感器之间的间隙随振动而变化导致磁阻改变的原理，被测物体为非导磁性材料时，需在测点粘贴导磁材料，其灵敏度与拾振器和振动体之间的间距、振动体的尺寸及导磁性相关，量测精度不高，用于无法将拾振器装在振动体上的情况。如本身质量很小且高速旋转的轴或振动体，安装拾振器的附加质量将产生极大影响。相对拾振器能测量两个振动物体之间的相对运动，使用时，将其外壳和顶杆分别固定在被测的两个振动体上，测量其间的相对运动；如将外壳固定在相对静止的地面上，便可测得振动体的绝对运动。

3.7　数据采集仪器

3.7.1　自动记录仪

自动记录仪可以在数据采集时自动将数据（各种电信号）保存、记录下来，以备将来分析处理。自动记录仪能将数据按一定的方式记录在某种介质上，并可随时恢复和传送记录数据。数据的记录方式有两种，即模拟式和数字式。传感器采集到的未经变换的数据（或通过放大器）传送到记录器的数据都是模拟量，模拟式记录设备可以将模拟量直接记录在介质上；数字式记录则需把模拟量转换成数字量后再记录在介质上。模拟量都是连续的，数字量是间断的。记录介质有普通记录纸、光敏纸、磁带和磁盘等，采用何种记录介质与仪器的记录方法有关。常用的自动记录仪有 X-Y 记录仪、光线示波器、磁带记录仪和各种磁盘等。

1. 模拟式记录仪器

X-Y 记录仪是一种常用的模拟式记录器，它用记录笔把试验数据以 x-y 平面坐标系中的曲线形式记录在纸上，得到两个试验变量的关系曲线，或试验变量与时间的关系曲线。图 3-42 所示为 X-Y 记录仪的工作原理，x、y 轴各由一套独立的，由伺服放大器、电位器和伺服电动机组成的系统驱动滑轴和笔滑块；多笔记录时，增加相应的 y 轴系统就可同时得到多条试验曲线。试验时，将试验变量 1（如位移）接到 x 轴方向，将试验变量 2（如荷载）接到 y

轴方向，试验变量 1 使滑轴沿 x 轴方向移动，试验变量 2 使笔滑块沿 y 轴方向移动，移动的大小和方向与信号一致，由此带动记录笔在坐标纸上画出试验变量 1 与试验变量 2 的关系曲线。如果在 x 轴方向输入时间信号，使滑轴或坐标纸沿 x 轴有规律的匀速运动，即可得到试验变量与时间的关系曲线。若想对 X-Y 记录仪记录的试验结果进行数据处理，需要先把模拟量的试验结果数字化，既可用尺直接在曲线上量取大小，根据标定值按比例换算得到代表试验结果的数值；也可在采集数据时，采用数模转换的方法将数字信息进行存储。

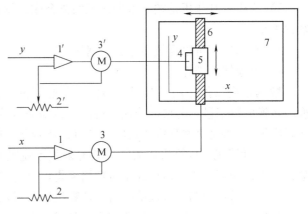

图 3-42　X-Y 记录仪工作原理
1、1′—伺服放大器　2、2′—电位器　3、3′—伺服电动机
4—笔　5—笔滑块　6—滑轴　7—坐标纸

　　光线示波器也是一种采用模拟方式记录的仪器，主要用于振动测量的数据记录，它将电信号转换为光信号并记录在感光纸或胶片上，得到的是试验变量与时间的关系曲线。光线示波器由振动子系统、光学系统、记录传动系统和时标指示系统等组成，它将电信号转换为光信号，再将光信号记录在感光纸或胶片上。仪器利用具有很小惯性的振子作为量测参数的转换元件，这种振子元件有较好的频率响应特性，可记录 0～5000Hz 频率的动态变化。近年来，由于计算机技术的发展，这种记录方式已逐渐被数字式记录方式所取代。

　　磁带记录仪也可用于模拟(或数字)信号的记录，是早期常用的一种记录器，现在已很少使用。

2. 数字式记录仪器

　　数字式记录仪器是目前采用较多的一种记录方式，常采用单片机、工业控制机或计算机的控制方式构成各种测量仪器中的数据记录部分。数据记录时，将各种仪器采集到的信号经模数转换后，在计算机的控制下将数字量形式的记录信息记录到磁盘介质上，记录磁盘可以是软盘片、可移动磁盘、硬盘或数字式磁带机。该记录方式快速、便捷；便于和各种计算机或数据处理机连接进行数据的后期分析和处理；而且存储量大，便于实现自动、程序化的记录、传输和分析处理，是目前主要的一种数据记录方式。

3.7.2　数据采集系统

1. 数据采集系统的组成

　　数据采集系统由三个部分组成：传感器、数据采集仪和计算机(控制与分析器)。

　　(1) 传感器部分　传感器包括各种电测传感器，其作用是感受各种物理变量，如力、线位移、角位移、应变和温度等，并将物理量转变为电信号直接输入数据采集仪。如果传感器的输出信号不能满足数据采集仪的输入要求，则还要加接放大器等。

　　(2) 数据采集仪部分　数据采集仪包括：

　　1) 与各种传感器相对应的接线模块和多路断路器，其作用是与传感器连接，并对各个传感器进行扫描采集；数字转换器，对扫描得到的模拟量进行数字转换，转换成数字量。

2）主机，其作用是按照事先设置的指令或计算机发出的指令控制整个数据采集仪进行数据采集。

3）存储器，可以存放指令、数据等。

4）其他辅助部件。

数据采集仪的作用是对所有的传感器通道进行扫描，把扫描得到的电信号进行数字转换，转换成数字量，再根据传感器特性对数据进行传感器系数换算（如把电压值换算成应变或温度等），再将这些数据传送给计算机，或者将这些数据打印输出、存入磁盘。

（3）计算机　计算机作为整个数据采集系统的控制器，控制整个数据采集过程。在采集过程中，计算机通过运行程序对数据采集仪进行控制；对数据进行计算处理；实时打印输出、图像显示及存储。试验结束后，计算机还能对数据进行后期分析处理。

数据采集系统可以对大量数据进行快速采集、处理、分析、判断、报警、直读、绘图、存储、试验控制和人机对话等，还可以进行自动化数据采集和试验控制，其采样速度高达每秒数万或更多。国内外数据采集系统的种类很多，按系统组成的模式大致可分为以下几种：

1）大型专用系统：将采集、分析和处理功能融为一体，具有专门化、多功能和高档次的特点。

2）分散式系统：由智能化前端机、主控计算机或微机系统、数据通信及接口等组成。前端靠近测点，消除了长导线引起的误差，稳定性好、传输距离长、通道多。

3）小型专用系统：以单片机为核心，小型便携、用途单一、操作方便、价格低，适用于现场试验。

4）组合式系统：以数据采集仪和微型计算机为中心，根据试验要求配置组合而成的系统，适用面广、价格便宜，是一种比较容易普及的形式。

2. 数据采集的过程

数据采集系统采集的原始数据是反映试验结构或试件状态的物理量，如力、应变、线位移、角位移和温度等。这些物理量通过传感器被转换成电信号，通过数据采集仪的扫描采集进入数据采集仪；再通过模数转换变换成数字量；通过系数换算变成代表原始物理量的数值；将数据打印输出、存入磁盘，或暂时存放在数据采集仪的内存；通过接口将存放在数据采集仪内存的数据导入计算机；计算机对数据进行计算处理，如把位移换算成挠度、把力换算成应力等；计算机将数据存入文件、打印输出或屏幕显示等。

数据采集过程由数据采集程序控制，程序由两部分组成：第一部分是数据采集的准备；第二部分完成正式采集。程序的运行分为六个步骤：第一步启动数据采集程序；第二步进行数据采集的准备工作；第三步采集初读数；第四步采集待命；第五步执行采集（一次采集或连续采集）；第六步终止程序运行。数据采集结束后，所有采集数据都存放在磁盘文件中，数据处理时可直接由文件中读取。数据采集包括以下步骤：

1）传感器感受各种物理量，并将其转换成电信号。

2）通过 A-D 转换，将模拟量转变为数字量。

3）数据记录、打印输出或存入磁盘文件。

各种数据采集系统采用的数据采集程序可以是生产厂商为采集系统编制的专用程序，常用于大型专用系统；也可是模块化的采集程序，常用于小型专用系统；或由生产厂商提供的软件工具或用户自行编制的采集程序，这种程序主要用于组合式系统。

本 章 小 结

1) 在结构试验中，只有取得了准确的应变、应力、裂缝、位移、速度或加速度等数据，才能通过数据处理和分析得到正确的试验结果，对试件的工作特性有正确了解，从而对结构的性能做出定量的评价，进而为创立新的计算理论提供依据。

2) 量测仪表包括传感器、放大器、显示器、记录器、数据采集仪或数据采集系统等。传感器能感受各种物理量(力、位移、应变等)，并将感受到的物理量转换成电信号或其他信号；放大器能把传感器传来的信号进行放大，使之可被显示或记录；显示器的功能是把信号用可见的形式显示出来；记录器能把量测得来的数据记录下来，作长期保存；数据采集仪可用于自动扫描和采集，可作为数据采集系统的执行机构；数据采集系统是一种集成式仪器，它包括传感器、数据采集仪和计算机或其他记录仪器、显示器等，可用来进行自动扫描、采集，还能进行数据处理。

3) 应变量测在结构试验量测中占有极重要的地位。直接测定构件截面的应力值目前还较困难，通常的方法是先测定应变，再通过材料的 σ-ε 关系曲线或方程换算为应力值。

4) 结构位移是结构承受荷载作用后的最直观反应。结构在局部区域内的屈服变形、混凝土局部范围内的开裂以及钢筋与混凝土之间的局部粘结滑移等变形性能，都可以在荷载—位移曲线上得到反应。它反映了结构的整体变形，还可区分结构的弹性和非弹性性质。位移测定对分析结构性能至关重要。

5) 结构静载试验测定的力，主要是荷载、支座反力、预应力、施力过程中钢丝或钢丝绳的张力、风压、油压和土压力等。

6) 在结构试验中，结构或构件裂缝的产生和发展，裂缝的位置、分布、长度和宽度是反应结构性能的重要指标，对确定结构的开裂荷载、研究结构的破坏过程与结构的抗裂及变形性能有十分重要的价值。混凝土结构、砌体结构等脆性材料组成的结构，裂缝测量是一项必需的测量项目。

7) 位移、速度和加速度等振动量是动力试验所需量测的基本参数。在动力问题的研究中，不但需要量测振动参数的大小量级，还需要量测振动参量随时间历程变化的全部数据资料。

思 考 题

3-1　量测仪表主要由哪几部分组成？量测主要技术包括哪些内容？

3-2　量测仪表的主要技术性能指标有哪些？

3-3　简述量测仪表的选用原则？

3-4　结构或构件的内力如何测定？测量应变时对标距有何要求？

3-5　简述电阻应变计的工作原理？电阻应变计的主要技术指标有哪些？

3-6　使用电阻应变计测量应变时，为何要进行温度补偿？温度补偿的方法有哪几种？

3-7　桥路的连接方法有几种？

3-8　简述电阻应变计粘贴的基本要求？

3-9　线位移测量仪器有哪几种？简述线位移测量时仪器安装的基本要求？

3-10　力的测定方法有哪些？

3-11　裂缝测量主要有哪几个项目？裂缝宽度如何测量？

3-12　惯性式测振传感器(又称拾振器)的力学原理是什么？怎样才能使测振传感器的工作达到理想状态？

3-13　磁电式测振传感器的主要技术指标有哪些？

3-14　数据采集方法主要有哪几种？简述数据采集系统的数据采集过程。

第4章 结构试验设计

建筑结构试验包括试验设计、试验准备、试验实施和试验结果分析等主要环节，它们之间的关系如图4-1所示。

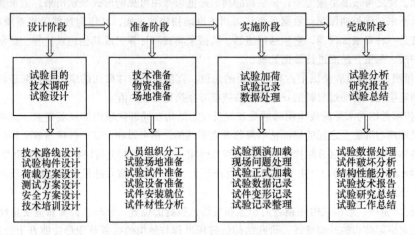

图 4-1　结构试验的主要环节

结构试验设计是结构试验中极为重要的一项工作。其内容是对结构试验工作进行全面的规划与设计，通过试验计划与试验大纲对整个试验起到统管全局和具体指导的作用。进行结构试验的总体设计时，首先应反复研究试验的目的，充分了解该试验研究或生产鉴定的任务要求，恰当确定结构试验的规模与所采用的试验方式。试件的设计制作、加载与量测方法的确定等各个环节应统筹考虑，以便使设计结果在执行与实施中实现预期目的。

明确试验目的后，需进行调查研究、收集有关资料、确定试验的性质与规模、试件的尺寸与形式，并根据一定的理论作出试件的具体设计。试件设计必须考虑试验的特点与需要，在设计构造上采取相应的措施。在设计试件时，还需分析试件在试验加荷过程各个阶段中可能产生的内力和变形，计算有代表性的，能反映整个试件工作状况的部位的内力和变形数值，以便在试验过程中随时校核。试验设计中，还要选定试验场所，拟定加荷与量测方案，设计专用的试验设备、配件和仪表附件夹具，制定技术安全措施等。除技术上的安排外，还需组织必要的人力物力，针对试验的规模，组织参加试验的人员，提出试验经费预算以及消耗性器材数量与试验设备清单。在上述规划的基础上，再提出试验研究大纲及试验进度计划。试验规划是指导试验工作具体进行的技术文件，对每个试验、每次加载、每个测点与每个仪表都应该有十分明确的目的性与针对性。切忌盲目追求试验次数、仪表测点，以及不切实际的量测精度，否则反而弄巧成拙，达不到预期试验目的。为了解决具体的加荷方案或量测方案，有时还需先做一些试探性试验，以便更好地规划试验目的。

进行工程现场鉴定性试验时应先进行实地考察，对结构的现状和现场条件建立感性认识。在考虑试验对象的同时，还必须通过调查研究收集有关文件、资料，包括设计资料（如设计图样、计算书及作为设计依据的原始材料)、施工文件、施工日志、材料性能试验报告及施工质量检查验收记录等。深入现场向使用者(生产操作工人、业主)了解结构使用情况,对于受灾损伤的结构还必须了解灾害的起因、过程与结构的现状,实际调查的结果要及时整理(书面记录、草图、照片等),作为拟定试验方案及试验设计的依据。

结构试验是一项细致、复杂的工作,必须做好设计与组织。根据试验任务制订试验计划与大纲,确保实现试验目的。在整个试验工作中,试验人员必须严肃认真,确保试验任务的完成。在试验前应做好试验的规划和准备工作,对试验中可能出现的情况要有所估计,并采取相应预防措施;试验过程中要及时整理分析试验结果,保证试验顺利进行。

4.1 试件设计

在建筑结构试验设计中首先要进行试件的设计,试件的类型和大小与试验的目的密切相关。试件设计包括试件形状、试件尺寸与数量及构造措施的设计,还应满足结构及受力的边界条件、试验的破坏特征和试验加载条件的要求,以最少的试件数量满足研究的需要。

4.1.1 试件形状

设计试件的形状和试件的比例无关,但应形成和设计目的相一致的应力状态。静定系统中的单一构件(如梁、柱、桁架等)其实际形状一般均能满足要求;但对于比较复杂的超静定体系中取出的部分构件单独进行试验时,其边界条件的模拟必须要如实反映该部分构件的实际工作状态。

进行如图 4-2a 所示受水平荷载作用的框架结构应力分析时,若进行 A-A 部位的柱脚、

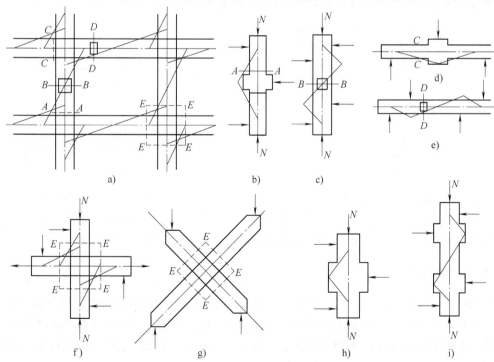

图 4-2 框架结构中的梁柱和节点试件的典型示例

柱头试验时，试件应设计成图 4-2b 所示的形式；作 *B-B* 部位的试验时应设计成图 4-2c 所示的形式；对于构件梁，设计成图 4-2d 和 e 所示的形式，其应力状态才可与设计目的相一致。

对于钢筋混凝土柱，若要探讨其挠曲破坏性能，试件应设计成图 4-2h 所示的形状；作剪切性能的探讨时，图 4-2h 所示的试件在反弯点附近的应力状态与实际情况不同，必须采用图 4-2i 所示中的反对称加载的试件。

进行梁柱连接的节点试验时，试件承受轴力、弯矩和剪力的作用，复合应力使节点发生复杂的变形，但主要是剪切变形导致剪切破坏。为了研究节点的强度和刚度，充分反映其应力状态，并避免试验过程中梁柱先于节点破坏，在试件设计时必须先对梁柱部分进行加固，保证梁出现塑性铰后节点立即开始屈服，达到预期的试验效果。十字形试件如图 4-2f 所示，节点两侧梁柱的长度取 1/2 梁跨和 1/2 柱高，按框架承受水平荷载时产生弯矩的反弯点（$M=0$）的位置来决定，边柱节点应采用 T 形试件。若试验目的是研究初始设计应力状态下的性能并同理论计算作对比，可以采用图 4-2g 所示的 X 形试件，并应根据设计条件给定的 N 和 V 确定试件的尺寸。

在进行升板结构的节点试验时，试件应取图 4-3 所示的形状，板的两个方向的长度同样可按板带跨中反弯点（$M=0$）的位置来决定。在框架结构试验中，多数情况可设计成支座固接的单层单跨框架，如图 4-4 所示。剪力墙是抗震结构的重要构件，剪力墙的试件形式多样，有无框剪力墙和带边框剪力墙两种。带边框剪力墙又可分为与框架整体相连的钢筋混凝土板形式和在框架内设置钢筋混凝土剪力撑的形式，如图 4-5a 所示；图 4-5b 所示为双肢剪力墙的试件形状。进行砖石与砌块结构的墙体试验时，试件可以采用带翼缘的单层单片墙或采用双层单片墙或开洞墙体的砌块试件，如图 4-6 所示。对于纵墙有大量窗口，试验可采用有两个或一个窗间墙的双肢或单肢窗间墙试件（见图 4-7）。

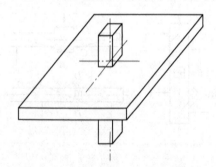

图 4-3　升板节点试件

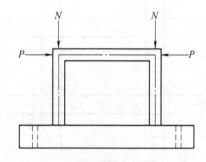

图 4-4　单层单跨钢筋混凝土框架

除进行试件的正确设计外，还应注意边界条件的实现尚与试件安装、加载装置与约束条件等有密切关系，必须在试验总体设计时进行周密考虑，才能实现试验目的。

4.1.2　试件尺寸

根据结构试验所用试件的尺寸和大小，试件可分为真型（原型实物或足尺结构）和模型两类。试件尺寸和大小应根据试验目的和试验条件确定，真型试件的尺寸与实际结构物的大小一样，而模型的尺寸应按相似条件确定。通常，钢筋混凝土试件的尺寸范围较宽，构件截面可以小到几厘米，也可以与真型结构物一样大。

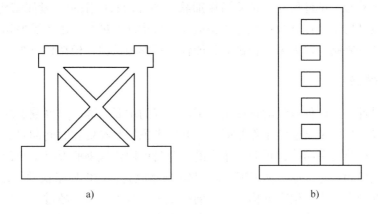

图 4-5　钢筋混凝土剪力墙

a）带有剪力撑的有框剪力墙　b）双肢剪力墙

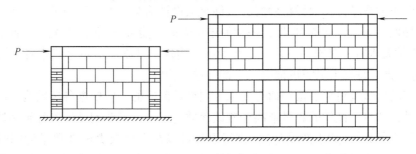

图 4-6　砖石与砌块的墙体试件

　　进行整体框架试验研究时，框架截面尺寸应为真型的 1/4 ~ 1/2，必要时也可做足尺框架试验。框架节点抗震试验时，节点试件尺寸较大，为真型比例的 1/2 ~ 1，以便使框架节点试验的结果能反映节点的配筋特性。在基本构件性能试验研究中，压弯试件的截面为 $160mm \times 160mm$ ~ $350mm \times 350mm$，短柱（偏压剪）试件的截面尺寸为 $150mm \times 150mm$ ~ $500mm \times 500mm$，双向受力试

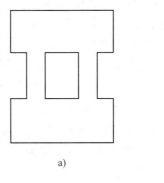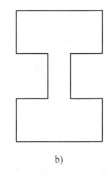

图 4-7　纵墙窗间墙试件

件的截面尺寸为 $100mm \times 100mm$ ~ $300mm \times 300mm$。剪力墙的抗震性能试验时，单层墙体试件的外形尺寸一般为 $800mm \times 1000mm$ ~ $1780mm \times 2740mm$；多层的剪力墙试件取为真型的 1/10 ~ 1/3。砖石及砌块的砌体试件尺寸一般取为真型的 1/4 ~ 1/2。

　　在静力试验中，试件太小会存在尺寸效应，只要满足构造模拟要求，过大的试件尺寸也没有必要。足尺构件能够反映实际构造的特点，但试验费用较高，如果制作小比例尺试件就可以大大增加试验数量和品种。通常试验室的条件比野外现场要好，测试数据的可靠度也高。因此，结构静力试验，局部性试件尺寸取真型的 1/4 ~ 1，整体性的结构试验试件取 1/10 ~ 1/2。

结构动力试验时，试件尺寸受试验激振加载条件等因素的限制。量测结构的动力特性，应在现场的原型结构上进行试验；疲劳试验应在足尺构件上进行；由于受振动台台面尺寸和激振力大小等条件限制，模拟振动台试验只能作缩尺模型试验，模型比例为 $1/50 \sim 1/4$。

4.1.3 试件数量

进行试件设计时，试件数量的设计也是不可忽视的重要问题。试件数量的多少直接关系到能否满足试验目的以及试验的工作量问题，并应考虑试验经费和时间期限等相关因素。

生产性试验试验对象明确，预制厂生产的工业与民用建筑钢筋混凝土和预应力混凝土预制构件的质量检验和评定，应按照 GBJ 321—90《预制混凝土构件质量检验评定标准》确定试件数量。该标准规定，成批生产的构件，以同一工艺正常生产的不超过三个月的同类型产品1000 件为一批（不足 1000 件者亦为一批），在每批中随机抽取一个构件作为试件进行检验。所谓"同类型产品"是指采用同一钢种、同一混凝土强度等级、同一工艺、同一结构形式的构件。对同类型产品进行抽样检验时，试件宜从设计荷载最大、受力最不利或生产数量最多的构件中抽取。当连续抽查 10 批，每批的结构性能均能符合《预制混凝土构件质量检验评定标准》规定的要求时，对同一工艺、正常生产的构件，可改按不超过三个月的同类型产品每 2000 件为一批，每批中仍随机抽取一个试件进行检验。

科研性试验的试验对象是按照研究要求专门设计制造的，应根据各参数构成的因子数和水平数决定试件数目。试件的数量取决于测试参数的多少，需要测试的参数越多试件数量越大。若采用科学的方法（如正交设计法）进行设计可以在大幅减少试件数量的同时满足试验目标要求。如，在进行钢筋混凝土柱受弯试验时，对钢筋混凝土柱的弯曲起控制作用的参数有混凝土抗压强度、配筋率、轴压比和偏心距等，常称为"影响因子"，影响因子的数目用1、2、3、…、n 表示。对于每一个因子又应考虑几种状态（如混凝土的强度等级不同），不同的状态称为"水平数"，水平数也用 1、2、3、…、n 表示。试验的目的就是要研究各种参数和相应的各种状态对试验目标的影响，因此必须把各种因子数和水平数进行组合。组合方法之一是按单因素考虑，即每个因子与各种状态（水平）逐一进行组合。由表 4-1 可见，影响因子和水平数稍有增加，试件的个数就迅速增多。如当水平数为 4，因子数由 2 增加到 3时，试件数目将从 $4^2 = 16$ 个增加到 $4^3 = 64$ 个；5 个因子时则需作 $4^5 = 1024$ 个试验；如果每个因子有 5 个水平数时，则试件的数量将猛增为 3125 个。这种组合方式工作量大，难以实现，且试验结果也不一定最理想。

表 4-1 单因素组合试件数目

水平数 \ 因子数	1	2	3	4	5
2	2	4	8	16	32
3	3	9	27	81	243
4	4	16	64	256	1024
5	5	25	125	625	3125

另一种组合方式是多因素组合，即将参数组合与试验结果统一考虑，不但使试件数量减

少还能提供丰富的数据和试验信息，可以得出全面的试验结论。这种试验设计方法称为"正交试验设计法"，简称"正交设计"。正交设计是科学安排试验方案（试件设计方案）和分析试验结果的有效方法，需要利用正交设计表进行整体设计、综合比较，能妥善解决减少试件试验数量与全面掌握内在规律之间的矛盾。

常用正交设计表如表 4-2 和表 4-3 所示。表 4-2 中的 $L_9(3^4)$ 表示有 4 个因子，每个因子有 3 个水平，组成的试件数目为 9 个，即采用正交设计表 $L_9(3^4)$ 的组合，则可将原来要求的 81 个试件综合为 9 个。表 4-3 中的 $L_{12}(3^1 \times 2^4)$ 表示有 $1 + 4 = 5$ 个因子，第一个因子有 3 个水平，第 2 ~ 5 个因子各有 2 个水平，组成的试件数目为 12 个。

表 4-2　试件数目正交设计 $L_9(3^4)$

试件数 ＼ 因子数	1	2	3	4
	水　平　数			
1	1	1	1	1
2	1	2	2	2
3	1	3	3	3
4	2	1	2	3
5	2	2	3	1
6	2	3	1	2
7	3	1	3	2
8	3	2	1	3
9	3	3	2	1

表 4-3　试件数目正交设计 $L_{12}(3^1 \times 2^4)$

试件数 ＼ 因子数	1	2	3	4	5
	水　平　数				
1	2	1	1	1	2
2	2	2	1	2	1
3	2	1	2	2	2
4	2	2	2	1	1
5	1	1	1	2	2
6	1	2	1	2	1
7	1	1	2	1	1
8	1	2	2	1	2
9	3	1	1	1	1
10	3	2	1	1	2
11	3	1	2	2	1
12	3	2	2	2	2

下面以钢筋混凝土柱剪切强度性能试验为例，说明如何利用正交设计法进行试件数量设

计的过程。在进行钢筋混凝土柱抗剪强度的基本性能试验中应取不同混凝土强度等级、不同配筋率、配箍率的钢筋混凝土柱在不同轴压比和剪跨比情况下进行试验，需要考虑纵筋配筋率、配箍率、轴压比、剪跨比和混凝土强度等级等 5 个因子，若混凝土只用一种强度等级 C30，实际因子数则为 4 个，如果每个因子各自有 3 个水平数，按单因素方法进行试件数量设计，试件数目为 $3^4 = 81$，即需要 81 个试件。如果采用正交设计法，各因子和水平的具体含义如表 4-4 所示，根据正交设计表 $L_9(3^4)$，试件主要因子组合结果参见表 4-5，即利用正交试验法设计可将原所需 81 个试件减少为 9 个试件。试验数正好等于水平数的平方。即：

试验数 = 水平数^2

表 4-4 钢筋混凝土柱抗剪强度试验分析因子与水平数

主要分析因子		因子档次（水平数）		
代号	因子名称	1	2	3
A	钢筋配筋率 ρ	0.4	0.8	1.2
B	配箍率 ρ_v	0.2	0.33	0.5
C	轴向应力 σ	20	60	100
D	剪跨比 λ	2	3	4
E	混凝土强度等级 C30	20.1MPa		

表 4-5 正交设计法试件主要因子组合

试件数量	1	2	3	4	5	6	7	8	9
配筋率 ρ	0.4	0.4	0.4	0.8	0.8	0.8	1.2	1.2	1.2
配箍率 ρ_v	0.20	0.33	0.50	0.20	0.33	0.50	0.20	0.33	0.50
轴向应力 σ	20	60	100	60	100	20	100	20	60
剪跨比 λ	2	3	4	4	2	3	3	4	2
混凝土强度等级	C30	C30	C30	C30	C30	C30	C30	C30	C30

试件数量设计直接关系到试验工作量，试件数目要少而精，注重质量，切忌盲目追求数量；试件应尽量一件多用，以最少的试件、最少的经费，获得最多的数据，满足试验要求。

4.1.4 试件制作与安装

为了使试件各项参数的实际测试值与设计计算值尽可能接近，必须控制试件制作成型和试验安装就位过程中产生的各种误差。

1. 试件尺寸误差

钢筋混凝土构件成型时需要架设模板，因而必须注意在成型振捣过程中模板侧胀或漏浆；混凝土初凝后有收缩趋势，应预先调整模板尺寸，增加模板刚度，以减小试件的尺寸偏差，将误差控制在允许误差范围内。在砖砌体结构试验中，砖的尺寸误差是不可避免的，在砌筑过程中试件总体尺寸的偏差、表面平整度和垂直度的偏差也在所难免，因此应提高砌筑人员的技术水平和认真程度，尽量减小人为误差，减小尺寸偏差对试验结果的影响。

2. 保护层厚度控制

对于钢筋混凝土构件，为防止钢筋锈蚀并充分发挥钢筋的作用，混凝土保护层厚度必须满足设计要求，所以纵筋和箍筋的下料长度必须准确；加工箍筋时必须符合设计几何尺寸；绑扎钢筋骨架时，主筋和箍筋的位置必须准确；浇注混凝土前应认真检查，发现问题及时纠正。浇注混凝土时还应注意钢筋骨架不能直接放在底模上，应按要求留出保护层厚度；振捣时不能使钢筋骨架在模板中移动，以保证混凝土保护层厚度和试件截面有效高度的准确。

3. 材料强度控制

混凝土强度是由混凝土立方体强度测定的，必须保证立方体试块与试件混凝土的同一性，即必须是同一批搅拌、同一条件下养护、同一拆模时间试验，并尽量采用相同材料的模板成型，以便使试块强度具有较好的代表性。虽然钢材力学性能的均匀性较好，但使用时不同批的钢材不能在同一个试件内混用，否则应逐根留出钢筋试样，计算时取每根钢筋的实际强度值。同一组试件的钢筋也应取用同一批钢材，否则也应分别留取试样。

4. 传感器、应变片的埋置

量测钢筋混凝土结构控制截面上的钢筋应变时，应预先在钢筋测点位置粘贴电阻应变片，并做好防水、防潮处理。电阻应变片的引出线要仔细编号并与测点编号一一对应，浇捣混凝土时，必须注意对引出线的保护。预埋传感器量测混凝土内部应变时，传感器的位置和方向都必须采取有效的固定措施。量测混凝土构件中钢筋滑移时，预埋测试装置必须确保与周围的混凝土隔离。混凝土内部引出的测量导线应理顺后分成束从构件的适当部位引出。

5. 构造措施设计

试件设计中，除了需要确定了试验形状、尺寸和数量外，还必须同时考虑每一个具体试件在安装、加荷、量测中的具体需求，设计必要的构造措施。如在混凝土试件的支承点应预埋钢垫块（见图 4-8a）；对于试验屋架之类的平面结构，应在试件受集中荷载作用的位置埋设钢板，防止试件局部承压破坏；试件加荷面倾斜时，应设置凸缘（见图 4-8b），以保证加载设备的稳定安装；作钢筋混凝土框架恢复力特性试验时，为了能在框架端部侧面施加反复荷载，应预埋和液压加载器或测力传感器连接的预埋件；为了保证框架柱脚与试验台座的固接，应设置加大截面的基础梁（见图 4-8c）；在砖石或砌块的砌体试件上，为了使施加的垂直荷载均匀传递，应在砌体试件的上下端浇捣混凝土垫块（见图 4-8d），而墙体试件应浇捣钢筋混凝土垫梁，下面的边梁可以模拟基础梁与试验台座固定，上面的垫梁模拟过梁传递竖向荷载（见图 4-8e）；进行钢筋混凝土偏心受压构件试验时，试件两端应做成牛腿结构，以增大端部承压面并便于施加偏心荷载（见图 4-8f），其上下端还应加设分布钢筋网。以上构造都是根据不同加载方法设计的，附加构造的强度储备必须大于结构本身的强度安全储备，在验算时不仅要考虑计算中可能产生的误差，而且还必须保证不产生过大的变形而改变加荷点的位置或影响试验精度，更不允许因附加构造的先期破坏而妨碍试验的继续进行。

试验中为了保证结构或构件在预定的部位破坏以得到必要的测试数据，还需要对结构或构件的其他部位事先进行局部加固。为了保证试验量测的可靠以及仪表安装的方便，试件必须预设埋件或预留孔洞，如使用接触式应变仪量测试件表面应变时应预设测点标脚；用电阻应变计量测钢筋应变时，浇注混凝土前应在钢筋上贴好应变计，作好防潮和加固处理，如混凝土保护层不厚，也可在准备贴应变计部位的保护层处预埋小木块，待混凝土凝固后将木块凿去，使钢筋外露，然后再粘贴应变计，但钢筋的贴片部位最好能事先打磨，这对于采用螺纹钢筋的结构尤需注意，避免由于部位狭小而导致加工困难。对于测定混凝土内部应力的预埋元件或专门的混凝土应变计、钢筋应变计等，应在浇注混凝土前，按相应的技术要求安装埋设在混凝土内部，相关要求应在施工图上明确标出，并注明具体做法和控制精度。为保证试件的制作质量，试验人员应亲临现场参与试件的施工制作。

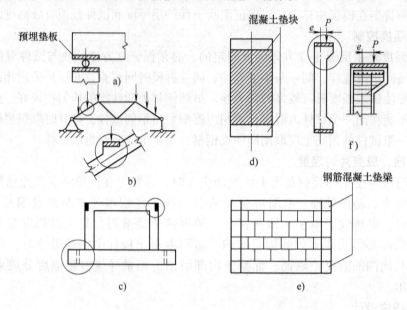

图 4-8　试件设计时根据加荷需要采取的构造措施
a）支承点预埋垫块　b）倾斜面加凸缘　c）加大截面基础梁
d）砌体上下垫块　e）墙体上下垫块　f）牛腿分布钢筋网

6. 试件的安装就位

应尽量减小试件的安装误差，保证试件就位后的实际计算跨度（梁）和计算高度（柱）与计算简图一致。支座约束条件与构件的内力传递及变形有关，因此应按照设计要求正确选择支座形式。试件就位前，应在试件上画出支座反力的作用线位置和试验加载点位置，需要对中的试件还应画出中心线位置，荷载作用部位要附设定位部件，使荷载着力点明确。

4.1.5　辅助试件设计

在结构试验中有时需要做一些辅助性的试验。辅助试验试件包括以下三类：

1）反映结构材料性能的材性试件，主要有混凝土的立方体试件、棱柱体试件，钢材的物理力学性能试件，砖、砌块砌体的强度和弹性模量试件等。

2）进行整体结构试验时，需要补充的某些杆件或节点试件。

3）处于复杂应力状态的某些部位或难以计算需要进行应力测定的区段，应将其局部做成单独试件进行试验研究。

辅助试件对正确估算和判断整体结构的性能有重要的意义，也是试验数据处理和结构性能评定的基本依据。

4.2　模型设计

真型结构的试验规模大，试验设备的容量和试验经费高，制作试件的材料费、加工费也随之增加。所以，除了少数在原型结构上进行的检验性试验外，一般的研究性试验都采用模型试验，且多为缩小比例的模型试验。进行结构模型试验时，除了必须遵循前述设计的原则外，结构相似模型还应严格按照相似理论进行设计。即模型和原型尺寸保持几何相似；模型和原型使用的材料相似；施加的模型荷载与原型荷载符合某一比例关系；模型结构试验过程中其他各相关物理量的相似，并由此求得整个物理过程的相似条件。只有模型和原型结构满足相似条件，才能根据相似条件将模型试验的数据和试验结果直接推算到原型结构上。与真型试验相比，模型试验具有经济性好、针对性强和数据准确等优点，所以在建筑结构试验中得到广泛应用。

4.2.1　模型的相似要求和相似常数

1. 几何相似

结构模型和原型满足几何相似，即模型和原型结构之间所有对应部分尺寸成比例，模型比例为长度相似常数，即

$$\frac{h_{\mathrm{m}}}{h_{\mathrm{p}}} = \frac{b_{\mathrm{m}}}{b_{\mathrm{p}}} = \frac{l_{\mathrm{m}}}{l_{\mathrm{p}}} = S_l \tag{4-1}$$

式中，l、b 和 h 分别为模型或原型的长、宽和高，下标 m 与 p 分别表示模型和原型。对于矩形截面，模型和原型结构的面积比、截面抵抗矩比和截面二次矩比分别为

$$S_{\mathrm{A}} = \frac{A_{\mathrm{m}}}{A_{\mathrm{p}}} = \frac{h_{\mathrm{m}}b_{\mathrm{m}}}{h_{\mathrm{p}}b_{\mathrm{p}}} = S_l^2 \tag{4-2}$$

$$S_{\mathrm{W}} = \frac{W_{\mathrm{m}}}{W_{\mathrm{p}}} = \frac{\frac{1}{6}h_{\mathrm{m}}^2 b_{\mathrm{m}}}{\frac{1}{6}h_{\mathrm{p}}^2 b_{\mathrm{p}}} = S_l^3 \tag{4-3}$$

$$S_{\mathrm{I}} = \frac{I_{\mathrm{m}}}{I_{\mathrm{p}}} = \frac{\frac{1}{12}h_{\mathrm{m}}^3 b_{\mathrm{m}}}{\frac{1}{12}h_{\mathrm{p}}^3 b_{\mathrm{p}}} = S_l^4 \tag{4-4}$$

根据变形体系的位移、长度和应变之间的关系，位移的相似常数为

$$S_x = \frac{x_{\mathrm{m}}}{x_{\mathrm{p}}} = \frac{\varepsilon_{\mathrm{m}} l_{\mathrm{m}}}{\varepsilon_{\mathrm{p}} l_{\mathrm{p}}} = S_\varepsilon S_l \tag{4-5}$$

式中　S_ε——模型和原型结构相应部位纤维正应变比，称为"应变相似常数"。

2. 质量相似

在结构的动力问题中，要求结构的质量分布相似，即模型与原型结构对应部分的质量成比例。质量相似常数为

$$S_{\mathrm{m}} = \frac{m_{\mathrm{m}}}{m_{\mathrm{p}}} \tag{4-6}$$

对于具有分布质量的结构，用质量密度（单位体积的质量）ρ 表示更为合适，质量密度相似常数为

$$S_\rho = \frac{\rho_m}{\rho_p} \tag{4-7}$$

由于模型与原型对应部分质量之比为 S_m，体积之比为 $S_V = S_l^3$，所以单位体积质量之比，即质量密度相似常数为

$$S_\rho = \frac{S_m}{S_V} = \frac{S_m}{S_l^3} \tag{4-8}$$

3. 荷载相似

荷载相似要求模型和原型在各对应点所受的荷载方向一致，荷载大小成比例。由于荷载类型不同，荷载相似常数的定义也有所不同，分别为

集中荷载相似常数

$$S_p = \frac{P_m}{P_p} = \frac{A_m \sigma_m}{A_p \sigma_p} = S_\sigma S_l^2 \tag{4-9}$$

线荷载相似常数

$$S_\omega = S_\sigma S_l \tag{4-10}$$

面荷载相似常数

$$S_q = S_\sigma \tag{4-11}$$

弯矩或扭矩相似常数

$$S_M = S_\sigma S_l^3 \tag{4-12}$$

式中，$S_\sigma = \dfrac{\sigma_m}{\sigma_p}$，定义为"应力相似常数"。

当需要考虑结构自重的影响时，还需要考虑重量分布相似。此时重力相似常数为

$$S_{mg} = \frac{m_m g_m}{m_p g_p} = S_m S_g \tag{4-13}$$

式中 S_g ——重力加速度的相似常数。

通常 $S_g = 1$，因为无论是模型还是原型结构，重力加速度通常为常数，由式（4-8）可知，$S_m = S_\rho S_l^3$，

则

$$S_{mg} = S_m S_g = S_\rho S_l^3 \tag{4-14}$$

4. 物理相似

物理相似要求模型与原型的各相应点的应力和应变、刚度和变形间的关系相似，即

$$S_\sigma = \frac{\sigma_m}{\sigma_p} = \frac{E_m \varepsilon_m}{E_p \varepsilon_p} = S_E S_\varepsilon \tag{4-15}$$

$$S_\tau = \frac{\tau_m}{\tau_p} = \frac{G_m \gamma_m}{G_p \gamma_p} = S_G S_\gamma \tag{4-16}$$

$$S_\nu = \frac{\nu_m}{\nu_p} \tag{4-17}$$

式中 S_σ、S_E、S_ε、S_τ、S_G、S_γ 和 S_ν ——法向应力、弹性模量、法向应变、切应力、切变模量、切应变和泊松比的相似常数。

由刚度和变形关系可知，刚度相似常数为

$$S_k = \frac{S_p}{S_x} = \frac{S_\sigma S_l^2}{S_l} = S_\sigma S_l \tag{4-18}$$

5. 时间相似

结构动力试验在随时间变化的过程中，要求结构模型和原型在相对应的时间成比例，时间相似常数定义为

$$S_t = \frac{t_m}{t_p} \tag{4-19}$$

6. 边界条件相似

模型和原型在与外界接触的区域内的各种条件应保持相似，即支承条件相似、约束条件相似及边界上受力情况相似。模型的支承和约束条件可由与原型结构构造相同满足。

7. 初始条件相似

为了保证结构动力试验模型与原型的动力反应相似，要求初始时刻运动的参数相似。运动的初始条件包括初始状态下的初始几何位置、质点的初始位移、初始速度和初始加速度。

4.2.2　模型设计的相似条件

结构模型试验过程可以客观地反映参与模型工作的各物理量间的相互关系，由于模型和原型的相似关系，所以也必然反映出模型与原型结构相似常数之间的关系。相似常数间所应满足的关系就是模型与原型结构之间的相似条件，也就是模型设计需要遵循的基本原则。

1. 结构静力试验模型的相似条件

实例1：一悬臂梁结构，全长为 l，在梁端作用一集中荷载 P（见图4-9），在原型结构的截面 A（到固定端的距离为 a）处的弯矩为

$$M_p = P_p(l_p - a_p) \tag{4-20}$$

截面边缘最大正应力为

$$\sigma_p = \frac{M_p}{W_p} = \frac{P_p}{W_p}(l_p - a_p) \tag{4-21}$$

A 截面处的挠度为

$$f_p = \frac{P_p a_p^2}{6E_p I_p}(3l_p - a_p) \tag{4-22}$$

当要求模型与原型相似时，首先要满足几何相似，即

$$\frac{l_m}{l_p} = \frac{a_m}{a_p} = \frac{h_m}{h_p} = \frac{b_m}{b_p} = S_l ;$$

$$\frac{W_m}{W_p} = S_l^3 ; \quad \frac{I_m}{I_p} = S_l^4$$

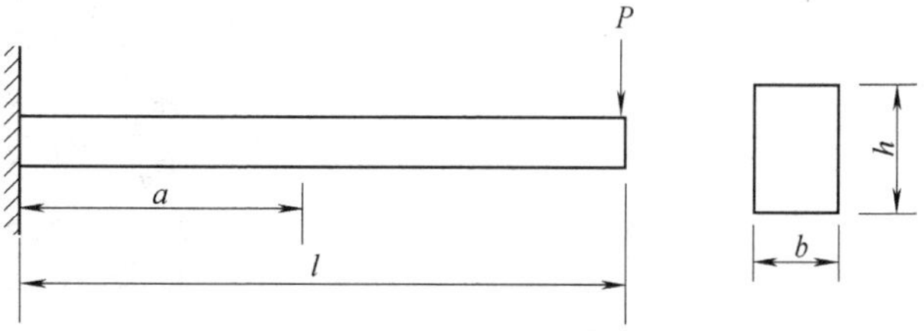

要求材料的弹性模量 E 相似，即

$$S_E = \frac{E_m}{E_p}$$

要求作用于结构上的荷载相似，即

图 4-9　梁端受集中荷载 P 作用的悬臂梁

$$S_P = \frac{P_m}{P_p}$$

以上各式中，脚标"m"、"p"分别表示"模型"和"原型"。当要求模型梁上 a_m 处的

弯矩、应力和挠度和原型结构相似时，则弯矩、应力和挠度的相似常数分别为

$$S_M = \frac{M_m}{M_p} \; ; \; S_\sigma = \frac{\sigma_m}{\sigma_p} \; ; \; S_f = \frac{f_m}{f_P}$$

将上述各物理量的相似常数关系代入式（4-20）、式（4-21）、式（4-22），可得

$$M_m = \frac{S_M}{S_p S_l} P_m(l_m - a_m) \tag{4-23}$$

$$\sigma_m = \frac{S_\sigma S_l^2}{S_p} \frac{P_m}{W_m}(l_m - a_m) \tag{4-24}$$

$$f_m = \frac{S_f S_E S_l}{S_p} \frac{P_m a_m^2}{6 E_m I_m}(3l_m - a_m) \tag{4-25}$$

由以上三式可见，仅当

$$\frac{S_M}{S_p S_l} = 1 \tag{4-26}$$

$$\frac{S_\sigma S_l^2}{S_p} = 1 \tag{4-27}$$

$$\frac{S_f S_E S_l}{S_p} = 1 \tag{4-28}$$

时才满足

$$M_m = P_m(l_m - a_m) \tag{4-29}$$

$$\sigma_m = \frac{M_m}{W_m} = \frac{P_m}{W_m}(l_m - a_m) \tag{4-30}$$

$$f_m = \frac{P_m a_m^2}{6 E_m I_m}(3l_m - a_m) \tag{4-31}$$

这说明只有当式（4-26），式（4-27），式（4-28）成立，模型才能和原型结构相似。因此式（4-26）、式（4-27）、式（4-28）就是模型和原型应该满足的相似条件。

这时就可以由模型试验获得的数据，按相似条件推算得到原型结构的对应数据，即

$$M_p = \frac{M_m}{S_M} = \frac{M_m}{S_p S_l} \tag{4-32}$$

$$\sigma_p = \frac{\sigma_m}{S_\sigma} = \sigma_m \frac{S_l^2}{S_p} \tag{4-33}$$

$$f_p = \frac{f_m}{S_f} = f_m \frac{S_E S_l}{S_p} \tag{4-34}$$

从上例可见，模型相似常数的个数多于相似条件数目，模型设计时首先应确定几何比例，即几何相似常数 S_l，再确定几个物理量的相似常数。通常是先定模型材料并确定 S_E，再根据模型与原型的相似条件推导出其他物理量的相似常数。表4-6列出静力试验弹性模型的相似常数。当模型设计确定了 S_l 及 S_E 之后，其他物理量的相似常数都是 S_l 或 S_E 的函数或等于1，如应变、泊松比、角变位等均为量纲一的量，它们的相似常数 S_ε、S_ν 和 S_θ 均为1。

表 4-6　结构静力试验模型的相似常数和相似关系

类　型	物　理　量	绝对系统量纲	相　似　关　系
材料特性	应力 σ	FL^{-2}	$S_\sigma = S_E$
	应变 ε	——	1
	弹性模量 E	FL^{-2}	S_E
	泊松比 μ	——	1
	质量密度 ρ	FT^2L^{-4}	$S_\rho = S_E/S_l$
几何特性	长度 l	L	S_l
	线位移 x	L	$S_x = S_l$
	角位移 θ	——	1
	面积 A	L^2	$S_A = S_l^2$
	截面二次矩 I	L^4	$S_I = S_l^4$
荷载	集中荷载 P	F	$S_P = S_E S_l^2$
	线荷载 ω	FL^{-1}	$S_\omega = S_E S_l$
	面荷载 q	FL^{-2}	$S_q = S_E$
	力矩 M	FL	$S_M = S_E S_l^3$

如果试验中需要考虑结构自重对梁的影响，则悬臂梁中自重产生的 A 截面处弯矩为

$$M_p = \frac{\gamma_p A_p}{2}(l_p - a_p)^2 \tag{4-35}$$

截面上的最大正应力

$$\sigma_p = \frac{M_p}{W_p} = \frac{\gamma_p A_p}{2W_p}(l_p - a_p)^2 \tag{4-36}$$

截面 A 处的挠度

$$f_p = \frac{\gamma_p A_p a_p^2}{24 E_p I_p}(6l_p^2 - 4l_p a_p + a_p^2) \tag{4-37}$$

式中　A_p——梁的截面积；

　　　γ_p——梁的材料容重。

同样可以得到如下相似条件，即

$$\frac{S_M}{S_\gamma S_l^4} = 1 \tag{4-38}$$

$$\frac{S_\sigma}{S_\gamma S_l} = 1 \tag{4-39}$$

$$\frac{S_f S_E}{S_\gamma S_l^2} = 1 \tag{4-40}$$

式中　S_γ——材料容重的相似常数。

设计模型时，若假设模型与原型应力相等，即 $\sigma_m = \sigma_p$，或 $S_\sigma = 1$，由式（4-39）可知：$S_\sigma = S_\gamma S_l = 1$，即 $S_\gamma = \frac{1}{S_l}$。如果 $S_l = \frac{1}{4}$，则 $S_\gamma = 4$，即要求 $\gamma_m = 4\gamma_p$。当原型结构材料为钢材时，则要求模型材料的容重是钢材的 4 倍，这很难实现。即使原型结构为钢筋混凝土材料，选择模型材料也存在着相当的困难。在实际工作中，为满足相似条件，一般采用人工质

量模拟的方法，即在模型结构上用增加荷载的方法来弥补材料容重不足所产生的影响。但附加的人工质量必须不改变结构的强度和刚度的特性。如果不要求 $\sigma_m = \sigma_p$，而是采用与原型结构同样的材料制作模型，即满足 $\gamma_m = \gamma_p$ 和 $E_m = E_p$，这时 $S_\gamma = S_E = 1$，所以模型与原型的应力和挠度存在下列对应关系：$\sigma_m = S_l \sigma_p$；$f_m = S_l^2 f_p$。可见，当模型比例很小时（$S_l \ll 1$）时，模型试验得到的应力和挠度比原型的应力和挠度要小得多，这对试验量测提出更高的要求，因此必须提高模型试验仪器的量测精度。

2. 结构动力试验模型的相似条件

单自由度弹性体系在地震作用下，强迫振动的微分方程为

$$m\frac{d^2 x}{dt^2} + c\frac{dx}{dt} + kx = -m\frac{d^2 x_g}{dt^2} \tag{4-41}$$

进行结构动力试验模型试验，要求质点动力平衡方程式相似。按照结构静力试验模型的方法，同样可求得动力模型的相似条件为

$$\frac{S_c S_t}{S_m} = 1 \tag{4-42}$$

$$\frac{S_k S_t^2}{S_m} = 1 \tag{4-43}$$

式中 S_m、S_k、S_c 和 S_t——质量、刚度、阻尼和时间的相似常数。

结构固有周期的相似常数为

$$S_T = \sqrt{\frac{S_m}{S_k}} \tag{4-44}$$

为了保证动力模型与原型结构的动力反应相似，除运动方程和边界条件相似外还要求运动的初始条件相似，以保证模型和原型的动力平衡方程式的解满足相似要求。运动的初始条件包括质点的位移、速度和加速度的相似，即

$$S_x = S_l ; \quad S_{\dot{x}} = \frac{S_x}{S_t} = \frac{S_l}{S_t} ; \quad S_{\ddot{x}} = \frac{S_x}{S_t^2} = \frac{S_l}{S_t^2} \tag{4-45}$$

式中 S_x，$S_{\dot{x}}$ 和 $S_{\ddot{x}}$——位移、速度和加速度的相似常数，反映了模型和原型运动状态在时间和空间上的相似关系。

进行动力模型设计时，除了将长度[L]和力[F]列作为基本物理量以外，还要考虑时间[T]的因素。表4-7是结构动力模型的相似常数和相似关系。

表 4-7　结构动力模型的相似常数和相似关系

类　型	物 理 量	绝对系统量纲	相 似 关 系
动力性能	质量 m	$FL^{-1}T^2$	$S_m = S_p S_l^3$
	刚度 k	FL^{-1}	$S_k = S_E S_l$
	阻尼 c	$FL^{-1}T$	$S_c = S_m / S_t$
	时间 t	T	S_t
	固有周期 T	T	$S_T = (S_m/S_k)^{1/2}$
	速度 $\dot{x}$	LT^{-1}	$S_{\dot{x}} = S_x / S_t$
	加速度 $\ddot{x}$	LT^{-2}	$S_{\ddot{x}} = S_x / S_t^2$

在结构抗震动力试验中，惯性力是作用在结构上的主要荷载，结构动力模型和原型是在同一重力加速度场中进行试验的，因此 $g_m = g_p$，即 $S_g = 1$，在动力试验时要模拟惯性力、恢复力和重力就极为困难。结构动力模型试验时，材料弹性模量、密度、几何尺寸和重力加速度等物理量之间的相似关系为

$$\frac{S_E}{S_g S_p} = S_l \tag{4-46}$$

由于 $S_g = 1$，则有 $\dfrac{S_E}{S_p} = S_l$。当几何相似常数 $S_l < 1$ 时，材料的弹性模量应 $E_m < E_p$、密度 $\rho_m > \rho_p$，在选择模型材料时很难满足。如果模型采用与原型结构同样的材料，即 $S_E = S_p = 1$，若要满足 $S_g = 1/S_l$，则要求 $g_m > g_p$，即 $S_g > 1$，需对模型施加很大的重力加速度，也十分困难。实际试验时，为满足 $S_E/S_p = S_l$ 的相似关系，解决重力失真的方法是在模型上附加适当的分布质量，即采用高密度材料增加结构上模型材料的有效密度。

上述模型设计实例说明，参与研究对象各物理量的相似常数之间必须满足一定的组合关系，当相似常数的组合关系式等于 1 时模型和原型相似，通常将等于 1 的相似常数关系式称为**"模型的相似条件"**，此时可以由模型试验的结果，根据相似条件获得原型结构的数据和结果。可见，求得模型结构的相似关系是模型设计的关键。上述结构模型设计中所表示的各物理量间的关系式均是无量纲的，都是在假定采用理想弹性材料的情况下推导求得的。实际上在工程结构中多为钢筋混凝土或砌体结构，模型试验除了需获得弹性阶段应力分析的数据资料外，还需要获得原型结构的非线性性能，即原型结构的破坏形态、极限变形能力和极限承载力，这对于结构抗震试验十分重要。对于钢筋混凝土和砌体类由复合材料组成的结构，模型材料的相似有更为严格的要求，必须根据实际情况建立相似关系。

模拟钢筋混凝土结构的全部非线性性能十分困难。$S_\sigma = S_E$ 表明，若结构内任何部位的应力相似常数等于弹性模量相似常数，即模型和原型的应力-应变关系曲线相似，只有模型选用与原型结构相同强度的材料时才能满足表 4-8 中"实用模型"一栏的要求。

表 4-8　钢筋混凝土结构静力模型试验的相似常数

类　型	物　理　量	量　纲	一　般　模　型	实　用　模　型
材料性能	混凝土应力 σ	FL^{-2}	S_σ	1
	混凝土应变 ε	—	1	1
	混凝土弹性模量 E	FL^{-2}	S_σ	1
	泊松比 ν	—	1	1
	质量密度 ρ	$FL^{-4}T^2$	S_σ/S_l	$1/S_l$
	钢筋应力 σ	FL^{-2}	S_σ	1
	钢筋应变	—	1	1
	钢筋弹性模量 E	FL^{-2}	S_σ	1
	粘结应力 σ	FL^{-2}	S_σ	1
几何特性	长度 l	L	S_l	S_l
	线位移 x	L	S_l	S_l
	角位移 θ	—	1	1
	钢筋面积 A	L^2	S_l^2	S_l^2

（续）

类　　型	物 理 量	量　　纲	一 般 模 型	实 用 模 型
荷载	集中荷载 P	F	$S_\sigma S_l^2$	S_l^2
	线荷载 ω	FL^{-1}	$S_\sigma S_l$	S_l
	面荷载 q	FL^{-2}	S_σ	1
	力矩 M	FL	$S_\sigma S_l^3$	S_l^3

　　由于砌体结构是由块材（砖或砌块）和砂浆两种材料复合（砌筑）组成，除了几何比例缩小对块材的专门加工和砌筑带来困难外，同样也要求模型和原型材料有相似的应力-应变曲线，实际常采用与原型结构相同的材料。

　　由模型设计的相似理论确定相似条件，可以采用方程式分析法和量纲分析法。当已知研究对象各参数与物理量之间的关系，并可用明确的数学方程式表示时，可根据基本方程建立相似条件。利用方程式分析法进行模型设计在建筑结构模型试验中应用较为普遍。在尚未完全掌握研究对象的客观规律，不能用明确的数学表达式描述研究对象的各参数与物理量之间的函数关系时，可采用量纲分析法进行模型设计。

4.3　荷载设计

4.3.1　结构试验加载图式的选择与设计

　　试验荷载图式要根据试验目的来决定。试验时的荷载应该使结构处于某种实际可能的最不利工作情况。试验时荷载的图式要与结构设计计算的荷载图式一致，结构试件的工作状态才能与其实际情况最为接近。例如，在钢筋混凝土楼盖中，支承楼板的次梁的试验荷载应该是均布的；支承次梁的主梁，应该是按次梁间距作用的数个集中荷载；工业厂房的屋面大梁承受间距为屋面板宽度或檩条间距的等距集中荷载，在天窗脚下另加较大的集中荷载；对于吊车梁则按其抗弯或抗剪最不利时的实际轮压位置布置相应的集中荷载。但是，在试验时也常常采用不同于设计计算规定的荷载图式，一般出于下列的原因：

　　1）对设计计算时采用的荷载图式的合理性有所怀疑，因而在试验时采用某种更接近于结构实际受力情况的荷载布置方式。如装配式钢筋混凝土楼面，设计时楼板和次梁均按简支计算，施工后由于浇捣混凝土使楼面的整体性加强，试验时必须考虑邻近构件对受载部分的影响，即要考虑荷载的横向分布，此时荷载图式就需按实际受力情况作适当变化。

　　2）在不影响结构的工作和试验成果分析的前提下，由于受试验条件的限制或为了加载的方便，改变加载的图式。例如，当试验的梁或屋架承受均布荷载时，为了试验的方便和减少工作量，常用几个集中荷载代替均布荷载，但应保证集中荷载的数量与位置尽可能符合均布荷载所产生的内力值。集中荷载可以很方便地用数个液压加载器或杠杆产生，不仅简化了试验装置，还大大减轻试验加载的劳动量。采用这种方法时，试验荷载的大小要根据相应等效条件换算得到，因此称为等效荷载，如图4-10所示。

　　采用等效荷载时，必须全面验算由于荷载图式的改变对结构的各种影响，必要时应对结构构件作局部加强，或对某些参数修正；当构件满足强度等效，而不能满足整体变形条件等

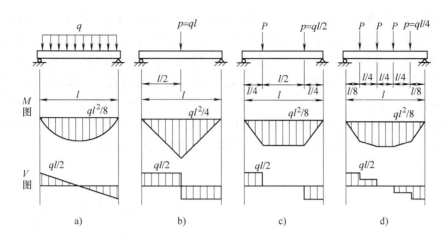

图 4-10 等效荷载示意图

效时，则需对所测变形值进行修正；取弯矩等效时，尚需验算剪力对构件的影响。

4.3.2 试验加载装置的设计

为保证试验工作的正常进行，试验加载用的设备装置也必须进行专门的设计。在使用试验室内现有的设备装置时，应按每项试验的要求对装置的强度、刚度进行复核计算。

1. 试验加载装置应有足够的强度储备

加载装置的强度，首先要满足试验最大荷载的要求，保证有足够的安全储备；同时要考虑到结构受载后，可能产生局部构件的强度提高。图 4-11 所示的钢筋混凝土框架，在 B 点施加水平力 Q、柱上施加轴向力 N 时，梁 BC 将增加轴向压力 Q_2。当梁的屈服荷载由最大试验荷载决定时，梁所受的轴力使其强度提高，甚至能提高 50%。强度的提高将使原来按梁上无轴力情况的理论荷载所选用的加载装置不能将试件加载到破坏。X 形节点试件随着梁、柱节点处轴力 N、剪力 V 的增大，其强度也按比例提高。根据使用材料的性质及其误差，即使考虑了上述的轴力的影响，试件的最大强度仍比预计的大。因此，在做试验设计时，加载装置的承载能力通常要求提高 70% 左右。

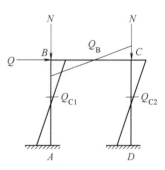

图 4-11 框架试验加载图示

2. 试验加载装置要满足刚度要求

试验加载装置在满足强度要求的同时还必须考虑刚度要求。如同混凝土应力-应变曲线下降段测试一样，在结构试验时如果加载装置刚度不足，将难以获得试件极限荷载后的性能。

3. 试验加载装置要满足试件的边界条件和受力变形的真实状态

试验加载装置设计还应符合结构构件的受力条件，必须能模拟结构构件的边界条件和变形条件，否则将失去了受力的真实性。例如，柱的弯剪试验可采用图 4-12 所示的方法，

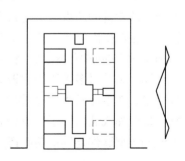

图 4-12 柱的弯剪试验加载图示

试验中必须施加轴向和水平方向的两个作用力将在加力点形成约束，致使其应力状态与设想状态不同，在轴向力的加力点处会有弯矩产生。为了消除约束，在加载点和反力点处均应加设滚轴。图 4-13 所示是两种受水平荷载作用的短柱试验的例子，试验装置可以采用 4-13a 所示的连续梁式加载，也可以采用图 4-13b 所示的建研式加载装置进行，建研式加载方法能保持上下端面平行，显然对窗间短柱而言这种装置更符合受力条件，而连续梁式加载不能保证受剪端面平行。在砖石或砌块的墙体推压试验中，图 4-14a 所示施加竖向荷载用的拉杆对墙体的横向变形产生约束，而图 4-14b 所示的加载方式就能消除约束，较好地符合实际墙体的受力情况。

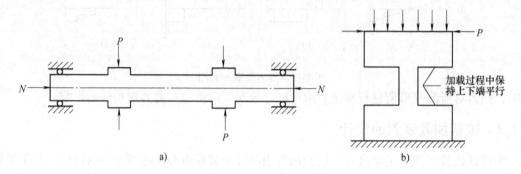

图 4-13　偏压剪短柱的试验装置

a）连续梁式加载图示　b）建研式加载图示

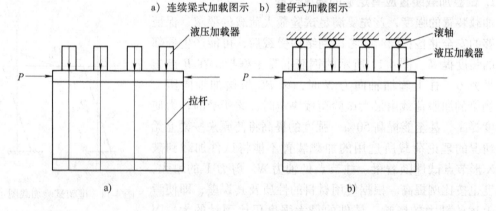

图 4-14　墙体推压试验装置

a）有拉杆约束的墙体　b）无拉杆约束的墙体

在加载装置中还必须注意试件的支承方式，前述受轴力和水平力作用的柱的试验，两个方向加载设备的约束会引起较为复杂的应力状态。梁的弯剪试验中，在加载点和支承点的摩擦力也会产生次应力，使梁所受的弯矩减小。在梁柱节点试验中如采用 X 形试件，若加力点和支承点的摩擦力较大，将会接近于抗压试验的情况。支承点的滚轴可按接触承压应力进行计算，试验时多采用细圆钢棒作滚轴。在支承反力较大时滚轴可能产生变形，甚至产生塑性变形，产生非常大的摩擦力，导致试验结果出现误差。试验过程中应随时观察，及时调整。试验加载装置除了在设计时应满足上述要求外，其构造应尽可能简单，减少组装时间；若干同类型试件连续试验时还应考虑试件的安装方便，缩短安装调整的时间。

4.3.3 结构试验荷载值和加载制度的设计

根据 GB 50068—2001《建筑结构可靠度设计统一标准》和 GB 50010—2010《混凝土结构设计规范》规定，结构的极限状态分为承载能力极限状态和正常使用极限状态。结构构件在满足承载力要求的前提下，还应进行稳定、变形、抗裂和裂缝宽度验算。因此，在进行结构静力试验时，首先要按不同试验要求确定各种工作状态的试验荷载值。确定混凝土结构试验荷载值时应考虑下列情况：①对结构构件的刚度、裂缝宽度进行试验时，应确定正常使用极限状态的试验荷载值；②对结构构件的抗裂性进行试验时，应确定开裂试验荷载值；③对结构构件进行承载能力试验时，应确定极限承载能力试验荷载值；④按荷载作用时间的不同，正常使用极限状态的试验荷载值可分为短期试验荷载值和长期试验荷载值。由于大部分试验是在短时间内进行，故应按规范要求，考虑长期效应组合影响进行修正。进行结构动力试验时，应考虑动力荷载的动力系数。

试验加载制度是指结构进行试验期间控制荷载与加载时间的关系，它包括加载速度的快慢、加载时间间歇的长短、分级荷载的大小和加载、卸载循环的次数等。结构构件的承载能力和变形性质与其所受荷载作用的时间特征有关。不同性质的试验必须根据试验要求制订不同的加载制度。结构静力试验常采用包括预加载、标准荷载和破坏荷载三个阶段的一次单调静力加载（见图 4-15）；结构抗震静力试验常采用控制荷载或变形的低周反复加载；而结构拟动力试验则

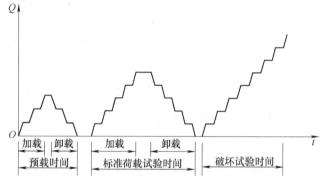

图 4-15 静力试验加载程序

由计算机控制按结构受地震地面运动加速度作用后的位移反应时程曲线进行加载试验；结构动力试验采用正弦激振的加载试验；而结构抗震动力试验则采用模拟地震地面运动加速度地震波的随机激振试验。

在进行预制混凝土构件质量检验评定时，可按 GBJ 321—1990《预制混凝土构件质量检验评定标准》的规定进行；混凝土结构静力试验的加载程序应符合 GB 50152—1992《混凝土结构试验方法标准》的规定；结构抗震试验则可按 JGJ 101—1996《建筑抗震试验方法规程》的有关规定进行设计。

4.4 观测设计

进行结构试验时，为了全面了解结构物或试件在荷载作用下的实际工作情况，真实而正确地反映结构的工作状态，要求利用各种仪器设备量测出结构反应的各种参数，为分析结构工作状态提供科学依据。因此，在正式试验前应拟定测试方案。测试方案包括以下内容：

1）按试验目的要求，确定试验测试的项目。

2）按确定的量测项目要求，选择测点位置。

3）选择测试仪器和测定方法。

拟定的测试方案要与加载程序密切配合，在拟定测试方案时应该把结构在加载过程中可能出现的变形等数据计算出来，以便在试验时随时与实际观测读数比较，及时发现问题；同时，这些计算的数据对确定仪器的型号，选择仪器的量程和精度等提供参考。

4.4.1　观测项目的确定

结构在荷载作用下的各种变形分成两类：一类是反映结构的整体工作状况，如梁的挠度、转角、支座偏移等称为整体变形；另一类是反映结构的局部工作状况，如应变、裂缝、钢筋滑移等称为局部变形。在确定试验观测项目时首先应该考虑整体变形。整体变形能概括结构工作的全貌，可以基本反映结构的工作状况。在所有测试项目中，各种整体变形是最基本的。对于梁而言，通过挠度的测定不仅能了解结构的刚度，而且可以明确结构的弹性和非弹性工作性质，挠度的不正常发展还能反映出结构中某些特殊的局部现象。因此，在缺乏量测仪器的情况下，试验通常仅测定挠度一项。转角的测定往往用来分析超静定连续结构。

对于某些构件局部变形也很重要。例如，钢筋混凝土结构裂缝的出现能表明其抗裂性能；非破坏性试验进行应力分析时，控制截面上的最大应变往往是推断结构极限强度的重要指标。因此，在条件许可时，根据试验目的也经常进行局部变形项目的测定。总之，破坏性试验本身能充分说明问题，观测项目和测点可以少些；而非破坏性试验的观测项目和测点布置，必须满足分析和推断结构工作状况的最低需要。

4.4.2　测点的选择与布置

试验仪器对结构物或试件进行变形和应变测量时，一只仪表只能测量一个试验数据，因此在测量结构物的强度、刚度和抗裂性等力学性能时，往往需要较多测量仪表。一般而言，测点越多越有利于了解结构物的应力和变形情况，但是在满足试验目的前提下，测点宜少不宜多，这样不仅可以节省仪器设备，避免人力浪费，而且可以使试验工作重点突出，精力集中，提高效率和保证质量。任何测点的布置都是有目的的，应服从于结构分析的需要，不应盲目追求数量，不切实际地设置测点。在测量之前，应该利用力学和结构理论对结构进行分析，合理布置测量点位，力求减少试验工作量而获取必要的数据资料。测点的数量和布置必须是充分合理的，但又是足够的。新型结构或科研课题，由于缺乏认识可以采用逐步逼近、由粗到细的办法，先测定较少点位的数据，经过初步分析后再补充适量的测点，再分析再补充，直到能充分了解结构物的性能为止。可以做些简单的试验，定性后再决定测量点位。

测点的位置必须有代表性，以便于分析和计算。结构物的最大挠度和最大应力是设计和试验的重要数据，利用它可以较直接地了解结构的工作性能和强度储备。因此在最大值出现的部位必须布置测量点位。例如，挠度的测点位置可以由弹性曲线（或曲面）确定，常布置在跨度中点结构最大挠度处；应变的测点应该布置在最不利截面的最大受力纤维处；最大应力的位置常出现在最大弯矩截面、最大剪力截面或弯矩剪力都不是最大而是两者同时出现较大数值的截面上、或产生应力集中的孔洞边缘上以及截面剧烈改变的区域上。如果目的不是要说明局部缺陷的影响，就不应该在有显著缺陷的截面上布置测点，以便于计算分析。

在测量工作中，为了保证测量数据的可靠性，还应该布置一定数量的校核性测点。在试验量测过程中，部分测量仪器可能会出现工作不正常、发生故障或由于偶然因素影响量测数据的可靠性，因此不仅在需要测定应力和变形的位置上布置测点，也应在已知应力和变形的位置上布点，前者称为测量数据，后者称为控制数据或校核数据。如果在量测过程中控制数据是正常的，表明测量数据是可靠的；反之测量数据就不可靠。控制数据的校核测点可以布置在结构物的边缘凸角上，其应变为零；结构物上没有凸角时，校核测点可设置在理论计算可靠的区域上；也可以利用结构本身或荷载作用的对称性，在控制测点相对称的位置上布置校核测点，正常情况下相互对应的测点数据应该相等。校核性测点既能验证观测结果的可靠程度，在必要时也可以将对称测点的数据作为正式试验数据，供分析使用。测点的布置应有利于试验操作和测读，不便于观测的测点往往不能提供可靠的结果。为了测读方便，减少观测人数，测点宜适当集中布置，以便于一人管理多台仪器，不便于测读和不便于安装仪器的部位，最好不设或少设测点，否则应妥善考虑安全措施或选用自动记录仪器满足测量要求。

4.4.3　仪器的选择

试验量测仪器的选择，应遵循下列原则：

1）选择仪器时应符合试验实际需要，所用仪器应符合量测所需的精度与量程要求，并应防止盲目选用高准确度和高灵敏度的精密仪器。一般试验要求测定结果的相对误差不超过5%，仪表的最小刻度值不应大于最大被测值的5%。必须注意，使用精密量测仪器需要比较良好的环境和条件，如果条件不够理想，容易损伤仪器或造成观测结果不可靠。

2）仪器的量程应满足测量值的需要，尽量避免在试验中途调换仪器，否则会增大测量误差。测量值宜在仪器量程的 1/5～2/3 范围内，最大被测值不宜大于仪表最大量程的 80%。

3）测点数量多或位置不便于测量时，应选用多点测量或远距测量仪器；预埋于结构内部的测点应采用电测仪表；附着于结构上的机械式仪表应自重轻、体积小，不影响结构工作。

4）选择仪表时必须考虑测读方便省时，必要时需采用自动记录装置。

5）为了简化工作，避免差错，量测仪器的型号规格应尽可能一致，种类越少越好。但有时为了控制观测结果的正确性，常在校核测点上采用其他类型的仪器，便于比较。

6）动测试验使用的仪表，其线性范围、频响特性和相位特性应满足试验量测的需求。

4.4.4　仪器的测读原则

试验过程中，仪器仪表的测读应按一定的程序进行，测定方法与试验方案、加载程序密切相关。在拟定加载方案时，要充分考虑观测工作的方便；反之，确定测点位置和考虑测读程序时，也要根据试验方案所提供的客观条件，密切结合加载程序加以确定。进行测读时，原则上必须同时测读全部仪器的读数，至少做到基本上同时。结构的变形与时间有关，只有同时得到的数据才能说明结构当时的实际状况。因此，如果仪器数量较多应分区同时由数人测读，每个观测员测读的仪器数量不能太多。最好采用多点自动记录仪器进行自动检测，对于进入弹塑性阶段的试件也可跟踪记录。

试验的观测时间应选在加载过程的间歇时间内，在每次加载完毕后的某一时间（如 5min）开始按程序测读一次；到下一级荷载加载前再观测一次读数。根据试验的需要也可以在加载后立即记取个别重要测点仪器的数据。荷载分级很细时，对于某些读数变化很小或次要的测点，可以每隔二级或更多级的荷载测读一次。在每级荷载作用下结构徐变不大或为了缩短试验时间，可在每一级荷载下测读一次数据。当荷载维持较长时间不变时（如在标准荷载下恒载 12h 或更多）应该按规定时间，如加载后的 5min、10min、30min、1h，以后每隔 3~6h 记录读数一次；结构卸载完毕空载时，也应按规定时间记录变形的恢复情况。每次记录仪器读数时，应同时记录周围环境的温度和湿度。重要的数据应边记录、边整理，同时计算每级荷载的读数差，与理论值进行比较，及时判断量测数据的正确性，确定下一级荷载的加载情况。

4.5 安全与防护措施设计

在建筑结构试验设计和实施过程中，特别需要关注安全问题。人员、试件以及试验仪器的保障措施是试验成功的关键，不仅关系到试验工作能否顺利进行，还关系到试验人员的生命安全和国家财产不受损失。大型结构试验和结构抗震破坏性试验，安全问题尤为重要。因此，在试验设计时必须制定安全防护措施，贯彻"安全第一"、"预防为主"的方针。

4.5.1 结构静力试验的安全防护措施

结构试件、试验设备和荷载装置等在起重运输、安装就位以及电气设备线路架设与连接过程中，必须注意操作安全，遵守国家现行有关建筑安装和电气使用的技术安全规程。试件的起吊安装要注意起吊点位置的选择，应防止和避免混凝土试件在自重作用下开裂。屋架、桁架等大型构件试验时，因试件自身平面外刚度较弱，为防止其受载后发生侧向失稳，试件安装后必须设置侧向支撑或设置安全架，利用试验台座加以固定。

试验人员必须熟悉加载设备的性能和操作规程，大型结构试验机、电液伺服加载系统等，必须有专人负责，并严格遵守设备的操作程序。采用重力加荷或杠杆加载的试验，为防止试件破坏时所加重物或杠杆随试件一起倒塌，必须在试件、杠杆、荷载吊篮下设置安全托架或支墩垫块；采用液压加载时，安装在试件上的液压加载器、分配梁等加载设备必须安装稳妥，并采取保护措施，防止试件破坏时倒塌。试件下也应设置安全托架或支墩垫块。

安装在试件上的附着式机械仪表，如百分表、千分表、水准式倾角仪等，必须设有保护装置，防止试件进入破坏阶段时由于变形过大或测点处材料酥松，导致仪表脱落摔坏。加载达到极限荷载的 85% 左右时可将大部分仪表拆除，保留下来继续量测的控制仪表应注意加强保护。有可能发生突然脆性破坏的试件（如高强度混凝土构件和后张无粘结预应力构件等）应采取防护措施，防止混凝土碎块或钢筋飞出危及人身安全、损坏仪表设备，造成严重后果。

4.5.2 结构动力试验的安全防护措施

结构试件、试验设备和荷载装置等在起重运输、安装就位以及用电安全等方面与静力试验一样，必须遵守国家现行有关建筑安装和电气使用的技术安全规程。由于动力试验的荷载性质、试验对象和加载设备更复杂，因此必须采取专门的安全防护措施。

地震模拟振动台抗震试验进行整体模型吊装时，应注意试件重心和吊点的位置，防止试件开裂或倾覆；试件就位后应将试件与振动台台面用螺栓固定。结构疲劳试验的荷载装置，除应具有足够的强度和刚度外，还需考虑加载装置的动力特性和疲劳强度，防止产生共振或疲劳破坏。结构疲劳试验机应设有自控停机装置，保证试件破坏后自动停机，以免发生事故。

结构动力试验的加载设备如振动台、偏心激振器、结构疲劳试验机等，都应有专人操作并严格遵守设备的操作规程。地震模拟振动台试验时，由于整个试验过程始终处于运动状态，并且大部分试验要进行到构件破坏阶段，因此对于可能产生脆性破坏的砖石和砌体结构应重点防护。在即将进入破坏阶段时，全体人员均应远离危险区；要采取措施防止倒塌试件砸坏台面、激振器或油路系统；应保证振动台设备及试验人员的安全。动力试验的测试仪表在试验过程中随试件一起运动，必须妥善固定在试件上防止脱落摔坏。测试用的导线也必须加以固定，防止剧烈晃动带来量测误差。

现场结构动力试验时更应注意安全。采用初位移法测量结构动力特性时，拉线与结构物和测力计的连接要可靠，防止拉线断裂反弹伤人；施力用的绞车也应采取安全防护措施。共振法激振用的偏心激振器在进行试机检查后方可吊装就位，激振器与结构连接的螺栓要埋设牢固。采用反冲激振器或人工爆炸激振时，要严格遵守相关规定，防止发生安全事故。

4.6　试验文件资料

4.6.1　试验大纲的内容

结构试验规划设计阶段的主要任务是通过结构试验设计拟定试验大纲，并将所有相关文件进行汇总。试验大纲是整个试验的指导性文件，内容视试验而定，但应包括以下部分：

1）试验目的要求（试验应获取的数据，如破坏荷载值、设计荷载下的内力分布、挠度曲线、荷载-变形曲线等）。

2）试件设计及制作要求（包括试件设计的依据、理论分析、试件数量及施工图、试件原材料、制作工艺、制作精度的要求）。

3）辅助试验内容（包括辅助试验的目的、试件的种类、数量及尺寸、试件的制作要求、试验方法等）。

4）试件的安装与就位（包括试件的支座装置、保证侧向稳定装置等）。

5）加载方法（包括荷载数量及种类、加载设备、加载装置、加载图式、加载程序）。

6）量测方法（包括测点布置、仪表型号选择、仪表标定方法、仪表的布置与编号、仪表安装方法、量测程序）。

7）试验过程的观察方案（包括试验过程中除仪表读数外其他方面应做的记录）。

8）安全措施（安全装置、脚手架、技术安全规定等）。

9）试验进度计划。

10）经费使用计划（即试验经费的预算计划）。

11）附件（如设备、器材及仪器仪表清单等）。

4.6.2　结构试验的基本文件

除试验大纲外，建筑结构试验从规划到最终完成，还应收集整理以下各种文件资料：

1）试件施工图及制作要求说明书。

2）试件制作过程及原始数据记录（包括各部分实际尺寸及疵病情况）。

3）自制试验设备加工图样及设计资料。

4）加载装置及仪表编号布置图。

5）仪表读数记录表（原始记录）。

6）量测过程记录（包括照片、测绘图及试验过程的录像等）。

7）试件材料及原材料性能的测定报告。

8）试验数据的整理分析及试验结果总结，包括整理分析所依据的计算公式，整理后的数据图表等。

9）试验工作日志。

上述文件属原始资料，试验工作结束后应整理装订归档保存，此外还应包括试验报告。

10）试验报告。试验报告是全部试验工作的集中反映，应概括其他文件的主要内容。编写试验报告，力求简单扼要。有时试验报告可不单独编写，而作为整个研究报告中的一部分。试验报告内容包括：试验目的、试验对象的简介、试验方法及依据、试验情况及问题、试验结果处理与分析、试验技术结论、附录等。

本 章 小 结

本章系统地介绍了建筑结构试验前期各项准备工作的技术要求，包括试件设计、模型设计、荷载设计、观测设计、建筑结构试验的安全与防护措施设计以及结构试验大纲和试验基本文件的编制等基本内容。学习本章后，应重点掌握试件的形状、尺寸与试件数量设计基本要求；掌握结构模型设计的基本概念和方法，能够利用相似定理确定相似系数，并进行结构模型的设计；重点掌握结构试验荷载的加载图示、加载方案的设计原理和方法；能够正确确定观测项目，合理选择观测仪器；对试验安全措施以及结构试验大纲的编制有一定的了解。

思 考 题

4-1 简述试件数量设计的原则和方法。

4-2 在结构试验的测试方案设计中，主要应考虑哪些内容？

4-3 伪静力试验、单调加载静力试验和结构疲劳试验有何异同？

4-4 简述结构试验大纲所包含的内容。

4-5 建筑结构模型试验有哪些优点？适用于哪些范围？

4-6 什么是模型相似常数和相似条件？

4-7 某试验拟用 3 个集中荷载代替简支梁设计承受的均布荷载，试确定集中荷载的大小及作用点，画出等效内力图（$P = qL/3$，两侧加载点距支座 $L/8$）。

4-8 一根承受均布荷载的简支梁，要求最大挠度 $\left(f = \dfrac{5}{384}\dfrac{ql^4}{EI}\right)$ 相似设计试验模型。设已经确定 $S_E = 1$，$S_l = \dfrac{1}{10}$，$S_f = 1$，简述求 S_q 的过程。

第5章 结构构件的静载试验

本章提要 建筑结构静载试验是结构试验中最基本也是试验次数最多的一种试验。结构静载试验的目的是用物理力学方法测定和研究结构(构件)在静力荷载作用下的反应,分析、判定结构的工作状态和受力状况。建筑结构静载试验涉及的问题是多方面的,本章着重讨论关于加载方法的各种方案及其理论依据,如何选择和正确量测各种变形参数,还简要介绍数据处理中的一些常见问题及结构性能检验与质量评估原则等。

5.1 试验前的准备

建筑结构上的作用分为直接作用和间接作用,直接作用又可分为静力荷载作用和动力荷载作用。静载是指不引起结构或构件加速度或加速度可以忽略不计的直接作用;动载作用则是使结构或构件产生不可忽略的加速度反应的直接(或间接)作用。在结构各种作用中,起主导作用的是静力荷载,因此建筑结构静载试验是结构试验中最基本、数量最多的试验。根据试验加载与观测时间的不同,结构静载试验又分为短期荷载试验和长期荷载试验。

建筑结构静载试验中最常见的是单调加载试验,即在不长的时间内对试验对象平稳地施加一次性连续荷载,荷载从"零"开始直至结构构件破坏或达到预定荷载;或在短时期内平稳地施加若干次预定的重复荷载后,再连续增加荷载直至结构构件破坏。在静力试验中,加载速度很慢,结构变形速度也很慢,可以忽略加速度引起的惯性力及其对结构变形的影响。

结构静载试验的目的是研究结构在静力荷载作用下的反应,分析判定结构的工作状态与受力情况。在静载试验中,主要研究结构的承载力、变形、抗裂性等基本性能和破坏机制。

建筑结构试验前的准备,是指正式试验之前的所有准备工作,包括试验规划和准备两个方面,在整个试验过程中,时间最长、工作量最大,内容也最庞杂。准备工作将直接影响试验成果。因此,准备工作的每个阶段和每个细节都必须认真周密地进行,具体内容如下。

5.1.1 调查研究、收集资料

准备工作首先要把握信息,这就要调查研究、收集资料、充分了解试验的任务和要求,明确试验目的和性质,以便确定试验的规模、形式、数量和种类,正确进行试验设计。

生产性试验应向有关设计、施工和使用单位或人员收集资料。设计资料包括:设计图样、计算书、设计依据的原始资料(如地基勘测资料、气象资料和生产工艺资料等);施工资料包括:施工日志、材料性能试验报告、施工记录和隐蔽工程验收记录等;使用资料包括:使用过程、超载情况或事故(或灾害)经过的调查记录等。

科学研究性试验的调查研究应向有关科研单位和信息部门以及必要的设计和施工单位收集与本试验有关的历史(类似试验信息)、现状(现有理论、设计、施工技术水平及状况)和未来发展的趋势(生产、生活和科技发展趋势与要求等)。

5.1.2　制定试验大纲

在调查研究的基础上制定试验大纲，使试验有计划地进行以取得预期成果，内容包括：

（1）概述　简要介绍调查研究的情况，提出试验的依据、目的、意义与要求。必要时，还应提供相关理论分析和计算过程。

（2）试件的设计及制作要求　包括试件设计依据及理论分析和计算；试件的规格和数量；制作施工图及对原材料、施工工艺的要求等。鉴定性试验应阐明原设计要求；施工或使用情况等。试验数量取决于结构或材质的变异性以及研究项目间的相关条件（可按正交试验设计）宜少不宜多；鉴定性试验为避免尺寸效应影响，试件尺寸应尽量接近实体。

（3）试件安装与就位　包括就位的形式（正位、卧位或反位）、支承装置、边界条件模拟、保证侧向稳定的措施和安装就位的方法、装置及机具等。

（4）加载方法与设备　包括荷载种类及数量、加载设备装置，荷载图式及加载制度等。

（5）量测方法和内容（即观测方案设计）包括观测项目，测点布置，量测仪表的选择、标定，安装方法及编号图，量测顺序规定和补偿仪表的设置等。

（6）辅助试验　包括材料的物理力学性能试验和必要的小试件、小模型或节点试验等。应列出试验内容、目的、要求、试验种类、试验个数、试件尺寸、制作要求和试验方法等。

（7）试验安全措施　包括人员、设备和仪表等各方面的安全防护措施。

（8）试验进度计划　包括试验开始时间、完成日期以及试验过程的详细进度安排。

（9）试验组织管理　结构试验，特别是大型试验，参加试验人数多，牵涉面广，必须严密组织，加强管理。包括技术档案资料的管理，如原始记录，人员组织、分工，任务落实，工作检查，指挥调度以及必要的技术交底和培训工作等。

（10）附录　包括所需器材、仪表、设备、经费预算、观测记录表格、加载设备、量测仪表的率定报告和其他必要文件、规定等。记录表格应使记录内容全面，方便使用。其内容除了记录观测数据外，还应有测点编号、仪表编号、试验时间、记录人签名等栏目。

试验必须充分准备、细致规划；每项工作和每个步骤必须明确；防止盲目追求试验次数多、仪表数量多、观测内容多及不切实际的高量测精度，以免造成试验工作的混乱和浪费。

5.1.3　试件准备

结构试验的试件可能是具体结构或构件，也可能是局部结构（节点或杆件）或模型，但均应根据试验目的与有关理论按大纲规定进行试件设计与制作。在试件设计制作时应考虑试件安装和加载量测的需要，进行必要的构造处理，如在钢筋混凝土试件支承点预埋钢垫板、局部截面加强及加设分布筋等；平面结构应设置侧向稳定支撑点；倾斜的加载面应增设凸肩及吊环等。试件制作必须严格按照相应的施工规范进行并做详细记录，还应按要求留足材料力学性能试验试件并及时编号。

试件试验前，应按设计图样仔细检查、测量各部分实际尺寸、构造情况、施工质量、存在缺陷（如混凝土的蜂窝麻面、裂纹、木材的疵病、钢结构的焊缝缺陷、锈蚀等）、结构变形和安装质量。钢筋混凝土结构还应检查钢筋位置、保护层厚度和钢筋的锈蚀情况等。检查结构应做详细记录并存档。

试件检查之后应进行表面处理，如去除或修补有碍观测的缺陷、钢筋混凝土表面的刷白、分区划格。刷白便于观测裂缝；分区划格便于荷载与测点准确定位、记录裂缝的发生和发展过程，描述试件的破坏形态，观测裂缝的区格尺寸取 10～30cm，必要时也可缩小。为方便操作，有些测点布置和处理(如手持应变仪、杠杆应变计、百分表应变计脚标的固定、钢测点的去锈,应变计的粘贴、接线和材料力学性能非破损检测等)也应在试件准备阶段进行。

5.1.4　材料物理力学性能测定

结构材料的物理力学性能指标对结构性能有直接的影响，是结构计算的重要依据。试验中的荷载分级，试验结构的承载能力和工作状况的判断，试验后期数据处理与分析等都需要材料的力学性能指标。在试验前应首先对结构材料的实际物理力学性能进行测定。测定项目有强度、变形性能、弹性模量、泊松比、应力-应变关系等。测定的方法有直接测定法和间接测定法两种。直接测定法是将制作结构或构件时预留的试件按有关标准在材料试验机上测定；间接测定法常采用非破损试验法，即用专门仪器对结构或构件进行试验，用实测得到的与材料有关的物理量推算出材料强度等参数，而不破坏结构或构件。

混凝土是弹塑性材料，应力-应变关系比较复杂，因此混凝土的应力-应变全曲线的测定对混凝土结构的长期强度、延性和疲劳强度试验等具有十分重要意义。标准棱柱体抗压的应力-应变全过程曲线如图 5-1 所示。

测定全过程曲线的必要条件是：试验机应有足够的刚度，试验机加载后所释放的弹性应变与试件峰点 C 的应变之和不大于试件破坏时的总应变值。否则试验机释放的弹性应变能产生的动力效应会把试件击碎，曲线只能测至 C 点，普通试验机上

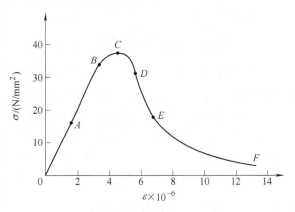

图 5-1　普通混凝土轴压应力-应变曲线

进行的测定就是这样。目前，最有效的方法是采用出力足够大的电液伺服试验机，以等应变控制方法加载。若在普通液压试验机上试验，则应增设刚性装置，吸收试验机所释放的动力效应能。要求刚性元件刚度常数大(100～200kN/mm)，允许变形大，能适应混凝土曲线下降段的巨大应变[(6～30)×10³με]。增设刚性装置后，试验后期荷载仍不应超过试验机的最大加载能力。刚性装置可用弹簧或同步液压加载器等。

5.1.5　试验设备与试验场地的准备

试验开始前应对试验计划使用的加载设备和量测仪表逐一进行检查，进行必要的修整和标定，以达到试验使用的要求。仪器标定必须有标定报告，以供资料整理过程中修正。

试件进场前，应对试验场地清理和安排，包括水、电、交通，清除不必要的杂物，集中安排好试验使用的物品。必要时应做场地平面设计，架设或准备好试验中的防风、防雨和防晒设施，避免对加载和量测造成影响。现场试验支座处的地基承载力应经局部验算和处理，下沉量不宜太大，以保证结构作用力的正确传递和试验工作顺利进行。

5.1.6 试件安装就位

根据试验大纲的规定，在各项准备工作就绪后即可将试件安装就位。必须保证试件在试验的全过程都能按设计模拟条件工作，避免因安装错误产生附加应力或出现安全事故。

简支结构的两支点应在同一水平面上，高差不宜超过试验跨度的 1/50。试件、支座、支墩和台座之间应密合稳固，为此常采用砂浆灌缝处理。超静定结构的四边支承、四角支承和板的各支座应保持均匀接触，最好采用可调支座。若支座带有测定支反力的测力计，应调节至该支座应承受的试件重量为止，也可采用砂浆灌浆或湿砂调节的方法。扭转试件安装应注意扭转中心与支座转动中心的一致，可用钢垫板等加垫调节。嵌固支承，应上紧夹具，不得有任何松动或滑移可能。卧位试验，试件应平放在水平滚轴或平车上，以减轻试验时试件水平位移的摩阻力，同时也防止试件侧向下挠。

试件吊装时，平面结构应防止发生平面外弯曲、扭曲等变形；细长杆件的吊点应适当加密，避免弯曲过大；钢筋混凝土结构在吊装就位过程中，应保证不出裂缝，尤其是抗裂试验结构，必要时应附加夹具，提高试件刚度。

5.1.7 加载设备和量测仪器的安装

加载设备的安装，应根据加载设备的特点按照大纲设计的要求进行。有的设备与试件就位同时进行，如支承机构；有的则在加载阶段进行安装；大多数加载设备是在试件就位后安装。安装要求固定牢靠，应采取必要措施以保证荷载模拟正确和试验安全。

仪表安装位置按观测设计方案确定，安装后应及时把仪表号、测点号、位置和连接仪器的通道号一并记入记录表中。调试过程中如有变更，记录也应及时做相应的改动，以防混淆。接触式仪表还应有保护措施，如加装悬挂带，以防仪器振动掉落损坏。

5.1.8 试验控制特征值的计算

根据构件材料性能试验数据和加载图式，计算各个试验阶段的荷载值和特征部位的内力、变形值等作为试验时控制与比较的依据，以避免试验盲目性，对试验分析也具有重要意义。

5.1.9 结构加载静力试验加载制度的确定

试验加载制度指的是试验进行期间荷载与时间的关系。只有正确制定试验的加载制度和加载程序，才能正确了解结构的承载能力和变形性质，才能将试验的结果互相进行比较。

试验加载的数值及加载程序取决于不同的试验对象和试验目的。科学研究与生产鉴定的结构构件试验通常是分级加载并进行几个循环过程，最后加载至结构破坏。图 4-15 是一个典型的单调静力试验的加载程序。即先分级加载到试验所需要的试验荷载值，然后在满载情况下停留足够长的时间，观测变形的发展；以后再作分级卸载，完全卸载后持续一定的空载时间，最后再分级加载直至结构破坏。

采用分级加载，一方面可控制加载速度，另一方面便于观测结构变形随荷载变化的规律，了解结构各个阶段的工作性能。此外，分级加卸荷载也为加载和观测提供了方便的条件。

荷载分级的大小(级距)和分级的多少,可根据试验目的、试验期限、结构类型确定。对于混凝土结构试验,在达到使用状态短期试验荷载值以前,每级加载值不宜大于其荷载值的20%,在超过其使用状态短期试验荷载值后,每级加载值不宜大于其荷载值的10%。为了较为准确地获得结构开裂荷载的实测值,在加载达到开裂试验荷载计算值的90%以后,应将级距减小,每级加载值不宜大于使用状态短期试验荷载值的5%。试件开裂后,每级加载值可恢复到上述20%的级距。为了能准确地测得混凝土结构的破坏荷载,对于生产检验性试验,当加载接近承载力检验荷载时,每级荷载不宜大于承载力检验荷载设计值的5%;对于科学研究性试验,在加载达到承载力试验荷载计算值的90%以后,每级加载值也不宜大于使用状态短期试验荷载值的5%。试验加载分级的大小还决定于量测仪表的精度。卸载时,级距可以放大,可采用使用状态短期试验荷载值的20% ~50%。

分级加载级间间歇时间 t_1 的长短取决于结构变形发展情况,即要求在试验分级加载的时间间歇内,结构的变形基本上能充分地反映出来。如果间歇时间过短,结构的变形未能充分反映,得到的变形数值偏小;在进行破坏试验时,会得到偏高的极限荷载测试值,影响试验结果的正确性。混凝土结构试验时,从加载结束到下一级开始加载,每级加载的间歇时间不应少于10min,在上述间歇时间内同时进行结构反应的量测。钢结构试验时,间歇时间可少于10min。在实际试验中,间歇时间也可以根据观测仪表示值的变化情况决定。只有当某级荷载作用下的变形基本稳定后,才能施加下一级荷载。卸载时的时间间歇 t_3 可以与 t_1 一样,也可以缩短。

为了检验混凝土结构的刚度和抗裂性能,应按照正常使用极限状态对变形和裂缝宽度进行验算。为此,对于要求获得试验变形和裂缝宽度的构件,要求在使用状态短期试验荷载作用下进行恒载试验,恒载持续时间 t_2 不应少于30min。在开裂试验荷载作用下,构件裂缝的出现与荷载持续时间有关。对于科学研究性试验,要求在开裂试验荷载计算值作用下恒载持续30min;对于生产鉴定性试验应不少于10min,如果在施加开裂试验荷载前已经出现裂缝,可不必进行恒载。对于新结构或跨度大于12m的屋架、桁架及薄腹梁,为了结构安全,在使用状态短期荷载作用下恒载时间不宜小于12h。在恒载持续时间内,应定时连续观测结构的变形与裂缝发展情况。如果变形持续增加并无稳定趋势时,还应延长恒载时间,直至变形发展稳定。

结构构件受荷载作用后的残余变形是表现结构工作性能的重要指标,因此在试验过程中还应观测结构卸载后变形恢复能力和残余变形的数值。为了使卸载后结构变形能充分恢复,试验要求一定的空载持续时间 t_4,一般为恒载时间的1.5倍,对于一般混凝土构件为45min,对于新结构或跨度大于12m的构件为18h。为了解结构变形恢复过程,在空载试验期间。也需定时观测并记录。

在结构进行正式加载试验前,一般需要对结构进行预载试验。预载的目的首先是使结构进入正常的工作状态,特别是对于尚未承载的新构件。如木结构在制造时节点与结合部位都存在缝隙,经过预载可使其进一步密实;钢筋混凝土构件要经过若干次荷载重复加载、卸载循环后,荷载与变形之间的关系才能趋于稳定。其次,通过预载可以检查现场的试验组织工作和人员就位情况;检查全部试验装置和加载设备的工作情况,对试验起到检验作用。通过预载试验发现的问题,都必须逐一认真加以解决。

预载试验所施加的荷载一般是分级荷载的1~2级。由于混凝土结构构件抗裂性能离散性较大,因此预载试验荷载值应严格控制在不使结构开裂的范围内,并且预载试验的加载值还不宜超过试件开裂试验荷载计算值的70%。

在试验加载过程中，还应注意结构构件自重的影响，结构的自重应作为试验荷载的一部分。此外，作用在结构上的加载设备的重力，应由施加荷载中扣除，且不宜大于使用状态试验荷载的20%。静力试加载程序如图4-15所示。

5.2 基本构件的静力试验

5.2.1 受弯构件的试验

1. 试件的安装和加载方法

单向板和梁是典型受弯构件，也是建筑物中的基本承重构件。预制板和梁等受弯构件一般都是简支的，试验安装时都采用正位试验，一端采用固定铰支座，另一端采用滚动铰支座。支座应符合规定的边界条件，在试验过程中应保持牢固和稳定。为了保证构件与支承面紧密接触，在支墩与钢板，钢板与构件之间应用砂浆找平。宽度较大的板要防止支承面产生翘曲。

板承受均布荷载，试验时应将荷载均匀施加。用重物直接加载时，应在板面上划分区格，重物荷载应在区格内堆放成垛，每垛之间应留有间隙，避免构件受载弯曲后由于重物间起拱，致使荷载传递不明确或改变试件受荷后的工作状态。

梁承受荷载较大，施加集中荷载时常用液压加载器通过分配梁施加多个集中力，或通过液压加载系统控制多台加载器直接多点加载。荷载值不大时也可利用杠杆施加重物荷载。

结构试验的荷载图式应符合设计规定或结构实际受载情况，当试验荷载与设计规定或实际情况不符，或出于试验加载便利的考虑及受加载条件限制时，可以采用等效荷载的原则，即使试验结构的内力图形与设计或实际的内力图形基本相同或接近，并使两者最大受力截面的内力值相等即可，由此条件求得试验等效荷载。受弯构件试验中常用多个集中荷载等效代替均布荷载的加载方法，如图5-2所示。采用在跨度四分点处施加两个集中力荷载并使梁的

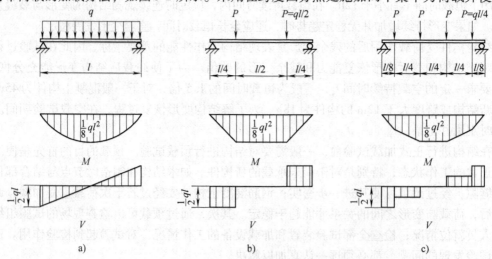

图5-2 简支梁试验等效荷载加载图式

a）均布荷载 b）两个集中荷载 c）四个集中荷载

跨中弯矩等于设计弯矩时，支座截面最大剪力等效于均布荷载作用时梁的剪力设计值。若采用四个等距集中力荷载等效加载将可获得更佳效果（见图5-2c）。

采用等效荷载试验时能较好地满足 M 与 V 值的等效，但试件的变形，即刚度不一定满足等效条件，此时应考虑进行修正。按同样原则也可求得变形相等的等效荷载。吊车梁试验时，由于主要荷载是起重机轮压所产生的集中荷载，试验时的加载图式要按弯矩和剪力最不利的组合决定集中荷载的作用位置并分别进行试验。

2. 试验项目和测点布置

钢筋混凝土梁、板构件的生产鉴定性试验一般只测定构件的强度、抗裂度和各级荷载作用下的挠度及裂缝开展情况，一般不测量应力；对于科学研究性试验，除了强度、挠度、抗裂度和裂缝观测外，还要量测构件某些部位的应力，分析该部位的应力大小和分布规律。

（1）挠度的测量　梁的任何部位的异常变形或局部破坏（开裂）都将通过挠度或挠度曲线反映出来，梁式结构最重要的就是测定跨中最大挠度及梁的弹性挠度曲线。为了获得梁的实际挠度值，试验时必须考虑支座沉陷的影响。图 5-3a 所示的梁，在试验时由于荷载的作用，两个端点处支座会产生沉陷，使梁产生刚性位移。因此，如果跨中的挠度是相对于地面测定，则必须同时测定梁两端支承面相对于同一地面的沉陷值，所以最少要布置三个测点。

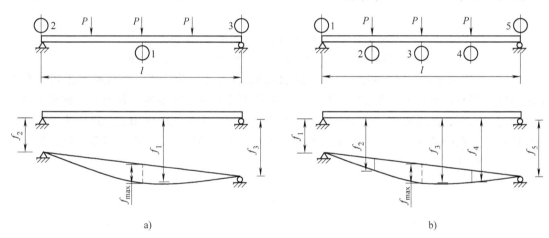

图 5-3　梁的挠度测点布置
a）三个测点　b）五个测点

由于支座承受很大作用力将引起周围地基的局部沉陷，因此安装仪器的表架必须离开支墩一定距离。在永久性钢筋混凝土台座上进行试验时，上述地基沉陷可以不予考虑，此时，仅测量梁端相对于支座的压缩变形就可以准确地获得梁跨中的最大挠度 f_{max}。跨度较大的梁，为了保证量测结果的可靠性并获得梁变形后的弹性挠度曲线，则应增加至 5～7 个测点，并沿梁的跨间对称布置，如图 5-3b 所示。宽度较大的梁，应考虑在截面的两侧对称布置测点，仪器的使用数量需要增加一倍，各截面的挠度取两侧读数的平均值。测定梁出平面的水平挠曲也可按上述同样原则布置测点。对于宽度较大的单向板，需在板宽的两侧布点，设有纵肋时，挠度测点可按测量梁的挠度的原则布置于肋下；对于肋形板的局部挠曲变形则可相对于板肋进行测定。

（2）应变和应力的测量　梁是受弯构件，应在梁承受最大正负弯矩或弯矩有突变的截面上布置测点量测应变。变截面梁则应在抗弯控制截面（即截面较弱而弯矩值较大的截面）

上布置测点或在突变截面上布置测点。测量弯矩引起梁的最大应力时，则需在截面上下边缘纤维处安设应变计，为了减少误差，上下纤维处的仪表应设在梁截面的对称轴上（见图5-4a）或设在对称轴的两侧求其平均应变量。钢筋混凝土梁具有非弹性性质，梁截面上的应力分布是不规则的，为了获得截面上应力分布的规律并确定中和轴的位置，应沿截面高度至少布置五个测点；梁的截面高度较大时，应沿截面高度适当增加测点数量。测点越多，中和轴位置确定得越准确，截面上应力分布的规律也越清楚。应变测点沿截面高度可以等距离布置，也可以外密里疏，以便更准确地测得截面上较大的应变（见图5-4b）。布置在中和轴附近的仪表，由于应变数值较小，读数误差较大，但受拉区混凝土开裂后可以根据该测点读数值的变化判断中和轴的变化。

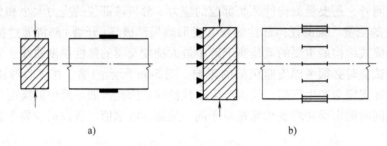

图5-4　测量梁截面上应变分和的测点布置

a）测量截面上最大纤维应变　b）量测中和轴位置与应变分布规律

1）弯曲应力测量。在梁的纯弯曲区域内截面上仅有正应力产生，在该截面上可仅布置单向的应变测点，如图5-5所示断面1—1。钢筋混凝土梁受拉区混凝土开裂后，截面上部分混凝土退出工作，此时布置在混凝土受拉区的应变计将失去量测的作用。为进一步考察截面的抗拉性能，在受拉区的钢筋上也应布置测点以便量测钢筋的应变。由此可获得梁截面上内力重分布的规律。

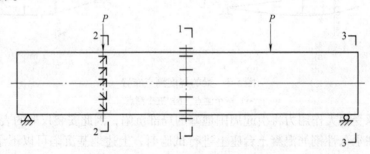

图5-5　钢筋混凝土梁测量应变的测点布置

注：断面1—1为测量纯弯曲区域内正应力的单向应变测点；断面2—2为测量切应力与主应力的应变网络测点（平面应变）；断面3—3为梁端零应力区校核测点。

2）平面应力测量。在荷载作用下，梁的剪弯段（见图5-5截面2—2）受弯矩和剪力共同作用，为平面应力状态，为获得该截面上的最大主应力及剪应力的分布规律应布置直角应变网络，通过三个方向上应变的测定，求得最大主应力的数值及作用方向。

剪力测点应设在剪应力较大的部位。薄壁截面的简支梁除支座附近的中和轴处剪应力较大外，在腹板与翼缘的交界处也可能产生较大的剪应力或主应力，也应布置测点；当需要测量梁沿长度方向的剪应力或主应力的变化规律时，则应在梁长度方向布置较多的剪应力测点；测定沿截面高度方向剪应力变化时，需沿截面高度方向设置测点。

3）箍筋和弯起筋的应力测量。为研究钢筋混凝土梁的抗剪强度，除应在混凝土表面布置测点外还应在梁的弯起钢筋和箍筋上布置应变测点（见图 5-6），常采用预埋或在试件表面开槽的方法设置测点。

4）翼缘与孔边应力测量。翼缘较宽较薄的 T 形梁，其翼缘部分不可能全部参加工作，即受力不均匀，这时应该沿翼缘宽度布置测点测定翼缘上应力分布情况，测点的布置情况如图 5-7 所示。

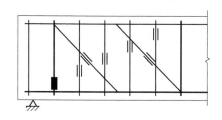

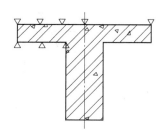

图 5-6 钢混梁弯起钢筋和箍筋应变测点布置　　　图 5-7 T 形梁翼缘的应变测点布置

5）校核测点。为了校核试验量测工作的正确性，方便整理试验结果时进行误差修正，经常在梁端凸角的零应力处布置少量测点（见图 5-5 截面 3—3），以检验整个量测过程和量测结果是否正确。

（3）裂缝测量　裂缝测量包括确定开裂荷载、开裂位置、描述裂缝的发展和分布情况以及测量裂缝的宽度和深度。钢筋混凝土梁试验时，经常需要确定其抗裂性能，因此需要在预计裂缝出现的截面或区域沿裂缝的垂直方向连续或交替布置测点，以便准确地确定开裂时刻，分析梁的抗裂性能。混凝土构件应判断弯矩最大的受拉区及剪力较大且靠近支座部位斜截面的开裂情况，通常垂直裂缝产生在弯矩最大的受拉区段，应在该区段连续设置测点，如图 5-8a 所示。此时选用手持式应变仪量测最为方便，测点的间距按选用仪器的标距决定。如采用其他类型的应变仪（如千分表，杠杆应变仪或电阻应变计），由于仪器标距的不连续性，为防止裂缝出现在两个测点的间隙内，故需将仪器测点交错布置（见图 5-8b）。裂缝未出现前，仪器的读数是逐渐变化的；构件初始开裂时，跨越裂缝测点的仪器读数将会有较大的跃变，而相邻测点仪器读数可能变小甚至出现负值。如图 5-9 所示的荷载—应变曲线所示，开裂会使原有光滑的曲线产生突然转折的现象。混凝土的微细裂缝，光凭肉眼不能察

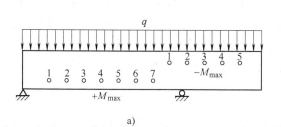

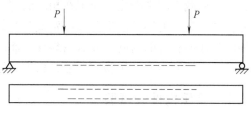

图 5-8 钢筋混凝土受拉区抗裂测点布置

a）手持应变仪测量 b）应变计测量

觉，如果发现上述现象即可判断构件已开裂，裂缝的宽度可根据裂缝出现前后两级荷载引起的仪器读数差推算。当出现肉眼可见的裂缝时，可用最小刻度为 0.01mm 或 0.05m 的读数放大镜测量其宽度。

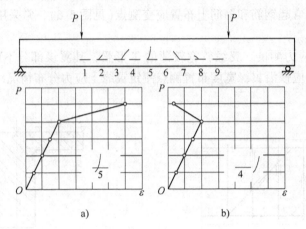

图 5-9　由荷载—应变曲线控制混凝土的开裂

a) 应变仪标距跨越裂缝的应变骤增　b) 裂缝在应变仪标距外的应变骤减

斜截面上的主拉应力裂缝出现在剪力较大的区段内，箱形截面或工字形截面的梁腹板很薄，在腹板的中和轴或与翼缘相交接的腹板上是主拉应力较大的部位，这些部分应设置裂缝观测点，如图 5-10 所示。混凝土梁的斜裂缝与水平轴约成 45°，仪器标距方向应与裂缝方向垂直。为了便于分析，在测定斜裂缝时可同时设置主应力或剪应力的应变测量网络。

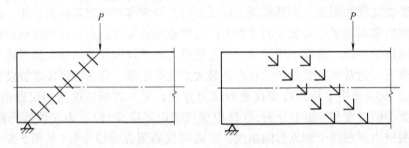

图 5-10　钢筋混凝土梁斜截面抗裂测点布置

测定构件裂缝宽度时，选取裂缝数目不应少于三条，包括第一条出现的裂缝以及开裂最大的裂缝，取其中最大值为最大裂缝宽度值。选中测量裂缝宽度的部位应在试件上标明并编号，各级荷载下的裂缝宽度应记在相应的记录表格上。每级荷载下出现的裂缝均须在试件上标明，并在裂缝的尾端注出荷载级别或荷载数量，每加一级荷载后裂缝长度扩展，在裂缝新的尾端应注明相应的荷载。卸载后裂缝可能闭合，所以应紧靠裂缝的边缘 1～3mm 处平行画出裂缝的位置和走向。试验完毕后，根据标注在试件上的裂缝绘制出裂缝展开图。

5.2.2　受压构件的试验

受压构件(包括轴心受压和偏心受压构件)是建筑结构中的基本承重构件，主要承受竖向压力。柱子是最常见的受压构件。在实际工程中钢筋混凝土柱大多数是偏心受压构件。

1. 试件安装和加载方法

柱子和压杆试验应采用正位或卧位试验的安装和加载方案，有大型结构试验机时可在长柱试验机上进行试验，也可以利用静力试验台座上的大型荷载支承设备和液压加载系统配合进行试验。高大的柱子正位试验时安装困难，也不便于观测，可以改用卧位试验方案（见图5-11）比较安全，但试件和加载装置安装比较复杂，试验时还需考虑结构自重可能产生的影响。

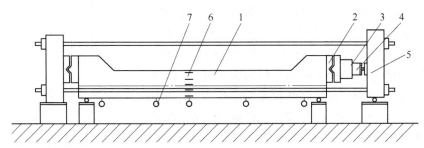

图 5-11　偏心受压柱的卧位试验
1—试件　2—铰支座　3—加载器　4—传感器　5—荷载支撑架　6—应变计　7—挠度计

需要测取柱或压杆纵向弯曲系数时，构件两端均应安装可动铰支座，常采用构造简单、效果好的刀型铰支座。试验时若在两个方向都有可能产生屈曲，应采用双刀口铰支座。

安装轴心受压柱时应先将构件几何对中，即将构件轴线对准作用力的中心线后再进行物理对中，方法是施加20%～40%的试验荷载，测量构件中央截面两侧或四面的应变，调整作用力的轴线使其达到各点应变均匀为止。构件物理对中后即可进行加载试验。偏心受压试件，应在物理对中后沿加力中线量出偏心距离，将加载点移至偏心距的位置上进行试验。由于钢筋混凝土结构材质的不均匀性，物理对中难以满足，实际试验中仅需保证几何对中即可。

试验中，若要求柱子模拟实际工况中的计算图式及受力情况时，则构件的安装和采用的加载装置将更为复杂。图5-12所示是跨度为36m、柱距12m、柱顶标高27m，具有双层桥式起重机重型厂房斜腹杆双肢柱的1/3模型的卧位试验装置。柱的顶端为自由端，柱底端用两组垂直螺杆与静力试验台座固定，模拟实际柱底固接的边界条件。作用于牛腿处的上下层起重机轮压P_1、P_2，是利用大型液压加载器（1000～2000kN的油压千斤顶）和水平荷载支承架模拟加载。在柱端用液压加载器及竖向荷载支承架对柱

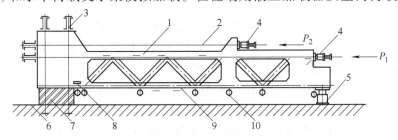

图 5-12　双肢柱卧位试验加载方式
1—试件　2—水平荷载支承架　3—竖向支承架　4—水平加载器　5—垂直加载器
6—试验台座　7—垫块　8—倾角仪　9—电阻应变计　10—挠度计

施加侧向荷载。正式试验前应先施加适当的侧向力，以平衡并抵消卧位试件的自重和加载设备重量产生的影响。

2. 试验项目和测点布置

构件受压试验内容包括：确定破坏荷载，获取各级荷载下的侧向挠度及变形曲线，掌握控制截面或区域的应力变化规律及裂缝开展情况。图 5-13 所示是偏心受压短柱试验的测点布置情况，试件的挠度由受拉边的位移计测量，除了量测中点最大的挠度外还在侧向布置五个测点获取挠度曲线，其侧向变位可用经纬仪观测。受压区边缘需布置应变测点，可以单排方式布置在试件侧面的对称轴线上或在受压区截面的边缘分两排对称布置。为验证构件平截面变形的性质，沿压杆截面高度布置 5~7 个应变测点，受拉钢筋应变采用电阻应变计量测。双肢柱试验时除测量肢体各截面的应变外尚需测量腹杆的应变，以确定各杆件的受力情况，但应变测点应成对布置在各截面上，以便分析各截面上可能产生的弯矩。

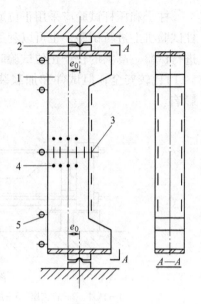

图 5-13 偏压短柱试验测点布置
1—试件 2—铰支座 3—应变计
4—应变仪测点 5—挠度计

5.3 扩大构件的静力试验

5.3.1 屋架试验

屋架是扩大构件中最常见的承重结构，其特点是跨度大、出平面刚度小、只能在自身平面内承受荷载，在建筑物中靠侧向支撑体系相互联系形成足够的空间刚度。屋架主要承受作用于节点的集中荷载，因此大部分杆件只受轴力作用；当屋架上弦有节间荷载作用时则上弦杆受压弯作用。跨度较大的屋架下弦采用预应力拉杆，施工阶段需配合预应力张拉进行量测。

1. 试件的安装和加载方法

屋架一般采用正位试验，即在正常安装位置完成支承及加载。由于屋架的出平面刚度较弱，安装时须采取专门的措施设置侧向支撑，以保证屋架上弦的侧向稳定。侧向支撑点的位置应根据设计要求确定，支撑点的间距应不大于出平面的设计计算长度，且侧向支撑应不妨碍屋架在其平面内的竖向位移。图 5-14a 所示是屋架的一般侧向支撑形式，支撑立柱用刚性很大的荷载支承架或在立柱安装后用拉杆与试验台座固定，支撑立柱与屋架上弦杆之间设置轴承以便屋架受载后能在竖向自由变位。图 5-14b 所示是另一种侧向支撑的方法，水平支撑杆应有适当长度并能承受一定压力，以保证屋架能竖向自由变位。

现场屋架试验可采用两榀屋架对顶的卧位试验，屋架侧面应垫平并设置滚动支承以减少屋架受载后变形时的摩擦力，保证屋架在平面内自由变形；必要时需对支承平衡的屋架适当加固，使其强度与刚度大于被试验的屋架。卧位试验可以避免高空作业，也容易解决上弦杆侧向稳定问题，但无法消除自重影响，屋架贴近地面的侧面不便直接观测。屋架在现场进行非破坏性试验时也可采用两榀屋架同时试验的方案，出平面稳定问题可采用图 5-14c 所示的 K 形水平支撑体系解决，或采用大型屋面板做水平支撑，但不能将屋面板三个角焊死，防止屋面板参与工作。成对屋架试验时，可以在屋架上铺设屋面板后直接堆放重物进行试验加载。

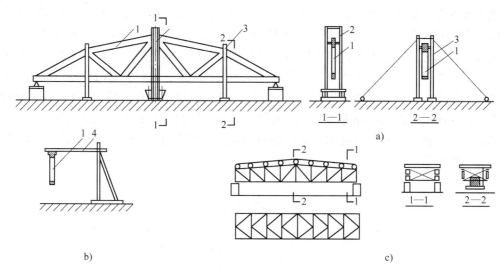

图 5-14　屋架试验时侧向支撑形式
a）一般侧向支撑　b）水平侧向支撑　c）K 形侧向支撑
1—试件　2—荷载支承架　3—拉杆式支撑的立柱　4—水平支撑杆

屋架试验时支承方式与梁相同，但屋架端节点支承位置对屋架节点受力影响较大；屋架受载后下弦杆变形较大，滚动支座的水平位移较大，支座上的支承垫板应留有充分余地。

屋架试验加载方式可采用重力直接加载（两榀屋架成对正位试验时），一般采用杠杆重力加载。为使屋架对称受力，施加杠杆吊篮时应使相邻节点荷载相间地悬挂在屋架受载平面前后两侧。屋架受载后挠度较大（尤其下弦钢筋应力达到屈服时），应避免杠杆倾斜过大产生水平推力或吊篮着地影响试验的继续进行。屋架试验时施加多点集中荷载，采用同步液压加载是最理想的方案，但需要液压加载器有足够的有效行程，以适应结构大挠度变形的需要。

当屋架的试验荷载不能与设计图式相符时可以采用等效荷载，但屋架的主要受力构件或部位的内力应接近原设计情况，并注意荷载改变可能引起的局部破坏。目前，同步异载液压加载系统已经可以满足屋架试验中所需要的多组不等值集中荷载的要求。屋架在进行半跨荷载试验时应注意，对某些杆件而言，半跨试验时可能比承受全跨荷载作用时更为不利。

2. 试验项目和测点布置

屋架试验内容应根据试验要求及结构形式而定，预应力钢筋混凝土屋架试验项目是：

1）屋架上下弦杆挠度变形的测定。

2）屋架主要杆件控制截面应力的测定。

3）屋架的抗裂度及裂缝的测定。

4）屋架节点的变形及节点刚度对屋架杆件次应力影响程度的测定。

5）屋架端节点的应力状态及应力分布的测定。

6）预应力钢筋张拉应力和对有关部分混凝土预压应力的测定。

7）屋架下弦预应力钢筋对屋架产生反拱值的测定。

8）预应力锚头工作性能的测定。

其中有些项目应在屋架施工过程中进行测量，如预应力钢筋张拉应力、混凝土的预压应力、屋架反拱值、锚头工作性能等，这就需要试验人员根据预应力施工特点做出周密部署。

（1）屋架挠度和节点位移的测量 屋架的跨度大，测量挠度的测点应适当增加。屋架只承受节点荷载时，测定上下弦挠度的测点只要布置在相应的节点之下；跨度较大的屋架其弦杆的节间往往很大，在荷载作用下将使弦杆承受局部弯曲，此时应测量杆件中点相对两端节点的最大位移。当屋架的挠度较大时，需使用大量程挠度计进行测量，与测量梁的挠度一样，应注意支座的沉陷与局部受压引起的变位。量测屋架端节点的水平位移及屋架上弦平面外的侧向水平位移时，可以通过水平方向的百分表或挠度计进行量测。图 5-15 所示是屋架挠度测点布置示意图。

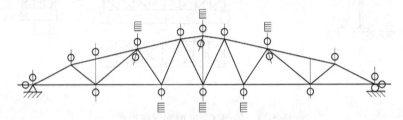

图 5-15　屋架试验挠度测点布置

（2）屋架杆件内力的测量 在研究屋架的实际工作状态时需要了解屋架杆件的受力情况，因此要求在屋架杆件上布置应变测点确定杆件的内力值。通常在一个截面上引起法向应力的内力最多是三个，即轴向力 N，弯矩 M_x 及 M_y，薄壁杆件则应再增加扭矩。若只考虑结构处于弹性工作阶段，截面上应变测点数量只要等于未知内力数即可求得全部未知内力，杆件截面上应变测点的布置如图 5-16 所示。钢筋混凝土屋架上弦杆直接承受荷载，除轴向力外还可能有弯矩作用，所以是压弯构件，截面内力主要是轴向力 N 和弯矩 M 的组合。测量这两项内力可按图 5-16b，在截面对称轴上下纤维处各布置一个测点即可；屋架下弦主要受轴力 N 作用，只需在杆件的表面布置一个测点，但是为了便于校核并使测量结果更为精确，常在截面的中和轴（见图 5-16a）或对称轴（见图 5-16b）位置上成对布点，取应变平均值计算内力 N；屋架的腹杆主要是承受轴力作用，布点方式与下弦杆相同；截面同时受轴力 N 和弯矩 M_x 及 M_y 的组合作用时，测点布置方式可采用如图 5-16c 所示的形式。用电阻应变计测量弹性匀质杆件或钢筋混凝土杆件开裂前的内力值时，除了可按上述方法求得全部内力值外，还可以利用电阻应变仪测量电桥的特性及电阻应变计与电桥连接方式的不同，使量测结果直接等于某一个内力所引起的应变，而与其他内力无关，这是一种很有用的直接测量方法。

测量屋架杆件内力时应正确选择测点所在的截面位置。在屋架设计时为简化计算均假定屋架节点为铰接，但整体浇注的钢筋混凝土屋架其节点实际上是刚性连接，由于节点刚度的影响，屋架杆件节点附近存在次弯矩的作用，并在杆件截面产生次应力。因此，在测量屋架承受轴力或轴力与弯矩组合影响下的应力而不考虑节点刚度影响时，测点截面要尽量远离节点；反之，在测定节点刚度产生的次弯矩时，应变测点应布置在靠近节点的杆件截面上。图 5-17 所示是预应力钢筋混凝土屋架试验时测量杆件内力的测点布置图。应该注意，屋架杆

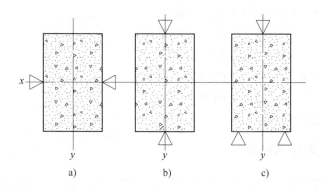

图 5-16　屋架杆件截面上应变测点布置方式

件的应变测点不应布置在节点上，图 5-18 所示中 1—1 断面的测点是量测上弦杆的内力；2—2 断面的测点是量测节点次应力的影响，比较两个截面的内力可求出次应力；3—3 断面是错误的布置。

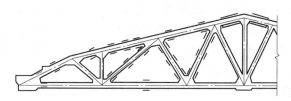

图 5-17　预应力钢筋混凝土屋架杆件内力测点布置

（3）屋架端节点的应力分析　屋架的端部节点既是上下弦杆的交点，又是屋架支承反力的作用点，而且钢筋混凝土屋架下弦预应力钢筋的锚头也作用在节点端头，致使端节点的应力状态十分复杂。再加上由于构造和施工上的原因经常引起端节点的过早开裂或破坏，因此需要通过试验探究其实际工作情况。在研究端节点的应力分布规律时，应布置较多的三向应变网络测点（见图 5-19），根据测得的应变量，计算或图解求得端节点的剪应力、正应力及主应力的数值与分布规律。量测上下弦杆交接处豁口应力情况时，可沿豁口周边布置单向应变测点。

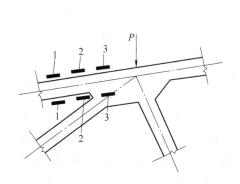

图 5-18　屋架上弦节点应变测点布置

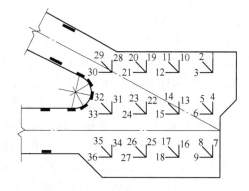

图 5-19　屋架端部节点上应变测点布置

（4）预应力锚头性能测量　为了研究预应力钢筋混凝土屋架预应力锚头的实际工况和锚头在传递预应力时对端节点的影响，以及采用后张自锚预应力工艺时，检验锚头的锚固性能与锚头对端节点外框混凝土的作用，需要在屋架端节点的混凝土表面沿自锚头长度方向布置应变测点。量测自锚头端节点混凝土的横向受拉变形时，可布置如图5-20所示的横向应变测点；图5-20所示的纵向应变测点则可以测量锚头对外框混凝土的压缩变形。

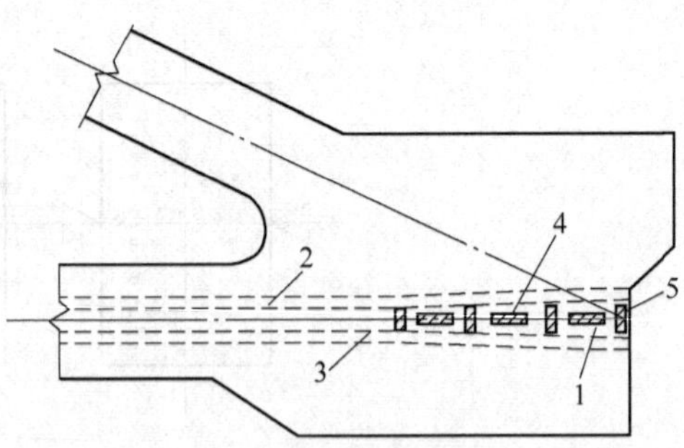

图 5-20　屋架端节点自锚头部位测点布置
1—混凝土自锚头　2—屋架下弦预应力钢筋预留孔
3—预应力钢筋　4—纵向应变测点　5—横向应变测点

5.3.2　薄壳和网架结构试验

　　薄壳和网架结构是扩大构件中比较特殊的结构，适用于大跨度公共建筑，在体育馆工程和现代工业厂房的屋盖体系中得到广泛使用。如北京火车站中央大厅35m×35m钢筋混凝土双曲扁壳和大连港运仓库33m×23m的钢筋混凝土组合扭壳等都是具有代表性的薄壳结构。此类大跨度新结构的发展都需要进行大量的试验研究工作。这种试验多采用1/5～1/20的大比例模型作为试验对象，但材料、杆件、节点基本上与实物类似，试验分析时可将模型当做缩小的实物结构直接计算，并将试验值和理论值直接比较。因此，这种分析方法比较简单，试验出的结果基本代表实物的工作情况。重点工程建设多采用这种方法进行试验研究。

1. 试件安装和加载方法

　　薄壳和网架结构都是大面积空间结构。不论是筒壳、扁壳或者扭壳，薄壳结构均具有侧边构件，支承方式与双向板相同，设有四角支承或四边支承，支承由固定铰、活动铰及滚轴支承等组成。网架结构是直接支承在框架或柱顶，试验时按实际结构支承点的个数将网架模型支承在刚性较大的型钢圈梁上。支座承受压力时，应采用螺栓式高低可调支座固定在型钢梁上。网架支座节点下面焊有带尖端的短圆杆支承在螺栓支座的顶面，圆杆上贴有应变计量测支座反力，结构如图5-21a所示。由于网架平面体型的不同，在网架边界角点及邻近支座可能出现拉力，为满足受拉支座的要求，并保证各支承点支座构造的统一，使支座能承受压、拉作用，试验中常采用钢球铰点支承形式，如图5-21b所示。钢球安装在特制的圆形支座套内，钢球顶端与网架边节点支座竖杆相连，支座套上设有盖板，支座受拉时可限制球铰从支座套内拔出，并可以由支座竖杆的应变计测得支座位移。圆形支座套下端同样用螺栓与钢圈梁连接，可以调整高低。网架所有支座应在加载前统一调整，确保整个网架接触良好。图5-21c所示锁形拉压两用支座可安装于反力方向无法确定的部位，它可以适应压、拉两种受力状态。图5-21d所示是球面板铰接支座，柱子上端用螺杆及可调节的套管调整网架高度，该结构承受竖向荷载时工作性能很好，但承受水平荷载作用时刚性太弱，变形较大。

　　薄壳结构是空间受力体系，在一定的曲面形式下壳体弯矩很小，荷载主要产生轴向内力。壳体结构具有较大的平面尺寸，单位面积上荷载量不大，通常可采用重力直接加载。加载时将荷载分垛铺设于壳体表面或通过壳面预留的洞孔直接悬吊荷载，还可在壳面上用分配梁系统施加多点集中荷载。在双曲扁壳或扭壳试验中可用特制的三角加载架代替分配梁系统，在三脚架的形心位置通过壳面预留孔用钢丝悬吊荷重。为适应壳面各点曲率的变化，三脚架的支点可用螺栓调节高度。为了加载方便，也可以通过壳面预留孔洞设置吊杆，在壳体下面用分配梁系统通过杠杆施加集中荷载，如图5-22所示。

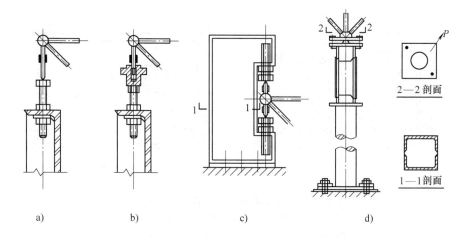

图 5-21　网架试验的支座形式与构造

a）铰点支座　b）钢球铰点支座　c）锁形拉压铰点支座　d）球面板铰接支座

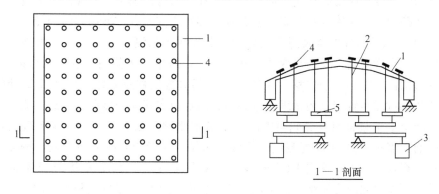

图 5-22　对壳体结构施加荷载装置

1—试件　2—荷重吊杆　3—荷重　4—壳面预留孔　5—分配梁杠杆系统

在薄壳结构试验中，可利用通入压力空气的气囊和支承装置对壳面施加均布荷载；或采取密封措施后在壳体内部抽真空，利用大气压差的负压作用对壳面进行加载，这时壳面由于没有加载设备装置的影响，便于实施量测和观察裂缝。需要较大的试验荷载或进行破坏试验时，则可采用同步液压加载器和荷载支承装置施加荷载（见图 5-23），可获得较好的效果。

2. 试验项目和测点布置

薄壳结构既是空间结构又具有复杂的表面外形，如筒壳、球壳、双曲抛物面壳和扭壳等，因此，壳体结构的测量比平面结构复杂得多。壳体结构观测项目包括位移和应变两大类，测点按平面坐标系统布置数量较多。例如，平面结构测量挠度曲线采用径向五点布置法，在薄壳结构中量测壳面的变形，则要 $5^2 = 25$ 个测点。为减少测点数量常利用结构对称和荷载对称的特点，在结构的 1/2、1/4 或 1/8 的区域内布置主要测点作为分析结构受力特点的依据，而在其他对称的区域内布置适量的测点进行校核。这样既可减少测点数量，又不影响对结构受力的实际工作情况的了解。校核测点的数量按试验要求而定。

薄壳结构都有侧边构件，为了校核壳体的边界支承条件需在侧边构件上布置挠度计测量其垂直及水平位移。有时为了研究侧边构件的受力性能，还要测量其截面应变分布规律，这

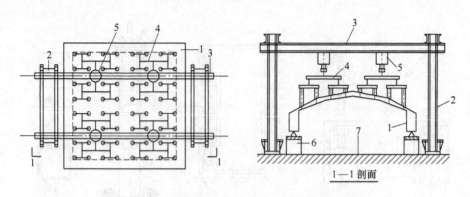

图 5-23　用液压加载器进行壳体结构加载试验
1—试件　2—荷载支承架立柱　3—横梁　4—荷载分配
梁系统　5—液压加载器　6—支座　7—试验台座

时可按梁式构件的测点布置原则与方法实施。

薄壳结构的挠度与应变测量应根据结构形状和受力特性确定。圆柱形壳体受载后内力比较简单，常在跨中和1/4跨度的横截面上布置位移和应变测点，测量截面的径向变形和应变分布。图 5-24 所示是圆柱形金属薄壳在集中荷载作用下的测点布置图，利用挠度计测量壳体与侧边构件受力后的垂直和水平变位，其中以壳体跨中 $L/2$ 截面上五个测点最具代表性，它代表了侧边构件边缘的水平位移、壳体中间顶部垂直位移及壳体表面2及2′处的法向位移。在壳体两端截面布置测点测量纵向应力时，测点应布置在壳体曲面的跨中 $L/4$ 处和两端截面，其中两个 $L/4$ 截面和两端截面中的一个是主要测量截面，另一个端部截面是校核截面。测量曲面上需布置 10 个应变测点，校核截面仅需在半个壳面上布置五个测点。跨中截面上因设有加载点使测点布置困难(即轴线 5-4 和 4′-4′)，可在 $3L/8$ 及 $3L/5$ 截面的相应位置上设置补充测点。双曲扁壳结构的挠度测点除沿侧边构件布置垂直和水平位移测点外，沿壳面挠曲面的对称轴线或对角线在 1/4 或 1/8 壳面区域内也应布置测点(见图 5-25a)。

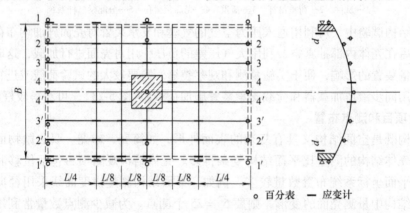

○ 百分表　— 应变计

图 5-24　圆柱形金属薄壳在集中荷载作用下的测点布置

测量壳面主应力的大小和方向需布置三向应变网络测点。由于壳面对称轴上剪应力等于零，主应力方向明确，所以只需布置二向应变测点，如图 5-25b 所示。为了探究在壳体厚度方向的应力变化规律，则需在壳体内表面的相应位置上对称布置应变测点。加肋双曲扁壳还需测量肋的工作状况，这时壳面挠曲变形测点可在肋的交点上布置，由于肋是单向受力，只

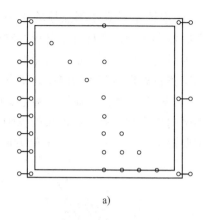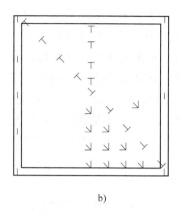

a)   b)

图 5-25   双曲扁壳的测点布置

a）挠度测点 b）应变花测点

需沿肋的走向布置单向应变测点，通过壳面平行于肋向的测点配合，即可确定其工作性质。

网架结构是杆件体系组成的空间结构，形式有双向正交、双向斜交和三向正交等。桁架梁相互交叉组成，其测点布置与平面结构桁架相同。网架的挠度测点可沿桁架梁布置在下弦节点，应变测点布置在网架的上下弦杆、腹杆、竖杆及支座竖杆上。网架测量应充分利用荷载和结构的对称性，仅有一个对称轴平面的结构可在 1/2 区域内布点；有两个对称轴的平面可在 1/4 或 1/8 区域内布点；三向正交网架，则可在 1/6 或 1/12 区域内布点。主要测点应尽量集中在同一区域，其他区域仅布置少量校核测点（见图 5-26）。

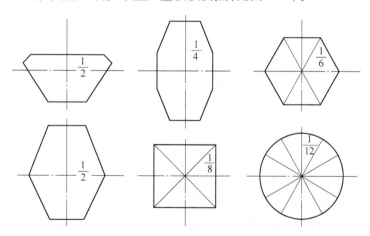

图 5-26   按网架平面体型特点分区布置测点

图 5-27 所示是平面为不等边六边形、三向变截面折形板空间网架模型试验的测点布置图。网架平面体型仅有一个对称轴 y-y，测点主要布置在 1/2 区域内并以网架的右半区为主，考虑到加工制作的不均匀性和测量误差等因素，在网架左半区也应布置少量测点，以便于校核。鉴于三向网架的特点，杆件应变测点应沿 x、N_1 和 N_2 轴走向的桁架梁布置在网架中央区内力最大的区域内；边界区域的杆件内力虽然不大，但由于受支座约束的干扰，内力分布极为复杂，也应布置较多测点；从中央到边界的过渡区内也应布置测点，观测受力过渡的规律。计算发现，同一节点的两个杆件 N_2 轴向桁架杆件内力比 N_1 轴方向桁架杆件的内力大

（右半网架），因此选择 x 轴方向某一节间的上弦杆连续布置应变测点检验这一现象。网架杆件轴向应变采用电阻应变计测量，为了消除弯曲偏心影响，在杆件中部形心轴两边对称粘贴电阻应变计，量测时采用串联半桥连接方式。为研究钢球节点的次应力影响，在中央区域与边界处布置一定数量的次应力测点，测点对称布置在离钢球节点边缘 1.5 倍管径长度的上下截面处。在 28 个支座竖杆上也布置应变测点，以量测内力、沉降量、调整支座的初始标高及检验支座总反力与外荷载的平衡状况。网架竖向挠度测点布置在网架的纵轴、横轴、斜向对角线及边桁架等方向，即网架的挠度测点主要沿 $x-x$、$y-y$、N_1、N_2 轴方向布置。

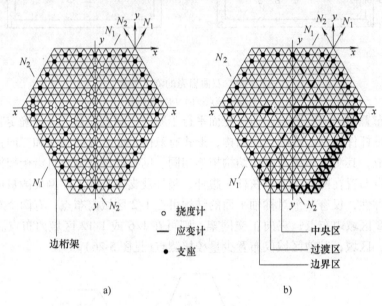

图 5-27　某游泳馆网架模型试验的测点布置
a）挠度测点布置　b）应变测点布置

5.4　量测数据的整理

试验量测数据包括在准备阶段和正式试验阶段采集到的全部数据。其中对试验有控制作用的数据是：最大挠度、最大侧向位移、控制截面钢筋的屈服应变及混凝土极限拉、压应变等。试验过程中应随时整理此类控制参数，指导试验过程。其他大量测试数据需要在试验完成后进行全面整理和分析。实测数据整理包括，计算各级荷载作用下仪表读数的递增值和累计值；进行换算和修正；用曲线、图表或方程式予以表达。原始记录数据整理应特别关注读数或读数差值的反常情况，如仪表指示值与理论计算值相差过大，甚至发生正负号颠倒的情况，这时应对出现该现象的规律进行分析，判断原因所在。可能产生的原因有两方面：试验结构本身开裂、节点松动、支座沉降或局部达到屈服应力而引起数据突变；或测试仪表工作失常。凡不属于差错或主观造成的仪表读数都不能轻易舍弃，应待以后分析时再判断处理。

5.4.1　挠度

1. 简支试件的挠度

试件的挠度是指试件本身的绝对挠度。由于试验时受支座沉降、试件自重、加载设备、

加载图式及预应力反拱的影响，应对所测挠度值修正后获得试件的真实挠度。计算公式为

$$a_s^0 = (a_q^0 + a_g^c)\varphi \tag{5-1}$$

式中　a_q^0——消除支座沉降后的跨中挠度实际值；

φ——用等效集中荷载代替均布荷载时加载图式修正系数，按表 5-1 采用；

a_g^c——试件自重和加载设备重量所产生的跨中挠度值，a_g^c 的值按下式计算

$$a_g^c = \frac{M_g a_b^0}{M_b} \tag{5-2}$$

式中　M_g——试件自重和加载设备自重产生的跨中弯矩值；

M_b、a_b^0——从试验开始加载至试件出现裂缝前一级荷载的加载值产生的跨中弯矩值和跨中挠度实测值。

仪表初读数是在试件和试验装置安装后才读取，加载后量测的挠度值中未包括试件本身自重所引起的挠度，因此试件挠度值应加上试件自重和设备自重产生的挠度 a_g^c，a_g^c 的值可以近似认为试件开裂前处在弹性工作阶段，弯矩—挠度呈线性关系，可按线性关系确定 a_g^c。等效集中荷载的加载图式不符合表 5-1 所列图式时，应根据内力图形用图乘法或积分法求出挠度，并与均布荷载作用下的挠度比较，求出加载图式修正系数 φ。

表 5-1　加载图示修正系数 φ

名　称	加 载 图 示	修正系数 φ
均布荷载	L	1.0
二集中力，四分点，等效荷载	$\frac{L}{4}$　$\frac{L}{2}$　$\frac{L}{4}$	0.91
二集中力，三分点，等效荷载	$\frac{L}{3}$　$\frac{L}{3}$　$\frac{L}{3}$	0.98
四集中力，八分点，等效荷载	$\frac{L}{8}$　$\frac{L}{4}$　$\frac{L}{4}$　$\frac{L}{4}$　$\frac{L}{8}$	0.99
八集中力，十六分点，等效荷载	$\frac{L}{16}$　$\frac{L}{8}$　$\frac{L}{16}$	1.0

在支座处安装位移计有困难时，可将仪表安装在支座反力作用线内侧 d 距离处，在 d 处所测挠度比支座实际沉降小，计算出跨中实际挠度将偏小，此时应对式（5-1）中的 a_q^0 乘以系数 φ_a。φ_a 称为"支座测点偏移修正系数"，列于表 5-2。

预应力钢筋混凝土结构在预应力钢筋放松后对混凝土产生预压作用，将使结构产生反拱，试件越长反拱值越大。因此，实测挠度中应扣除预应力反拱值 a_p。此时式（5-1）应改为

$$a_{s,p}^0 = (a_q^0 + a_g^0 - a_p)\varphi \tag{5-3}$$

式中　a_p——预应力反拱值，研究性试验取实测值 a_p^0；鉴定性试验取计算值，不考虑超张拉对反拱的加大作用。

上述修正均假设试件刚度 EI 为常量，钢筋混凝土试件开裂后仍按上述修正有一定误差。

表 5-2　支座测点偏移修正系数 φ_a

荷载图示	d/L									
	0.01	0.02	0.03	0.04	0.05	0.06	0.07	0.08	0.09	0.10
$\frac{L}{2}$ P	1.031	1.064	1.099	1.136	1.176	1.218	1.264	1.312	1.362	1.420
$\frac{L}{3}$ P $\frac{L}{3}$ P $\frac{L}{3}$	1.032	1.067	1.103	1.143	1.185	1.230	1.278	1.329	1.386	1.446
$\frac{L}{4}$ P $\frac{L}{4}$ P $\frac{L}{4}$ P $\frac{L}{4}$	1.033	1.067	1.104	1.144	1.189	1.232	1.281	1.333	1.390	1.451
q	1.033	1.068	1.106	1.146	1.189	1.236	1.285	1.338	1.396	1.457

2. 悬臂试件的挠度

计算悬臂试件自由端在荷载作用下的短期挠度实测值，应考虑固定端的支座转角、支座沉降、试件自重和加载设备重量的影响（见图 5-28）。修正后的悬臂试件自由端挠度值为

$$a_{s,ca}^0 = (a_{q,ca}^0 + a_{g,ca}^c)\varphi_{ca} \tag{5-4a}$$

$$a_{q,ca}^0 = v_1^0 - v_2^0 - L\tan\alpha \tag{5-4b}$$

$$a_{g,ca}^c = \frac{M_{g,ca}}{M_{b,ca}}a_{b,ca}^0 \tag{5-4c}$$

式中　$a_{q,ca}^0$——消除支座沉降后悬臂试件自由端短期挠度值；

v_1^0、v_2^0——悬臂端和固定端在 y 方向（竖向）位移；

$a_{g,ca}^0$、$M_{g,ca}$——悬臂试件自重和设备重量产生的挠度值和固端弯矩；

$a_{b,ca}^0$，$M_{b,ca}$——从试验加载开始至悬臂试件出现裂缝前一级荷载为止的自由端挠度实际值和固端弯矩；

α——悬臂试件固定端的截面转角；

L——悬臂试件的外伸长度；

φ_{ca}——加载图式修正系数，自由端等效荷载是一个集中力时取 0.75，否则按图乘法求出修正系数。

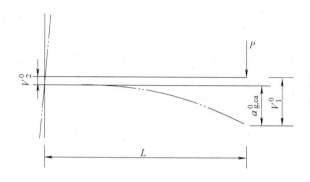

图 5-28　悬臂试件挠度计算

5.4.2　截面内力

通过试验可以测得各种截面上的应变，根据实测应变值即可以分析试件的内力值。

1. 轴向受力构件的内力

轴向受力试件所受轴向力为

$$N = \sigma A = \bar{\varepsilon} E A \tag{5-5}$$

式中　E、A——受力构件材料的弹性模量和截面面积；

　　　$\bar{\varepsilon}$——截面上的 n 个测点实测应变平均值，$\bar{\varepsilon} = \dfrac{1}{n} \sum\limits_{i=1}^{n} \varepsilon_i$。

绝对轴心受力的构件并不存在，常将应变计安装在轴向对称位置，取平均值作为轴向应变并代入上式即可求得试件的轴向拉、压内力，该内力值与截面形状无关。

2. 压弯或拉弯试件的内力

压弯或拉弯试件的内力包括轴向力 N 和平面内的弯矩 M_x（假设只有平面内的弯曲）。布置的应变计数量应不少于预求内力的种类数，一般应安装两个以上应变计。截面为矩形时应变测点布置如图 5-29 所示。其内力计算公式为

$$\sigma_1 = \frac{N}{A} - \frac{M_x y_1}{I_x} \tag{5-6}$$

$$\sigma_2 = \frac{N}{A} + \frac{M_x y_2}{I_x} \tag{5-7}$$

当 $y_1 + y_2 = h$，$\sigma_1 = \varepsilon_1 E$，$\sigma_2 = \varepsilon_2 E$ 时，代入式(5-6)和式(5-7)得

$$M_x = \frac{1}{h} E I_x (\varepsilon_2 - \varepsilon_1) \tag{5-8}$$

$$N = \frac{1}{h} E A (\varepsilon_1 y_2 + \varepsilon_2 y_1) \tag{5-9}$$

式中　A、I_x——试件的截面面积和截面二次矩；

　　　ε_1、ε_2——截面上、下边缘的实测应变（压应变为正、拉应变为负）；

　　　y_1、y_2——截面上、下边缘测点至截面中和轴的距离。

3. 双向弯曲试件的内力

试件承受轴向力 N、双向弯矩 M_x 和 M_y 作用时，可参照图 5-30 所示工字形截面测点布置方式。试验时同时测得四个应变值 ε_1、ε_2、ε_3 和 ε_4，再用外插法求得截面四个角的外边

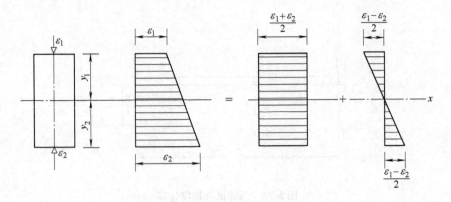

图 5-29 压弯构件测点、内力

缘处纤维的应变 ε_a、ε_b、ε_c 和 ε_d，利用下列方程组，即可求解 N、M_x 和 M_y 的内力值

$$\left.\begin{aligned}
\varepsilon_a E &= \frac{N}{A} + \frac{M_x y_1}{I_x} + \frac{M_y x_1}{I_y} \\
\varepsilon_b E &= \frac{N}{A} + \frac{M_x y_1}{I_x} + \frac{M_y x_2}{I_y} \\
\varepsilon_c E &= \frac{N}{A} + \frac{M_x y_2}{I_x} + \frac{M_y x_1}{I_y} \\
\varepsilon_d E &= \frac{N}{A} + \frac{M_x y_2}{I_x} + \frac{M_y x_2}{I_y}
\end{aligned}\right\} \tag{5-10}$$

构件受轴力 N、弯矩 M_x、M_y 和扭矩 M_T 作用时，应再加一项 $\sigma_\omega = M_T \dfrac{\omega}{I_\omega}$，型钢各边缘点的扇性截面二次矩 I_ω 和主扇性面积 ω 可查阅型钢表。求解方程组（5-10）即可求得 N、M_x、M_y 和扭矩 M_T。当内力多于 2 个时计算颇为麻烦，因此在结构试验中，当中和轴位置不在截面高度 1/2 处的各种非对称截面或应变测点多于 3 个以上时，常采用图解法分析内力。

图 5-30 双向弯曲试件测点及内力
注：1 ~ 4 为电阻应变计测点编号

5. 4. 3　平面应力状态下的主应力计算

测试平面应力状态时应根据结构受力情况考虑应变测点的布置。主应力方向已知时，只需测量两个方向的应变；主应力方向未知时，需要测量三个方向的应变，以确定主应变和主应力及其方向。计算公式为

$$\left.\begin{aligned}
\sigma_x &= \frac{E(\varepsilon_x + \mu \varepsilon_y)}{1 - \mu^2} \\
\tau_{xy} &= \gamma_{xy} G
\end{aligned}\right\} \tag{5-11}$$

式中　E、μ——材料弹性模量和泊松比；

　　　ε_x、ε_y——x 方向和 y 方向上的应变；

　　　G——切变模量，$G = \dfrac{E}{2(1+\mu)}$。

当主应力方向已知（假定为 x、y 方向）时，可以测得 ε_1（x 方向）和 ε_2（y 方向）。利用上述公式即可确定主应力 σ_1、σ_2 和剪应力 τ 值，计算公式为

$$\left.\begin{array}{l} \sigma_1 = \dfrac{E(\varepsilon_1 + \mu\varepsilon_2)}{1 - \mu^2} \\[3mm] \sigma_2 = \dfrac{E(\varepsilon_2 + \mu\varepsilon_1)}{1 - \mu^2} \\[3mm] \tau = \dfrac{E(\varepsilon_1 - \varepsilon_2)}{2(1 + \mu)} = \dfrac{\sigma_1 - \sigma_2}{2} \end{array}\right\} \quad (5\text{-}12)$$

若主应力方向未知，则必须测量三个任意方向的应变。假设第一片应变计与 x 轴的夹角为 θ_1，第二片应变计与 x 轴的夹角为 θ_2，第三片应变计与 x 轴的夹角为 θ_3（见图 5-31），在各 θ 方向上测量的应变值分别为 ε_{θ_1}、ε_{θ_2} 和 ε_{θ_3}，这些应变与法向应变 ε_x、ε_y 和切应变 γ_{xy} 之间的关系为

$$\varepsilon_{\theta_i} = \varepsilon_x \cos^2\theta_i + \varepsilon_y \sin^2\theta_i = \gamma_{xy}\sin\theta_i\cos\theta_i \tag{5-13}$$

或 $\quad\varepsilon_{\theta_i} = \dfrac{\varepsilon_x + \varepsilon_y}{2} + \dfrac{\varepsilon_x - \varepsilon_y}{2}\cos2\theta_i + \dfrac{\gamma_{xy}}{2}\sin2\theta_i$

$$\tag{5-14}$$

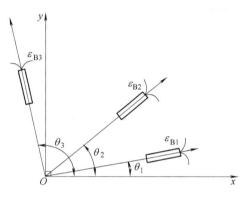

图 5-31　应变量测方向与 x 轴夹角

式中　θ_i——应变片与 x 轴的夹角，$i = 1$、2、3。

这样，式(5-13)或式(5-14)是由 θ_1、θ_2 和 θ_3 组成的联立方程组。解方程组即可求得 ε_x、ε_y 和 γ_{xy} 值。进而求得主应变及其方向，计算公式为

$$\left.\begin{array}{l} \varepsilon_1 = \dfrac{\varepsilon_x + \varepsilon_y}{2} + \sqrt{\left[\dfrac{\varepsilon_x - \varepsilon_y}{2}\right]^2 + \left(\dfrac{\gamma_{xy}}{2}\right)^2} \\[4mm] \varepsilon_2 = \dfrac{\varepsilon_x + \varepsilon_y}{2} - \sqrt{\left[\dfrac{\varepsilon_x - \varepsilon_y}{2}\right]^2 + \left(\dfrac{\gamma_{xy}}{2}\right)^2} \\[4mm] \tan2\theta_P = \dfrac{\gamma_{xy}}{\varepsilon_x - \varepsilon_y} \\[4mm] \gamma_{xy} = 2\sqrt{\left[\dfrac{\varepsilon_x - \varepsilon_y}{2}\right]^2 + \left(\dfrac{\gamma_{xy}}{2}\right)^2} \end{array}\right\} \quad (5\text{-}15)$$

式中　θ_P——第一正应变 ε_1 与 x 轴的夹角。

在建筑结构试验中对表 5-3 所列具有特殊角度的应变花，令 $\dfrac{\varepsilon_x + \varepsilon_y}{2} = A$；$\dfrac{\varepsilon_x - \varepsilon_y}{2} = B$；$\dfrac{\gamma_{xy}}{2} = C$；并代入式(5-12)、式(5-15)，主应力的计算式简化为

$$\left.\begin{array}{l} \sigma_1 = \dfrac{EA}{1 - \mu} + \dfrac{E\sqrt{B^2 + C^2}}{1 + \mu} \\[4mm] \sigma_2 = \dfrac{EA}{1 - \mu} - \dfrac{E\sqrt{B^2 + C^2}}{1 + \mu} \\[4mm] \tan2\theta_P = \dfrac{C}{B} \\[4mm] \tau_{\max} = \dfrac{E\sqrt{B^2 + C^2}}{1 + \mu} \end{array}\right\} \quad (5\text{-}16)$$

式中，A、B 和 C 等参数随应变花的形式不同而异，具体计算方法参见表 5-3。

试验时，将应变花某片的方向与选定参考轴（X 轴）重合，其余两片布置成特殊夹角可简化计算。当应变花的夹角为非特殊角时，需代入实际角度求解 ε_x、ε_y 和 γ_{xy}。

表 5-3　应变花参数

测量平面上一点主应变时应变计的布置		A	B	C
应变花名称	应变花形式			
45°直角应变花		$\dfrac{\varepsilon_0 + \varepsilon_{90}}{2}$	$\dfrac{\varepsilon_0 - \varepsilon_{90}}{2}$	$\dfrac{2\varepsilon_{45} - \varepsilon_0 - \varepsilon_{90}}{2}$
60°等边三角形应变花		$\dfrac{\varepsilon_0 + \varepsilon_{60} + \varepsilon_{120}}{3}$	$\varepsilon_0 - \dfrac{\varepsilon_0 + \varepsilon_{60} + \varepsilon_{120}}{3}$	$\dfrac{\varepsilon_{60} - \varepsilon_{120}}{\sqrt{3}}$
伞形应变花		$\dfrac{\varepsilon_0 + \varepsilon_{90}}{2}$	$\dfrac{\varepsilon_0 - \varepsilon_{90}}{2}$	$\dfrac{\varepsilon_{60} - \varepsilon_{120}}{\sqrt{3}}$
扇形应变花		$\dfrac{\varepsilon_0 + \varepsilon_{45} + \varepsilon_{90} + \varepsilon_{135}}{4}$	$\dfrac{\varepsilon_0 - \varepsilon_{90}}{2}$	$\dfrac{\varepsilon_{135} - \varepsilon_{45}}{2}$

5.4.4　试验曲线与图表的绘制

结构试验的结果可以表示为直观的曲线形式，也可以表示成具有函数关系的数学表达式。采用曲线图形表示时应合理选择坐标系，直角坐标系能表示两个变量间的关系，常用纵坐标 y 表示自变量（荷载），用横坐标 x 表示因变量（变形或内力）。在变量多于两个时采用"无量纲变量"作为坐标。例如，描述钢筋混凝土矩形单筋受弯构件正截面的极限弯矩 $M_u = A_s\sigma_s [h_0 - A_s\sigma_s/(2bf_{cu})]$ 的变化规律时，因变量包括构件的配筋率 ρ、混凝土标号 f_{cu}、截面尺寸 bh_0 和截面形状等。无法用曲线表示各个试件的实测极限弯矩 M_u^0 和计算极限弯矩 M_u^c。若以 M_u^0/M_u^c 无量纲变量表示纵坐标，分别以 ρ 和 f_{cu} 表示横坐标（见图 5-32），即使梁的截面相差较大（弯矩绝对值相差很多），曲线也能反映其共同的变化规律。图 5-32 所示表明，当配筋率超过临界值 ρ_{cri} 或混凝土强度低于临界强度 $f_{cu,cri}$ 时，按上述公式计算极限弯矩 M_u 将趋于不安全。

试验曲线应尽可能用比较简单的形式描述，应使曲线通过较多的试验点或使曲线两边的点数相差不多。一般靠近坐标系中间的数据可靠性好些，两端的数据可靠性稍差。

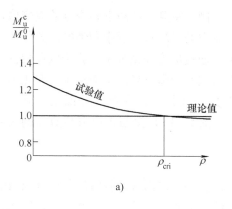
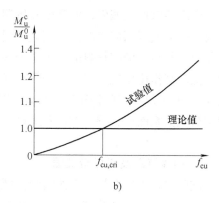

图 5-32　混凝土强度试验曲线

a) 混凝土等级相同　b) 配筋率相同

1. 荷载—变形曲线

荷载—变形曲线包括结构或构件整体变形曲线、节点或截面荷载—转角曲线、铰支座或滚动支座荷载—侧移曲线及变形—时间曲线，荷载—挠度曲线等。变形—时间曲线表明结构在某恒定荷载下变形随时间变化的规律。变形稳定的快慢与结构材料及形式相关，变形不能稳定表明结构出现问题。可能是钢结构的构件达到流限或钢筋混凝土结构的钢筋发生滑动等。

2. 荷载—应变曲线

图 5-33 所示是钢筋混凝土受弯构件试验，欲测定控制截面上的内力变化、内力与荷载的关系、主筋的荷载应变及箍筋应力(应变)与剪力的关系等。

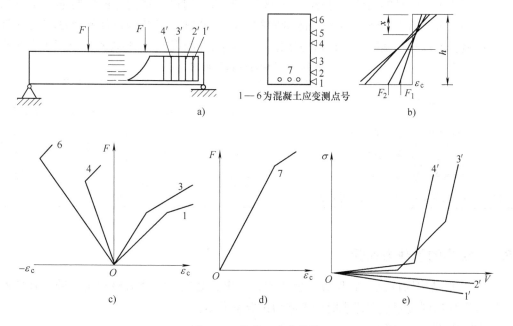

图 5-33　荷载—应变曲线

a) 钢筋混凝土构件贴片位置1'-4'箍筋测点号　b) 截面应变图　c) 混凝土表面应变图

d) 受拉钢筋应变图　e) 箍筋应力图

合理选取控制截面，沿高度布置测点，用一定的比例尺将某级荷载下各测点的应变值连接起来就形成截面应变图。截面应变图可以研究截面应力的实际状况及中和轴的位置等。对于非弹性材料，应按材料的 $\sigma\text{-}\varepsilon$ 曲线查取相应应力值，通过应力关系分别计算压区和拉区的合力值及其作用位置。对应某一测点描绘各级荷载下的应变图即可描绘出该点应变变化的全过程。图 5-33b 可以用来确定中和轴位置即受压区高度 x，图 5-33c 是跨中截面上混凝土应变与荷载关系曲线，图 5-33d 为荷载—钢筋应变曲线，图 5-33e 是箍筋正应力与剪力的关系曲线。

3. 构件裂缝及破坏特征图

试验过程中应在构件上按裂缝开展过程画出裂缝图，并标注出现裂缝时的荷载等级及裂缝的走向和宽度；试验结束后，再用方格纸按比例描绘裂缝和破坏特征，必要时应拍照或录像记录。根据试验研究的结构类型、荷载性质及变形特点等，还可以绘制一些其他的特征曲线，如超静定结构的荷载—反力曲线，某些特定节点上的局部挤压和滑移曲线等。

5.5 结构性能的评定

根据试验研究的任务和目的不同，试验结果的分析和评定方式也不同。出于探索结构内在规律或检验某种计算理论的正确性时，需对试验结果进行综合分析，找出各变量之间的关系并与理论计算对比，总结出数据、图形或数学表达式作为试验研究的结论。检验某种结构的性能时，则应根据试验结果和国家现行标准规范的要求对结构性能做出评定。

检验混凝土预制构件时，被检验的构件必须从外观检查合格的产品中选取，抽样率为：生产期限不超过 3 个月的构件抽样率为 1/1000；若抽样构件的结构性能检验连续十批均合格，则抽样率可改为 1/2000。结构性能检验的方法有两种：以结构设计规范规定的允许值做检验依据；或以构件实际的设计值为依据进行检验，检验的项目和检验要求列于表 5-4。

表 5-4 结构性能检验要求

构件类型及要求	项目			
	承载力	挠度	抗裂性能	裂缝宽度
要求不出现裂缝的预应力构件	检	检	检	不检
允许出现裂缝的构件	检	检	不检	检
设计成熟、数量较少的大型构件	可不检	检	检	检
同上，并有可靠实践经验的现场大型异型构件	可免检			

5.5.1 结构的承载力检验

为了检验结构构件是否满足极限承载能力要求，必须对承载力检验构件进行破坏性试验，以判定其达到极限状态标志时的承载力试验荷载值。

1. 按允许值进行检验

按混凝土结构设计规范的允许值进行检验时，应满足

$$\gamma_u^0 \geq \gamma_0 [\gamma_u] \quad \text{或} \quad S_u^0 \geq \gamma_0 [\gamma_u] S$$

式中 γ_u^0——构件的承载力检验系数实测值，即承载力检验荷载实测值与承载力检验荷载设计值(均含自重)的比值，或表示为承载力荷载效应实测值 S_u^0 与承载力检验荷载效应设计值 S(均含自重)之比值；

γ_0——结构构件的重要性系数，按表5-5选用；

$[\gamma_u]$——构件的承载力检验系数允许值，与构件受力状态有关，按表5-6选用。

表5-5 结构重要性系数

结构安全等级	一级	二级	三级
结构重要性系数 γ_0	1.1	1.0	0.9

表5-6 承载力检验系数允许值

受力情况	轴心受拉、偏心受拉、受弯、大偏心受压						轴心受压、小偏心受压		受弯构件的受剪	
标志编号	①			②			③	④	⑤	⑥
承载力检验标志	主筋处裂缝宽度达到1.5mm或挠度达到跨度的1/50			受压区混凝土破坏			受力主筋拉断	混凝土受压破坏	腹部斜裂缝跨度达到1.5mm或斜裂缝末端混凝土减压破坏	斜截面混凝土斜压破坏或受拉主筋端部滑脱，其他锚固破坏
	I～Ⅲ级钢筋、冷拉I～Ⅱ级钢筋	Ⅲ、Ⅳ级冷拉钢筋	热处理钢筋、钢丝、钢绞线	I～Ⅲ级钢筋、冷拉I～Ⅱ级钢筋	冷拉Ⅲ、Ⅳ级钢筋	热处理钢筋、钢丝、钢绞线				
$[\gamma_u]$	1.20	1.25	1.45	1.25	1.30	1.40	1.50	1.45	1.35	1.50

2. 按承载力进行检验

构件按实配钢筋进行承载力检验时，应满足 $\gamma_u^0 \geqslant \gamma_0 \eta [\gamma_u]$ 或 $S_u^0 \geqslant \gamma_0 \eta [\gamma_u] S$ 的要求。

式中 η——构件承载力检验修正系数，$\eta = R(f_c, f_s, A_s^0, \cdots)/(\gamma_0 S)$；

S——结构构件的作用效应；

$R(*)$——根据实配钢筋面积 A_s^0 确定的构件承载力计算值，即抗力。

3. 承载力极限标志

结构承载力检验荷载实测值是根据各类结构达到各自承载力检验标志时求出的。结构构件达到或超过承载力极限状态的标志，主要取决于结构受力情况和结构构件本身的特性。

(1) 轴心受拉、偏心受拉、受弯、大偏心受压构件 采用有明显屈服台阶的热轧钢筋时，处于正常配筋的适筋构件的极限标志是受拉主筋首先屈服，进而受拉主筋处的裂缝宽度达到1.5mm或挠度达到1/50的跨度；超筋受弯构件，受压区混凝土破坏比受拉钢筋屈服早，此时最大裂缝宽度小于1.5mm，挠度也小于1/50跨度，受压区混凝土压坏是构件破坏的标志；在少筋受弯构件中，可能会出现一旦混凝土开裂钢筋即被拉断的情况，此时受拉主筋被拉断是构件破坏的标志。采用无屈服台阶的钢筋、钢丝及钢绞线配筋的构件，受拉主筋拉断或构件挠度达到跨度的1/50是主要的极限标志。

(2) 轴心受压或小偏心受压构件 这类构件主要是指柱类构件。当外加荷载达到最大值时，构件的混凝土将被压坏或被劈裂，因此混凝土受压破坏是承载力的极限标志。

（3）受弯构件的受剪和偏心受压及偏心受拉构件的受剪　腹筋达到屈服或斜向裂缝宽度达到 1.5mm 或以上；沿斜截面混凝土斜压或斜拉破坏是其极限标志。

（4）粘结锚固破坏　采用热处理钢筋、直径为 5mm 及 5mm 以上没有附加锚固措施的碳素钢丝、钢绞线及冷拔低碳钢丝配筋的先张法预应力混凝土结构，构件端部的钢筋与混凝土可能产生滑移。当滑移量超过 0.2mm 时，即认为已达到承载力极限状态，即钢筋和混凝土的粘结发生破坏。

5.5.2　构件挠度的检验

当按混凝土结构设计规范规定的挠度允许值进行检验时应满足

$$
\left.\begin{aligned}
a_{\mathrm{s}}^{0} &\leqslant [a_{\mathrm{s}}] \\
[a_{\mathrm{s}}] = \frac{M_{\mathrm{s}}}{M_{\mathrm{f}}(\theta-1)+M_{\mathrm{s}}}[a_{\mathrm{f}}] &\quad 或\quad [a_{\mathrm{s}}] = \frac{Q_{\mathrm{s}}}{Q_{\mathrm{f}}(\theta-1)+Q_{\mathrm{s}}}[a_{\mathrm{f}}]
\end{aligned}\right\} \tag{5-17}
$$

式中　a_{s}^{0}、$[a_{\mathrm{s}}]$——正常使用短期检验荷载作用下构件的短期挠度实测值和短期挠度允许值；

M_{s}、M_{f}——按荷载效应短期组合和长期组合计算的弯矩值；

Q_{s}、Q_{f}——荷载短期效应组合值和长期效应组合值；

θ——考虑荷载长期效应组合对挠度增大影响的系数，按现行国家规范规定采用；

$[a_{\mathrm{f}}]$——构件的挠度允许值，按现行国家规范规定采用。

按实配钢筋决定的构件挠度值进行检验时，或仅作为刚度、抗裂或裂缝宽度检验的构件，应满足

$$
a_{\mathrm{s}}^{0} \leqslant 1.2 a_{\mathrm{s}}^{\mathrm{c}} \quad 或\quad a_{\mathrm{s}}^{0} \leqslant [a_{\mathrm{s}}]
$$

式中　$a_{\mathrm{s}}^{\mathrm{c}}$——正常使用短期检验荷载作用下按实配钢筋确定的构件短期挠度计算值。

5.5.3　构件的抗裂检验

正常使用阶段不允许出现裂缝的构件应进行抗裂性能检验，构件的抗裂性检验应符合

$$
\left.\begin{aligned}
\gamma_{\mathrm{cr}}^{0} &\geqslant [\gamma_{\mathrm{cr}}] \\
[\gamma_{\mathrm{cr}}] &= 0.95\,\frac{\gamma f_{\mathrm{tk}}+\sigma_{\mathrm{pc}}}{f_{\mathrm{tk}}\sigma_{\mathrm{sc}}}
\end{aligned}\right\} \tag{5-18}
$$

式中　γ_{cr}^{0}——构件抗裂检验系数实测值，即构件的开裂荷载实测值与正常使用短期检验荷载值之比；

$[\gamma_{\mathrm{cr}}]$——构件的抗裂检验系数允许值；

γ——受压区混凝土塑性影响系数；

σ_{sc}——荷载短期效应组合下，抗裂验算截面边缘的混凝土法向应力；

σ_{pc}——检验时在抗裂验算边缘的混凝土预压应力计算值，应考虑混凝土收缩、徐变造成预应力损失 σ_{sc} 随时间变化的影响系数 β

$$
\beta = \frac{4j}{120+3j}
$$

j——施加预应力后的时间（d）；

f_{tk}——检验时混凝土抗拉强度标准值。

5.5.4　构件裂缝宽度检验

正常使用阶段，允许出现裂缝的构件应限制裂缝宽度，构件的裂缝宽度应满足

$$\bar{\omega}_{s,max}^0 \le [\bar{\omega}_{max}] \tag{5-19}$$

式中　$\bar{\omega}_{s,max}^0$——在正常使用短期检验荷载作用下受拉主筋处最大裂缝宽度的实测值；

$[\bar{\omega}_{max}]$——构件检验的最大裂缝宽度允许值，按表5-7选用。

表 5-7　裂缝控制等级为三级时裂缝宽度允许值

$\bar{\omega}_{max}$的设计允许值/mm	0.2	0.3	0.4
$[\bar{\omega}_{max}]$/mm	0.15	0.20	0.25

5.5.5　构件结构性能评定

构件结构性能评定按表5-8所列项目和标准进行，并应根据下列规定进行评定。

1）结构性能检验的全部检验结果均符合表5-8所示的标准要求时，该批构件的结构性能评为合格。

2）第一次构件的检验结果不能全部符合表5-8所示的标准要求，但能符合第二次检验要求时，可再抽两个试件进行检验。第二次检验时，对承载力和抗裂检验要求降低5%；对挠度检验提高10%；对裂缝宽度不允许再做第二次抽样。

3）第二次抽取的第一个试件检验时，若都满足标准要求可直接评为合格；若不能满足标准要求，但能满足第二次检验指标时，应继续对第二次抽取的另一个试件进行检验，检验结果若满足第二次检验的要求，该批构件的结构性能仍可评为合格。

应该指出，每一个试件均应完整地取得三项检验指标，只有三项指标均合格时，该批构件的性能才能评为合格；只要出现低于第二次抽样检验指标的情况，即判为不合格。

表 5-8　复式抽样再检验的条件

检测项目	承载力	挠度	抗裂性能	裂缝宽度
标准要求	$\gamma_0[\gamma_u]$	$[a_s]$	$[\gamma_{cr}]$	$[\omega_{max}]$
二次抽样检验指标	$0.95\gamma_0[\gamma_u]$	$1.10[a_s]$	$0.95[\gamma_{cr}]$	—
相对放宽	5%	10%	5%	0

本 章 小 结

本章系统介绍了结构静载试验的相关理论和试验方法，内容包括结构静载试验前的准备工作；结构基本构件和扩大构件的静载试验以及试验量测数据的整理和结构性能的评定等。学习本章后应熟悉构件单调加载静力试验的各个环节，重点掌握试件的安装、加载方法、试验项目和测点布置，以及确定开裂荷载、极限承载力等指标的概念和方法。了解扩大构件静载试验的试件安装、加载方案、观测项目的确定方法和原则，掌握静载试验量测数据的整理和结构性能评定的方法。

思 考 题

5-1 建筑结构静载试验的目的和意义是什么?

5-2 什么是单调加载静力试验?

5-3 静力试验中,各级荷载下的恒载持续时间是如何规定的?

5-4 结构静力试验加载分级的目的和作用是什么?

5-5 试说明钢筋混凝土受弯构件静力试验的主要量测项目和测试方法。

5-6 结构静力试验正式加载试验前,为什么需要对结构进行预加载试验?预载时应注意什么问题?

5-7 如何利用位移计观测混凝土受弯构件裂缝的出现?

5-8 在结构静载试验的加载设计中,应包括哪些方面的设计?

5-9 已知一承受均布荷载 q 的简支梁,跨度为 L,现进行荷载试验,采用两种方案进行加载试验:

1)在四分点处施加两个等效集中荷载。

2)在跨中施加等效荷载 P。

试根据跨中弯矩相等的原则,确定上述等效荷载。

第6章 结构动力试验

本章提要 本章介绍了在结构动力试验中利用计算机进行信号采集和处理的基本概念，阐述了结构动荷载特性、结构动力特性、结构动力反应的各种参数的测定与处理方法，还介绍了结构疲劳试验的方法。

在实际环境中，许多建筑结构承受着随时间变化的动荷载的作用，如动力机械设备对工业建筑的作用，风荷载、地震荷载对建筑物的作用，汽车荷载对桥梁的作用等。与静荷载的作用不同，动荷载除了改变结构的受力外，还引起结构振动，使结构产生共振或疲劳破坏，因此，需要对结构的动荷载特性及在动荷载作用下的结构进行研究。理论分析是研究结构动力特性的手段，但只有试验研究才能更真实地反应结构的工作状态，并且有些结构动力性能，如阻尼等只能通过试验研究才能较真实地获得。结构动力试验是结构试验的重要组成部分。

一般而言，结构动力试验主要包括如下四方面的内容：

1）动荷载特性的测定。通过试验对作用在结构上的动荷载如动力机械、起重机等的作用力及其特性进行测试；根据建筑物的振动通过试验寻找振源。

2）结构自振特性的测定。采用各种激振手段对原型结构或模型进行动荷载试验，测定建筑物的动力特性参数，即固有频率、阻尼系数，振型等，了解结构的施工水平、工作状态及结构是否损伤等。

3）结构在动荷载作用下的动力反应的测定。测定结构物在实际工作时，动荷载与结构相互作用下的振动水平(振幅,频率)及性状。例如，在动力机器作用下厂房结构的振动；车辆移动荷载作用下桥梁的振动；地震时建筑结构的振动反应(强震观测)；风荷载作用下高层建筑或高耸构筑物的风振；精密机器设备和精密仪表所在环境的振动等。测量信息可用来研究结构的工作是否正常、存在问题、薄弱环节等，并可对设计及施工质量进行评价。

4）结构疲劳特性的测定。该试验是为了确定结构构件及其材料在多次重复荷载作用下的疲劳强度，推算结构的疲劳寿命，常在专用的疲劳试验机上进行。

近年来，我国新生产的大型结构试验机、大型起振机、伪静力试验装置、高精度传感器、电液伺服控制加载系统、瞬态波形存储器、动态分析仪、信号采集数据处理与计算机联机设备和大型试验台座；新修建的模拟振动台、风洞实验室等；特别是计算机技术在结构动力试验中的广泛应用，高灵敏度传感器、多通道高精度大容量的数据采集分析系统的发展，使得结构的动力试验达到很高的水平；对结构进行实时健康监测也已达到了实用阶段，标志着我国在动力试验测试技术及装备方面已经提高到一个新的水平。

6.1 数字信号分析

随着计算机技术的发展，数字信号处理技术得到了越来越广泛的应用，现已成为科学技术实用中必不可少的工具。现代结构动荷载试验技术中的数据采集与分析已基本实现了数字化。传感器拾取的模拟信号经过模数转换后成为数字信号，再由计算机直接记录和分析，使结构动力的试验与分析实现了自动化和智能化。光线示波器、X-Y 函数记录仪等动态测量仪器已逐渐被取代。数字信号处理主要指频谱分析与数字滤波，前者包含相关统计分析，如幅值统计、相关分析等，其数字运算核心是离散傅里叶变换（DFT）与快速傅里叶变换（FFT）；后者包含无限脉冲响应滤波（IIR）与有限脉冲响应滤波。进行结构动力试验数据处理时，需要具备一定的数字信号分析基础，如信号变换、处理、滤波、数据采样、快速傅里叶变换等。

6.1.1　周期信号的幅值谱、相位谱、功率谱

数学分析表明，任何周期函数在满足狄利克莱（Dirichlet）条件时可以展开成正交函数线性组合的无穷级数，如正交函数集是三角函数集（$\sin n\omega_0 t,\cos n\omega_0 t$）或复指数函数集（$e^{jn\omega_0 t}$），则可展开成为傅里叶级数，其实数形式表达式为

$$x(t) = \frac{a_0}{2} + \sum_{n=1}^{\infty}(a_n\cos n\omega_0 t + b_n\sin n\omega_0 t), n = 1, 2, \cdots \tag{6-1}$$

$$x(t) = \frac{a_0}{2} + \sum_{n=1}^{\infty}A_n\cos(n\omega_0 t - \varphi_n), n = 1, 2, \cdots \tag{6-2}$$

以上两式中各参数及相应关系如下

常值分量
$$a_0 = \frac{2}{T}\int_{-\frac{T}{2}}^{\frac{T}{2}}x(t)\mathrm{d}t \tag{6-3}$$

余弦分量的幅值
$$a_n = \frac{2}{T}\int_{-\frac{T}{2}}^{\frac{T}{2}}x(t)\cos n\omega_0 t\mathrm{d}t \tag{6-4}$$

正弦分量的幅值
$$b_n = \frac{2}{T}\int_{-\frac{T}{2}}^{\frac{T}{2}}x(t)\sin n\omega_0 t\mathrm{d}t \tag{6-5}$$

各频率分量的幅值
$$A_n = \sqrt{a_n^2 + b_n^2} \tag{6-6}$$

各频率分量的相位
$$\varphi_n = \arctan\frac{b_n}{a_n} \tag{6-7}$$

平均功率
$$\psi_x^2 = \frac{1}{T}\int_{-\frac{T}{2}}^{\frac{T}{2}}x^2(t)\mathrm{d}t = \sum_{n=-\infty}^{\infty}|C_n|^2 \tag{6-8}$$

利用上述各式可建立 A_n-ω 关系，称为幅值谱；φ_n-ω 关系，称为相位谱；A_n^2-ω 关系，称为功率谱。

6.1.2　信号 A-D、D-A 转换

1. A-D 转换

把连续时间信号转换为与其相对应的数字信号的过程称之为模-数（A-D）转换过程，反之则称为数-模（D-A）转换过程，它们是数字信号处理的必要程序。一般测试信号的数字处理系统中，来自前级测试系统的模拟信号经抗频混滤波器预处理，变成带限信号，经 A-D 转换成为数字信号，再送入数字信号分析仪或数字计算机完成信号处理，如果需要，可再由 D-A 转换器将数字信号转换成模拟信号。

A-D 转换过程包含采样、量化、编码，其工作原理如图 6-1 所示。采样又称抽样，是利用采样脉冲序列 $p(t)$，从时间连续信号 $x(t)$ 中抽取离散样值使之成为采样信号 $x(n\Delta t)$ 的过程，$n = 0,\ 1,\ \cdots,\ \Delta t$ 称为采样间隔，$1/\Delta t = f_s$，称为采样频率。量化又称幅值量化，把采样信号 $x(n\Delta t)$ 经过舍入或截尾的方法变为只有有限个有效数字的数，这一过程称为量化。编码

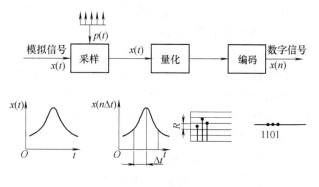

图 6-1　A-D 转换器工作原理

是将离散幅值经过量化以后变为二进制数字，即取 "0" 或 "1"，信号 $x(t)$ 经过上述变换以后，即成为时间上离散、幅值上量化的数字信号。

2. 采样定理

采样时间间隔较长，即采样频率较低时，采样信号经傅里叶变换后产生谱图之间高频与低频部分重叠现象，称为频混。这将使信号复原时丢失原始信号中的高频成分，因此必须对采样脉冲序列的间隔加以限制。研究表明，采样频率 $\omega_s = 2\pi/T_s$ 或 $f_s = 1/T_s$ 必须大于或等于信号 $x(t)$ 中的最高频率 ω_m 的两倍才不会发生频混现象，即 $\omega_s \geqslant 2\omega_m$ 或 $f_s \geqslant 2f_m$，该规律称为采样定理。因为时域采样间隔 T_s 决定于 f_s，所以又称为时域采样定理。该定理可作如下物理解释：频谱受限的信号 $x(t)$，如果频谱只占据 $-\omega_m \sim \omega_m$ 范围，则信号可以用等间隔采样值唯一地表示，采样间隔必须不大于 $1/(2f_m)$，或者说最低采样频率为 $2f_m$。也可以理解为，有限频率信号，其频率大小反映在时域内就是它的波形变化速度，它的最高变化速度将受最高频率分量 ω_m 的限制。为了保留频率分量的全部信息，一周期的间隔内至少应采样两次，即必须满足 $\omega_s \geqslant 2\omega_m$。采样定理表明，对时域模拟信号采样时，应以多大的采样频率（或称采样时间间隔）采样，才不致丢失原始信号的信息，或由采样信号无失真地恢复出原始信号。

3. D-A 转换

D-A 转换是将数字信号恢复为连续波形的过程，由保持电路实现，例如，零阶保持与一阶多角保持电路等。零阶保持是在两个采样值之间，令输出保持上一个采样值的值，由于保持变换构成的信号存在着不连续点（台阶状），所以还须用模拟低通滤波器予以平滑。

4. 窗函数

数字信号处理的主要数学工具是傅里叶变换，傅里叶变换研究的是整个时间域和频率域的关系。当运用计算机实现工程测试信号处理时，不可能对无限长的信号进行运算，而是取有限的时间间隔（一般为 1024 个点）进行分析，通常称为块分析，这就需要进行截断。截断就是将无限长的信号乘以窗函数（Window Function），这里 "窗" 的含义是指透过窗口能够观测到整个外景的一部分，其余被遮蔽（视为零）。实际应用的窗函数可分为以下三类：

① 幂窗：采用时间变量某种幂次的函数，如矩形、三角形、梯形或其他时间(t)的高次幂；

② 三角函数窗：应用三角函数，即正弦或余弦函数等组合成复合函数，例如，汉宁窗、海明窗等；

③ 指数窗：采用指数时间函数，如 e-at 形式，例如，高斯窗等。

5. 快速傅里叶变换（FFT）

实际模拟信号采样后得到的是离散的时间序列，需要采用离散傅里叶变换（DFT）才能得到其频谱特性，离散傅里叶变换的计算工作量巨大很难实现，快速傅里叶变换（Fast Fourier Tranform，简称FFT）是减少DFT计算时间的算法。FFT将DFT中大量不必要的运算进行周期性与对称性简化，避免大量重复运算，使得DFT运算过程大大简化。若采样点 $N = 1000$，DFT算法运算量约需200万次；而FFT仅需1.5万次，可见FFT法大大提高了运算效率。

6. 数字信号处理系统的组成

随着微电子技术和信号处理技术的发展，在工程测试中，数字信号处理得到广泛的应用。在信号分析设备中，以数字信号处理理论为基础，用通用或专用的数字计算机，配置外围设备所构成的数字信号处理系统和信号处理机可快速、准确地分析测试结果。数字信号处理系统和信号处理机具有运算速度快，实时能力强，运算功能多，分辨力高，操作方便等优点，在信号分析设备中，占有越来越重要的地位。数字信号处理系统由图6-2所示的几部分组成；信号处理机是把这几部分集合为一体，具有大量信号样本记录的专项或多项处理功能。

图6-2 一般数字信号处理

（1）信号预处理 信号预处理是指在数字处理之前，用模拟方法对信号进行处理的过程，处理的目是：把信号转换成适于数字处理的形式，减小数字处理的困难，预处理系统包括以下设备：

1）解调器。用于对远距离传输到信号处理系统的调制信号进行解调。

2）输入放大器（或衰减器）。对输入信号的幅值进行处理，使信号幅值与A-D转换器的动态范围相适应。

3）抗频混滤波器。衰减信号中次要高频成分，减小频混的影响。

4）隔直电路。隔离信号直流分量，用于对信号作消除趋势项及直流分量的干扰处理。

（2）信号采集 信号采集是将预处理后的模拟信号转换为数字信号，存入指定的地点，核心是A-D转换器。信号处理系统的性能指标与信号采集装置关系密切，配合A-D转换器的电路包括：采样保持电路、时基信号发生器、触发系统和控制器等电路。

（3）分析计算 对采集到的数字信号进行分析和计算是由数字运算器完成，或利用微型计算机采用程序软件或软、硬件结合的方法实现。用软件实现分析计算，运算速度较快，而且通用性强，修改容易。工程测试中信号的分析计算，主要作时域中的概率统计、相关分析、建模和识别；频域中的频谱分析、功率谱分析、传递函数分析等。目前分析速度已达到"实时"。

（4）显示记录 多采用屏幕显示，打印机打印结果数据或图形，绘图机绘制相应曲线图等方式；也可将分析计算的结果转存到磁盘或其他存储器上，供进一步分析用。

6.2　结构动力荷载特性试验

在进行结构动力分析、隔振设计或动力响应分析时，需要了解振源（即动荷载）的特性，包括作用力、方向、频率、阻尼等参数，在研究地震荷载和风荷载时，也需确定其作用力大小和振动规律。有些建筑物安装有动力设备如起重机、往复式机械或带有离心力的回转机械等，这些振源虽然可以根据其统计值进行动荷载特性计算，但其实际动力特性有可能与统计值有较大差距，因此，用计算方法往往不能得到振源的实际动载资料，而需要用试验方法确定。

6.2.1　振源探测

引起结构振动的振源往往不止一个，有时由多个振源共同作用，且每个振源对结构影响都不相同。这就需要找出对结构振动起主导作用或危害最大的主振源，常通过试验方法测定。试验时，通过传感器和数据采集分析仪测定结构的振动时程曲线，再按照不同振源所引起的强迫振动的特点来判断主振源。当振动时程曲线为间歇性衰减波形并有明显的尖峰时，可以判断为冲击性振源产生的振动，如图 6-3a 所示；当振动时程曲线呈稳定的周期性，具有接近正弦波规律的振动图形时，可能是一台或多台转速恒定的机器引起的强迫振动，如图 6-3b 所示；图 6-3c 所示为两个频率相差两倍的简谐振源引起合成振动时程曲线；当有三个简谐振源时振动时程曲线如图 6-3d 所示；当振动周期由小变大，由大变小时，如图 6-3e 所示，这往往是由两个频率接近的简谐振源共同作用引起的，或者是由一个与结构固有频率接近的振源引起的"拍振"现象；如出现如图 6-3f 所示的振动时程曲线，则是由随机振动产生的。

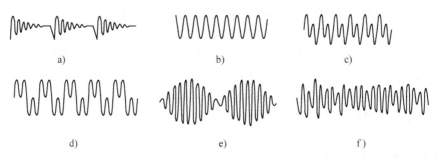

图 6-3　各种振源时程曲线

测定结构振动时程曲线后对其进行频谱分析，当某振动幅值较大的频率与其中一个振源较接近时，即可判断这一振源为主振源；对于时程曲线单一，冲击振动简谐振动则可直接根据时程曲线的特点确定。

6.2.2　动荷载特性测定

对动荷载特性的测定，有直接测定法、间接测定法和比较测定法三种。

1. 直接测定法

直接测定法是在测试对象上安装传感器，通过传感器的反应确定动荷载的各项参数。这种方法简单可靠,应用范围很广。往复运动机械如锻造机械、牛头刨床、曲柄连杆机械等惯性力的测量,可在运动部件上安装加速度传感器,通过传感器测量运动部件的加速度变化规律,再根据已知的运动部件质量求得惯性力;测定动力机械传递给结构的动荷载时可使用测力传感器,将传感器固定在机器底座上,机器运转时产生的动荷载便可以通过仪器记录下来;承受流体作用的管道、容器等可在结构上安装应变计等传感器,测量应变或荷载;吊车梁等结构承受的动荷载也可通过应变或变形测量得到。

2. 间接测定法

间接测定法是将被测机器安装在具有足够弹性变形的专用结构上,如带刚性支座的受弯钢梁或木梁上,在机器开动前先对结构的动力和静力特性进行测定,获得结构的刚度、惯性力矩、固有频率、阻尼比及振幅等,再把机器安装在结构上,起动机器,通过仪器测定结构的振动时程曲线,据此确定机器运转时产生的外力。试验使用弹性梁的刚度和跨度不能发生共振以保证动载的准确性。由于测试时需要移动机器,因此该方法适用于机器生产部门的检验和校准单位的检验和标定,不适用于处于工作状态的已经固定的机械设备。

3. 比较测定法

该方法需要首先配备一个振动力与频率等特性已知的激振器,通过比较机器的承载结构在已知激振器和待测机器分别作用下的振动情况,得到被测机器的动荷载特性参数。测试时先在被测机械旁放置激振器,开动激振器测定结构的动力特性,确定其频率、阻尼和在已知简谐力作用下随激振器频率改变的强迫振动的振幅;再起动被测机器,记录结构的振动时程曲线,比较所记录时程曲线和激振器产生的各段时程曲线,求得被测机器所产生的动荷载。该方法也可以先开动机器使结构振动,记录振动情况;关闭机器并开动激振器,逐渐调节激振器的频率直至结构产生与开动机器时相同的振动,此时相应激振器的作用力和频率便是被测机器的作用力和频率。这种方法较适合于产生简谐振动的振源。

作用于建筑物上的风荷载的特性应在现场实测,风荷载可以看做是静荷载和动荷载的叠加。对于刚性结构,风的动力作用很小可以视为静荷载;对于烟囱、水塔、电视塔以及各种高柔塔架和高层建筑物等高耸结构,则必须看做是动荷载。建筑物在风力作用下的受力和振动情况异常复杂,需同时测量出建筑物顶部的瞬时风速、风向、建筑物表面的风压以及建筑物在风荷载作用下的位移、振动和应力等物理量,再将实测所得的大量数据进行综合分析,才能得到较为理想的结果。

6.3 结构动力特性试验

结构动力特性是指结构本身所固有的振动方式,包括结构的固有频率、振型和阻尼等动力参数,它们取决于结构的组成形式、刚度、质量分布和材料性质等。结构的固有频率、振型虽然可以根据结构的动力学原理计算得到,但理论计算模型与结构实际情况往往出入很大。结构的约束,材料性质、质量分布等理论计算值与实际情况相差很大,而且阻尼系数只有通过试验才能准确确定,因此采用试验方法研究结构的动力特性是重要的手段之一。不同的结构物具有不同的动力特性,如梁、板、柱与建筑物整体的动力特性可能完全不同,不同的结构特性可以采用不同的试验方法和仪器设备测定。结构动力特性试验研究的发展已开发出很多有效的试验方法和试验设备,常用的动力特性试验方法有自由振动法、共振法、脉动法等。

6.3.1　自由振动法

自由振动法是使结构产生初位移或初速度，然后突然释放使其发生自由振动。常用的自由振动法有突加荷载法和突卸荷载法，突加荷载法是将重物提升到某一高度，然后让其自由下落冲击结构，使结构产生振动，如图 6-4 所示。突加荷载法能用较小的荷载产生较大的振动，加载简单方便，缺点是重物落下附着在结构上与结构一起振动，使结构质量增大、分布改变，引起试验误差，也可采用锤击法；突卸荷载法是先使结构产生初位移，然后突然卸去荷载，使结构物弹性恢复而产生振动，如图 6-5 所示。突卸荷载法的重物在结构自振时已不存在，因此重物本身不造成附加影响，重物大小应根据所需振幅计算确定；结构物的刚度较大时，所需荷载重量较大。该法可用于测量厂房等建筑物的动力特性，对于具有吊车梁的厂房，可以用起重机突然制动的方法使厂房产生横向或纵向自由振动；测量桥梁的动力特性时，可以采用载重汽车行驶越过障碍物的方法产生冲击荷载，使桥梁产生自由振动。

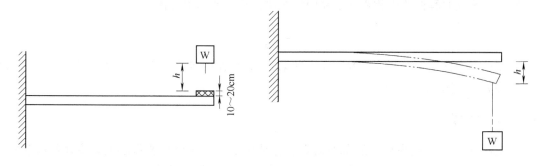

图 6-4　突加荷载法　　　　　　　　　　　图 6-5　突卸荷载法

自由振动法利用数据采集仪记录结构振动时衰减的自由振动时程曲线，如图 6-6 所示。

测量时传感器应尽量布置在质量中心处，在计算机上可以将时程曲线显示或打印出来，通过快速傅里叶变换（FFT）得到时程曲线的振动频率；或由下列方法求得频率和阻尼比。时程曲线在 t 时间内包含 n 个完整波形时，则频率为

$$f = \frac{n}{t} \tag{6-9}$$

根据时程曲线的相邻峰值可求得阻尼比。结构作自由振动时

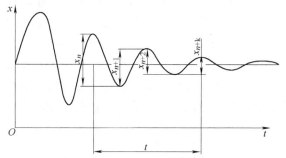

图 6-6　自由振动时程曲线

$$x = Ae^{-\xi\omega_0 t}\sin(n\omega_0 t + \varphi) \tag{6-10}$$

式中　x——振动位移；

$Ae^{-\xi\omega_0 t}$——振幅，记第 n 个幅值为 $x_n = Ae^{-\xi\omega_0 t}$；

ω_0——固有频率，$\omega_0 = \sqrt{k/m}$；

ξ——阻尼比，$\xi = c/(2m\omega)$，c 为阻尼系数。

时程曲线中，相邻两个峰值时间为周期 T，求得两相邻波振幅值时，其比值为

$$\frac{x_n}{x_{n+1}} = \frac{Ae^{-\xi_0\omega t}}{Ae^{-\xi_0\omega(t+T)}} = e^{\xi\omega_0 T} \tag{6-11}$$

两边取自然对数，则

$$v = \ln\frac{x_n}{x_{n+1}} = \xi\omega_0 T \tag{6-12}$$

式中 v——对数衰减率；

T——固有周期，$T = 2\pi/\omega_0$。

则

$$v = \xi\omega_0\frac{2\pi}{\omega_0} = 2\pi\xi \tag{6-13}$$

阻尼比为

$$\xi = \frac{v}{2\pi} = \frac{1}{2\pi}\ln\frac{x_n}{x_{n+1}} \tag{6-14}$$

试验时实测的曲线没有零线或零线发生偏移，这时振幅测量可采用波峰到波谷或波谷到波峰的量测法，如图 6-6 所示。由于实际结构的阻尼很小，相邻振幅相差很小，为了提高计算精度可测量时程曲线中相距 k 个周期的振幅，然后计算阻尼比

$$\xi = \frac{1}{k\pi}\ln\frac{x_n}{x_{n+k}} \tag{6-15}$$

测读时应逐个振幅测读，取第 n 个和第 $n+k$ 个振幅计算。自由振动法只能得到结构基本振动频率及阻尼。

6.3.2 共振法

共振法是利用频率可调的激振器安装在结构上，逐步增加激振器的频率对结构进行扫频，随着激振器频率的变化，结构振幅也随之变化，当激振器振动频率接近或等于结构的固有频率时结构产生共振现象，这时的振幅最大，图 6-7a 所示是共振法测试得到的时程曲线示意图。调整激振器依次测得：t_1 时间内振动频率为 ω_1，实测振幅为 A_1；t_2 时间内频率为 ω_2，实测振幅为 A_2；…。以 ω 为横坐标，振幅 A 为纵坐标（当采用机械式激振器时，取 A/ω 为纵坐标），绘出其关系曲线称为共振曲线，如图 6-7b 所示，曲线的极值（最高点）对应的频率便是结构的固有频率，第一个极值对应的是基本频率，第二个极值对应的是第二阶频率，以此类推，频率越高，需要激振的能量越大，三阶以上的频率一般很难测得。当采用稳态正弦激振的方法进行测试时，宜采用旋转惯性机械起振机，也可采用液压伺服激振器，使

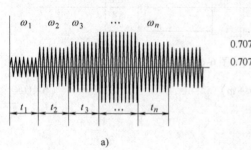

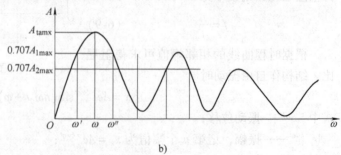

a)   b)

图 6-7 共振法时程曲线及共振曲线

a）实测时程曲线 b）共振曲线

用频率范围宜在 0.6~30Hz，频率分辨率应高于 0.01Hz。在图 6-7b 所示中，若在 $0.707A_{max}$ 处画一水平线与共振曲线相交，交点对应的频率为 ω'、ω'' 则可求得该阶频率阻尼比为

$$\xi = \frac{\omega' - \omega''}{2\omega} \tag{6-16}$$

同理可求得第二阶、第三阶的阻尼比。用共振法也可以测定结构的振型，所谓振型，即结构在某一频率下振动形成的弹性曲线，称为按此频率振动的振动形式，简称振型。对应基频、第二频率、第三频率分别称为第一振型，第二振型，第三振型等。进行振型测试时需要多个测量传感器，分别布置在结构各部位，传感器应布置在所测振型振动幅值较大的位置，如框架横梁和柱的中点、1/4 跨（高）等截面处，以便将所测振型较好地连成振型曲线。试验时，结构物达到共振后，同时记录各传感器的时程读数，通过比较各测点的振幅和相位便可得到所读振幅的振型图。图 6-8 所示是单跨工业厂房振型测试时传感器布置及振型图。

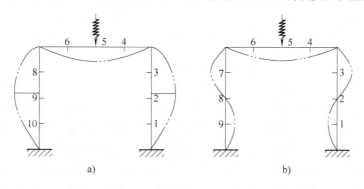

图 6-8　单跨工业厂房振型测试传感器布置及振型图

6.3.3　脉动法

实际环境中存在很多微弱的激振能量，如大气流动、河水流动、机械的运动、汽车行驶和人群的移动等，这些激振能量使结构处于不断振动中。这种振动很微弱，只有当采用高灵敏度的传感器经放大器放大才能清楚地观测和记录下这些振动信号。环境引起的振动是随机的，因而将这种方法称为环境随机激励法。环境激励产生的脉动信号含有丰富的振动信息，各阶振动会经常地、反复地、明显地出现在脉动信号中，图 6-9 所示是某梁脉动试验时部分测点观测到的振动信号时程曲线，测点[1]、[9]为支座部位，图中可清楚地看到各测点的振动情况。

脉动试验的信号处理需要经过大量平均，以便消除随机因素的影响，留下各阶振型振动的信息，因此需要的数据量很大。为了得到足够的试验数据，脉动法试验时需要较长时间的观测，测量振型和频率时不应少于 5min，测量阻尼时不少于 30min 的连续观测和采样。在观测期间须保持环境激励信号的稳定性不能有较大的波动，因此，多选择在夜间、凌晨进行。对于桥梁等建筑物则需要完全封闭交通。

脉动法测量时传感器的布置与共振法类似，但需采用灵敏度高的传感器；采用有足够放大倍数的抗混滤波放大器；适当设置低通滤波；采样频率应不小于分析频率的 2.56 倍；仪器通道数小于测点数时可以分批、分组测量，测量完一组移动传感器测量另一组，但整个测量过程必须保持其中一个测点传感器始终不动，这个点称为激励点或输入点，其位置不应放

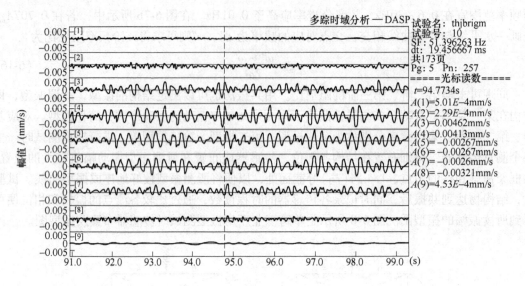

图 6-9 某梁脉动试验时程曲线

在节点或振动信号较小的位置，如支座位置。各组观测时间应相同，并保持相对稳定的激励环境，记录结束后，有明显干扰的信号应删除。脉动法测量的数据需经过分析才能得到所需的结构动力特性参数，数据处理的方法有频域数据处理和时域数据处理等方法。

（1）频域数据处理　频谱分析法是将所观测到的脉动时程曲线，经过快速傅里叶变换（FFT），以求出的频率为横坐标，振幅（或均方值、功率值等）为纵坐标绘出的频谱曲线。该图在建筑物基本频率处会出现非常突出峰，在二阶、三阶频率处也较明显，如图 6-10 所示。在横坐标上各峰值处所对应的值便是各阶频率。采样间隔应符合采样定理的要求；频域中的数据应采用滤波、零均值化方法进行处理；被测试结构的自振频率，可采用自谱分析或傅里叶谱分析方法求取；被测试结构的阻尼比，宜采用自相关函数分析、曲线拟合法或半功率点法确定；被测试结构的振型，宜采用自谱分析、互谱分析或传递函数分析方法确定。对于复

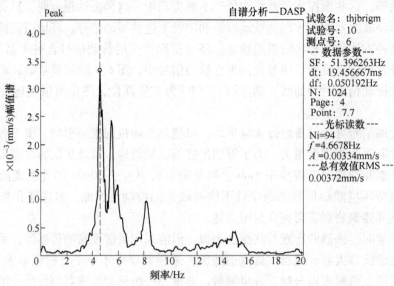

图 6-10 某幅值谱频谱分析实测

杂结构的测试数据，宜采用谱分析、相关分析或传递函数分析等方法进行分析。

（2）时域数据处理　建筑物固有频率的谐量是脉动里最主要的成分，在脉动时程曲线上可以直接量度出来。凡是振幅大，波形光滑处的频率若总是多次重复出现，即被认为是与结构固有频率有关的主谐量。若建筑物各部位在同一频率处相位和振幅符合振型规律，就可以确定此频率就是建筑物的固有频率。通常基频出现的机会最多，比较容易确定；对较高的建筑物，第二、三阶固有频率也可能出现，但比基频几率少。记录的时间越长，分析结果的可靠性就越大。在记录曲线比较规则的部分确定了固有频率后，可以分析获得振型（同共振法）。图 6-11 所示是某高层建筑的部分测量结果，图中是其中三个楼层出现类似波形的两段时程曲线被集中在一起，认为此段振动是结构在固有频率下的振动其频率即为固有频率。时域数据处理时，要求对记录的测试数据应进行零点漂移、记录波形和记录长度的检验；被测试结构的自振周期，可在记录曲线上比较规则的波形段内取有限个周期的平均值；被测试结构的阻尼比，可按自由衰减曲线求取，在采用稳态正弦波激振时，可根据实测的共振曲线采用半功率点法求取；被测试结构各测点的幅值，应用记录信号幅值除以测试系统的增益，由此求得振型。

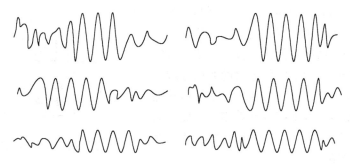

图 6-11　主谐振图

6.4　结构动力反应试验

在工程实际和科研活动中，经常要对动荷载作用下结构产生的动力反应进行测定，包括结构动力参数（速度、加速度、振幅、频率、阻尼）、动应变和动位移等。与动荷载特性试验和结构动力特性试验不同，前者测定对象为产生动荷载的振源，如动力机械、起重机等，仅反映动荷载本身的性质；后者是测定结构自身的振动特性。而结构动力反应试验则是测试动荷载与结构相互作用下结构产生的响应，如工业建筑在动力机械作用下的振动；桥梁在汽车行驶过程中的反应；风荷载作用下高耸或高层建筑物的结构产生的振动；结构在地震或爆炸作用下的反应等。这些与动荷载和结构的动力特性密切相关，不同运转速度下机械产生的振动响应不同；行驶车速不同引起的桥梁结构反应也不同。测定结构动力反应是确定结构在动荷载作用下是否安全的重要依据。

6.4.1　动应变测量

动应变测量是直接测定结构在动荷载作用产生的应变时程。采用动态应变仪测量，若配置相应的软件可与计算机连接，通过计算机记录和分析数据。一台动态应变仪一般有 4～10

个通道，各通道与一个接线桥盒连接，
桥盒上有应变计接入的端子，与静态
应变仪的接入端子相似，各通道可同
时测量信号。应变计及其布置方法与
静态应变试验相同，可采用与静态试
验相同的接线方式，如 1/4 桥，半桥

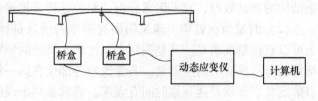

图 6-12 动态应变测量示意图

和全桥。构件处于纯弯状态可采用弯曲桥路接线方式，可提高测试精度，图 6-12 所示是桥
梁在动荷载作用下动态应变测量图。

6.4.2 动挠度测定

动挠度可用位移传感器测量。使用的位移传感器若是应变式的，可利用动态应变仪作数
据采集与记录仪器。动态挠度测点的布置原则与静
挠度相同。测量动挠度的位移传感器可选用电阻应
变式或其他传感器，选用应变式传感器时，接线与
动应变测量相同，用同一台动态应变仪可同时测量
动应变和动挠度。为整理数据方便，避免出错，可
利用改变传感器与接线桥盒的接线方法，使同方向
挠度读数的符号相同。应变式传感器的数据处理与
变换同动应力测量相同，算出应变后，根据传感器
的灵敏度换算出挠度，与静挠度计算相同，此时需
去除支座沉陷的影响。图 6-13 所示是梁在动荷载
作用下动挠度测量图。

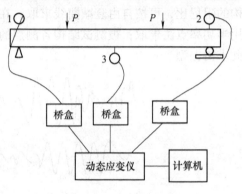

图 6-13 动挠度测量示意图

6.4.3 动力系数测定

受移动荷载作用的结构如吊车梁、桥梁等，试验检测时常需要确定其动力系数，以判定
结构的工作情况。移动荷载作用于结构上所产生的动挠度或动应变比静荷载所产生的挠度、
应变大，动挠度（动应变）和静挠度（静应变）的比值称为动力系数，其计算方法如下

$$\mu = \frac{y_d}{y_j}$$

或

$$\mu = \frac{\varepsilon_d}{\varepsilon_j}$$

(6-17)

结构的动力系数一般用试验方法确定。对于沿固定轨道行驶的动荷载，为了求得动力系
数，先使移动荷载以缓慢的速度通过结构，测得静挠度（或静应变）如图 6-14a 所示，然后使

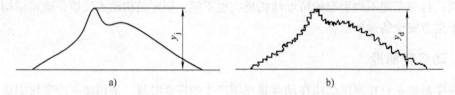

图 6-14 有轨移动荷载的变形记录图

移动荷载按正常使用时的某种速度通过，使
结构产生最大动挠度（或动应变），测试中常
采取几种不同速度通过，找出产生最大挠度
或应变的某一速度，如图 6-14b 所示。从图
上量得最大静挠度 y_j 和最大动挠度 y_d，即可
求得动力系数。

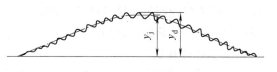

图 6-15　无轨移动荷载的变形记录图

　　上述方法适用于有轨的动荷载，如起重机荷载，对于无轨的动荷载（如汽车）不可能使
两次行驶路线完全相同，甚至用慢速行驶测量最大静挠度或应变也有困难，这时可以采取一
次高速通过的试验方法，获得的记录图形如图 6-15 所示。取曲线最大值为 y_d，在曲线上绘
出中线，量取相对于 y_d 处中线的纵坐标 y_j。按式（6-17）即可求得动力系数。

6.5　疲劳试验

　　结构或材料在承受反复循环荷载作用时应力和应变反复变化，循环一定次数后，在应力
低于强度设计值时便发生脆性破坏，这种现象称为疲劳。研究表明，结构的疲劳强度与应力
循环幅值和循环次数有关，当循环应力小于某一值时，荷载重复次数增加不会引起疲劳现
象，而大于该值则会产生疲劳破坏，此应力值称为疲劳强度。结构的疲劳强度取决于组成材
料的疲劳极限，还与应力集中、截面突变等因素相关。结构及材料的疲劳强度需通过试验
确定。

6.5.1　结构疲劳试验的目的

　　结构疲劳试验按试验目的不同可分为研究性疲劳试验和检验性疲劳试验两类：
　　（1）研究性疲劳试验　其研究内容有：
　　1）疲劳试验开裂荷载及开裂情况。
　　2）疲劳试验裂缝的宽度、长度、间距及其随荷载重复次数的变化。
　　3）疲劳试验中产生的最大挠度及其变化。
　　4）结构的疲劳极限。
　　5）结构的疲劳破坏特征。
　　（2）检验性疲劳试验　检验性疲劳试验是在重复荷载作用下，完成规定的荷载重复次
数（中级工作制吊车梁为 2×10^6 次；重级工作制吊车梁为 4×10^6 次）后，在荷载作用期间及之
后对下列内容进行检验：
　　1）结构的抗裂性能。
　　2）结构的开裂荷载、裂缝宽度及开展情况。
　　3）结构的最大挠度及刚度变化情况。

6.5.2　结构疲劳试验的方法

　　结构疲劳试验采用专门的疲劳试验机或脉冲千斤顶进行，近年来随着多通道电液伺服系
统的广泛应用，该设备也常被用于结构的疲劳试验，尤其适用于大型结构构件的疲劳试验。
疲劳试验机的主要技术性能指标包括：试验机的最大荷载值、最小荷载值及加载频率。大多

数疲劳试验机只能产生单脉动循环，即最小荷载值与最大荷载值同向；只有少数疲劳试验机可以产生对称循环荷载，即最小荷载值与最大荷载值反向，甚至两者相等但方向相反。

1. 疲劳试验荷载

（1）试验荷载取值　影响结构和材料疲劳极限的主要因素就是应力循环特征 ρ，其计算式为

$$\rho = \frac{\sigma_{\min}}{\sigma_{\max}} \tag{6-18}$$

式中　$\sigma_{\min}$——重复荷载产生的最小应力；

　　　$\sigma_{\max}$——重复荷载产生的最大应力。

结构的疲劳试验首先需要确定最大荷载值和最小荷载值。最大荷载值应按《建筑结构荷载规范》中疲劳荷载组合选取。结构的疲劳试验首先需要确定最大荷载值和最小荷载值。最大荷载值即荷载上限值，应按试件在荷载标准值的最不利组合产生的效应值计算得到；最小荷载值，即荷载下限值，应根据疲劳试验机性能而定，通常荷载下限值不应小于液压脉动加载器最大动荷载的3%；最后按荷载取值选用荷载容量适当的加载器，并应适当考虑构件和加载器运动部件的惯性力影响。检验性的吊车梁的正截面、斜截面疲劳试验，应分别根据设计规范中规定的起重机荷载最不利作用位置时的荷载标准值产生的效应值决定最大试验荷载、最小试验荷载和加载位置，并选择参数合适的加载设备。结构（如吊车梁）最小试验荷载值是结构的自重，即外加荷载为零。但受疲劳试验机能力的限制，只能采用试验机的最小荷载限制值。

（2）疲劳试验频率　疲劳试验荷载在单位时间内重复作用的次数称荷载频率。荷载频率越低，越接近结构的真实工作状况，试验的时间越长。频率过高将影响材料的塑性变形，对试验的附属设施也带来诸多问题，目前尚无统一标准，应依据试验机的性能而定。考虑到加载频率应远离结构的共振区，故加载频率不应大于试验结构或荷载架自振频率的80%；不应小于自振频率的130%，即疲劳试验机的频率 θ 与结构的固有频率 $\overline{\omega}$ 之比应满足 $0.8 > \frac{\theta}{\omega}$ 或 $\frac{\theta}{\omega} > 1.3$，常取 $0.8 > \frac{\theta}{\omega}$。

2. 疲劳试验的加载程序

疲劳试验的加载程序有两种：为确定疲劳极限对构件始终施加重复荷载；静荷载与疲劳荷载交替施加。GB 50152—1992《混凝土结构试验方法标准》规定检验性试验采用第二种加载程序。疲劳试验分为四种形式的试验。

（1）预加载　加载值为最大荷载的20%，以消除支座等连接件之间的缝隙，检查仪器工作是否正常。

（2）静载试验　预加载后和施加重复荷载过程中常先作 2~3 次加—卸载循环的静载试验，观察重复荷载对抗裂性、开裂及裂缝宽度的影响，以及应力、应变和最大挠度的变化情况。正常使用情况下如果出现裂缝，和静载试验一样应描述裂缝开裂情况。静载试验的最大荷载按正常使用的最不利组合选取；试验方法按结构静载试验各章介绍的方法进行；观测项目可适当简化。荷载分级可采取最大荷载值 $Q_{\max}$ 的20% 为一级，加载时宜分五级加到最大荷载，但在经过最小荷载值时应酌情增加一级；卸载宜分五级卸载到零，但在经过最小荷载值时也应增加一级；允许出现裂缝的试件，在第一循环加载过程中且裂缝出现前，适当加密

荷载等级。在每级加载或卸载时，读取仪表读数，观测裂缝等。

（3）疲劳试验　疲劳试验宜按下列次序加载：调节计数器→开动试验机（待机器达到正常状态）→加最小荷载→调节加载频率→加最大荷载→反复调节最大、最小荷载到规定值。疲劳试验过程中应保持荷载的稳定性，其误差不应超过最大荷载的 ±3% 。根据试验要求，宜在重复加载到 10×10^3 、 100×10^3 、 500×10^3 、 1×10^6 、 2×10^6 及 4×10^6 次时，停机进行一个循环的静载试验，测读应变、挠度、观测裂缝等；加卸载方法同前。在疲劳试验过程中，宜在加载到 10×10^3 、 20×10^3 、 50×10^3 、 100×10^3 、 200×10^3 、 500×10^3 、 1×10^6 、 1.5×10^6 、 2×10^6 、 3×10^6 及 4×10^6 次时，测量一次结构的动应变和动挠度。

（4）破坏试验　达到规定的疲劳次数后需做破坏试验。这时有两种试验方法：继续做疲劳试验直至破坏或构件出现疲劳极限标志，获取疲劳极限次数；做静载破坏试验，试验方法与静载试验相同，获取疲劳后的极限承载力，破坏标志与静载试验相同。检验性疲劳试验程序如图 6-16 所示。

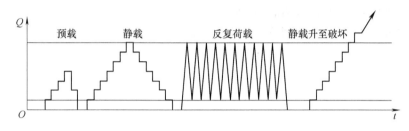

图 6-16　疲劳试验加载程序

3. 受弯构件的疲劳破坏标志

（1）正截面疲劳破坏标志

1）某一根纵向受拉钢筋疲劳断裂，当配筋率正常或较低时可能发生。

2）受压区混凝土疲劳破坏，当配筋率过高或倒 T 形截面时可能发生。

（2）斜截面疲劳破坏标志

1）与临界斜裂缝相交的腹筋（箍筋或弯筋）疲劳断裂，腹筋配筋率正常或较低时发生。

2）混凝土剪压疲劳破坏，当腹筋配筋率很高时可能发生。

3）与临界斜裂缝相交的纵向钢筋疲劳断裂，当纵向配筋率较低时可能发生。

（3）锚固区钢筋与混凝土的粘结锚固疲劳破坏　破坏常发生在采用热处理钢筋、冷拔低碳钢丝、钢绞线配筋的预应力混凝土结构中。

疲劳破坏发生时，应记录疲劳破坏的次数、破坏特征、荷载值等。钢筋发生疲劳断裂时，应打开混凝土，观察钢筋断裂的情况。

4. 疲劳试验的安全措施

疲劳试验需要时间长、振动大、试件安装及试验过程中需要充分注意安全措施，包括：

1）试件安装时要严格对中；保证平稳；尽可能不用分配梁，如需多点加荷载可用多个脉冲千斤顶；要在砂浆找平层的强度足够大时才能开始进行试验。

2）试验过程中要经常巡视，发现安全隐患应立刻排除。

3）注意安全防护，设置支架等安全设施，保证试件即使断裂也不会坍塌。

4）应设置可靠的自动停车装置。

本 章 小 结

本章讲述了结构动力试验的数字信号处理的基本概念；介绍了动荷载特性测定、结构动力特性的测定、结构动力反应测定的方法以及结构疲劳试验的方法。阐述了测定结构固有频率、阻尼和振型的基本方法以及动应力和动应变的测定和数据处理分析方法。

思 考 题

6-1 什么是振动的时域表示法？如何由时域表示法变换成频域表示法？

6-2 什么是采样定理？它在结构动力试验中有什么作用？

6-3 结构的动力特性有哪些？如何测定？

6-4 怎样测定动挠度和动应变？

6-5 结构的动力特性试验通常有哪些方法？

6-6 结构动力系数的概念是什么？如何测定？

6-7 疲劳试验的目的是什么？需测量哪些项目？

6-8 判断疲劳试验破坏的标志是什么？

第7章 结构抗震试验

本章提要 本章介绍结构抗震试验的三种试验方法：低周反复加载试验(伪静力试验)、拟动力试验和地震模拟振动台试验。不同的试验具有不同的试验加载制度、试验设备和测量仪器。低周反复加载试验是用静力加载的方法近似模拟地震作用，实质上属于静力试验的范畴。拟动力试验又称为伪动力试验或计算机—加载器联机试验。加载输入的是地震波的加速度时程曲线或人工合成地震波，拟动力试验的加载周期较长，接近静态试验。地震模拟振动台试验是在地震模拟振动台上进行的动力试验，可以再现各种形式的地震波，为地震的多波输入分析提供了可能。

7.1 结构抗震试验概述

7.1.1 结构抗震试验的任务

地震是一种自然现象，全世界每年大约发生 500 万次地震，绝大多数地震发生在地球深处或者释放的能量较小而难以觉察到。人们能感觉到的地震称为有感地震，约占地震总数的 1% 左右。能造成灾害的强烈地震很少，平均每年发生十几次。我国是一个地震多发国家，发生过华县大地震、邢台地震、海城地震、唐山大地震及 2008 年的汶川地震等强烈地震多起。强烈地震能引起地面的摇晃和颠簸，引发海啸并造成建筑物的破坏，危及人类的生命和财产安全。

为了提高建筑物的抗震能力，减轻地震对建筑结构的破坏作用，科研人员从理论和试验两个方面对结构的抗震性能进行了大量的研究。结构的抗震性能由结构的强度、刚度、延性、耗能性能、刚度退化等几个方面衡量；结构抗震能力是结构抗震性能的表现。GB 50011—2010《建筑抗震设计规范》要求，结构应具有"小震不坏、中震可修、大震不倒"的抗震能力。结构抗震试验就是利用现有的试验手段，具体研究结构或构件的实际抗震能力，主要任务包括：

1) 研究新型建筑材料的抗震性能，为该材料在地震区的推广使用提供科学依据。
2) 研究新型建筑结构的抗震能力，提供该新型结构在地震区推广的抗震设计方法。
3) 进行实际结构模型抗震试验研究，验证结构的抗震性能和能力，评定其安全性。
4) 通过结构抗震试验获得试验数据，为制定和修改抗震设计规范提供科学依据。

7.1.2 结构抗震试验的分类及特点

结构抗震试验分为场地结构原型试验和试验室试验两大类。场地结构原型试验包括人工地震模拟加载试验和天然地震加载试验两种；试验室内试验有低周反复加载试验(伪静力试验)、拟动力试验、地震模拟振动台试验三种。结构抗震试验是研究结构物在模拟地震荷载作用下的强度、变形、非线性性能及结构的实际破坏状态。试验不仅研究结构或构件的恢复力模型（用于地震反应计算），而且还从能量耗散的角度进行滞回特性的研究（探求结构抗震性能）。结构承受地震作用，实质上是承受多次反复荷载作用，结构依靠自身变形消耗地震能量，因此结构抗震试验的荷载应具有反复作用的特点。在试验过程中，结构构件将屈服并进入非线性工作阶段，直至完全破坏，因此试验结构具有较大的变形。

1. 低周反复加载试验

低周反复加载试验是假定在第一振型（倒三角）条件下对试验对象施加低周反复循环作用的力或位移，由于低周反复加载的周期远大于结构自身的基本周期，所以实质上还是用静力加载的方法近似模拟地震作用。因此，低周反复加载试验又称为伪静力试验或拟静力试验。

进行结构低周反复加载试验的目的是：

1）研究结构在地震荷载作用下的恢复力特性，确定结构恢复力计算模型；利用低周反复加载试验获得的滞回曲线和曲线面积求得结构的等效阻尼比，衡量结构的耗能能力；利用恢复力特性曲线获取与一次加载相近的骨架曲线、结构初始刚度和刚度退化等参数。

2）通过试验从强度、变形和能量三个方面判别和鉴定结构的抗震性能。

3）通过试验研究结构的破坏机理，为改进抗震设计方法，修改抗震设计规范提供依据。

低周反复加载试验的优点是：在试验过程中可以随时停下来观察结构的开裂和破坏状态；便于检验校核试验数据和仪器的工作情况；可根据试验需要修改或改变加载历程。低周反复加载试验的不足之处是：试验的加载历程是研究者预先主观确定的，与实际地震作用历程无关；加载周期长，不能反映实际地震作用时应变速率的影响。

2. 拟动力试验

拟动力试验又称伪动力试验或计算机—加载器联机试验，试验输入地面运动加速度时程，由计算机求得结构的位移时程控制加载器施加荷载，是对结构边分析，边试验的结构抗震试验方法。通过拟动力试验，可以研究结构的恢复力特性；结构的加速度反应、位移反应；结构的开裂、屈服和破坏的全过程。拟动力试验具有以下特点：

1）恢复力特性复杂的结构弹塑性分析十分困难，拟动力试验在数值分析过程中不需对结构的恢复力特性作任何假设，有利于分析结构弹塑性阶段的性能，便于再现实际地震反应。

2）拟动力试验加载周期可设计的较长，试验时有足够的时间观测结构性能变化和受损破坏的全过程，可以获得比较详尽的数据资料。

3）拟动力试验能够采用作用力较大的加载器，可以进行大比例尺试件的模拟地震试验，弥补了地震模拟振动台试验时小比例尺模型的尺寸效应，能较好地反映结构的构造要求。

拟动力试验也有不足之处，拟动力试验无法反映实际地震作用时材料应变速率对结构强度的影响；拟动力试验只能通过单个或几个加载器对试件加载，不能完全模拟地震作用时结构实际受到分布作用力的情况；拟动力试验很难再现结构的阻尼作用对试验结果的影响。近年来，由于计算机技术的发展和快速拟动力试验系统的开发和应用，拟动力试验加载的时间周期已大大缩短，因而，拟动力试验的结果有可能反映应变速率对结构抗震性能的影响。

3. 地震模拟振动台试验

结构抗震动力试验的目的之一就是确定结构线性动力特性，即结构在弹性阶段变形比较小时的自振周期、振型、能量耗散和阻尼值；另一个目的是研究结构的非线性性能，如结构进入非线性阶段的能量耗散、滞回特性、延性性能、破坏机理和破坏特征。

目前抗震动力试验有场地结构原型试验和试验室试验两种。研究表明，结构的静态试验和结构原型弹性阶段的动载试验获取的数据资料不能满足抗震设计的要求，结构在各个工作阶段的动态特性参数对结构地震反应分析具有越来越重要的意义。例如，多层砖石结构在振动超出线性范围后动力特性变化显著，其周期增长 2 ~ 4 倍；阻尼增加两倍左右。为此，必须通过原型结构在非线性阶段的动力试验获取结构内力与变形的关系、能量吸收和破坏特征。尤其是建造在不同地震烈度区和不同地基土壤条件上的结构，构件在结构中所具有的阻尼特性、各构件及非结构构件的连接特性等，只有通过场地原型结构动力试验才可获得。

结构动力抗震试验的难度和复杂性远比静力试验大得多，原因有：试验荷载是动力形式，具有速度、加速度的特征，并以一定的频率对结构施加动力影响；由于加速度作用引起的惯性力使荷载的大小直接与结构本身的质量有关；动力荷载对结构产生的共振使应变和挠度增大。其次，动力荷载作用于结构还有应变速率的影响，应变速率的大小又直接影响结构材料的强度。在动力试验中常以试验对象的自振周期（第一周期）为标准衡量和区分静力或动力试验，若试验对象的自振周期为 0.3s，加载周期超过 0.3s 时即被认为是静力加载试验；反之，若加载周期小于 0.3s 即被认为是动力试验。该时间概念是相对的，刚性结构，其自振周期小，研究结构动力滞回性能时每周加载时间应该很小；反之，柔性结构的加载时间可以长些。实际试验时由于受试验条件的限制，即使试验加载周期为 2s，对于自振周期小于 1s 的砖石结构，也常称为动力试验。

地震模拟振动台的台面可以再现天然地震记录，安装在振动台上的试件能受到类似天然地震的作用，所以地震模拟振动台试验可再现结构在地震作用下开裂、破坏的全过程；能反映应变速率对结构强度的影响；也可根据相似要求对地震波进行时域压缩和加速度幅值调整等处理，适用于超高层和巨型结构的整体模型试验。受试验设备能力及试验经费的限制，目前结构动力抗震试验多采用在试验室进行缩小比例尺的结构构件或模型试验。

地震模拟振动台动力试验具有其他抗震动力或静力试验所不具备的特点，即地震模拟振动台能再现各种形式的地震波，为试验的多波输入分析提供了可能；可以模拟若干次地震现象的初震、主震以及余震的全过程，能了解试验结构在相应各个阶段的力学性能，能更直观地了解和认识地震对结构产生的破坏现象；可以根据需求，借助人工地震波模拟任何场地上的地面运动特性，进行结构的随机振动分析；对于特种结构，特别是其与其他介质共同工作时，许多破坏过程都难以预测，振动台试验可以获得更多感性认识，建立合理力学模型。而低周反复加载试验，受试验设备和技术条件的限制，试验采用静力加载方法模拟地震力的作用，整个试验过程持续时间长达数小时以上，与仅 1s 左右的一般结构自振周期相比，即使试验时间缩短到几十秒、甚至几秒钟，但仍属于慢加载，与真正受动力荷载作用的振动台试验相比，低周反复加载试验无法真实反映应变速率对结构抗震能力的实际影响，也无法研究结构的动力反应、结构抵抗动力荷载的实际能力与安全储备。结构动力试验结果表明，加荷速度越快，引起结构或构件的应变速率越高，则试件强度和弹性模量相应提高。地震模拟振动台试验的缺点是：振动台试验多为模型试验，且试件比例较小，试验时容易产生尺寸效应，难以模拟实际结构构造，并且试验费用较高。

7.2 低周反复加载试验

7.2.1 低周反复加载试验的加载制度

1. 单向反复加载制度

单向反复加载方案有控制位移加载、控制作用力加载以及控制作用力和控制位移的混合加载三种方法。

（1）控制位移加载法 控制位移加载法是结构抗震恢复力特性试验中使用最多的加载方法，在加载过程中以位移或以屈服位移的数倍作为加载的控制值。位移可以是线位移、转角、曲率或应变等。当试验对象有明确的屈服强度时，以屈服位移的倍数为控制值；当构件不具有明确的屈服强度(如轴力大的柱子)，或干脆无屈服强度时(如无筋砌体)，可确定恰当的位移值控制试验加载。

控制位移加载法又分为变幅加载、等幅加载和变幅等幅混合加载三种。

1）变幅加载。控制位移的变幅加载制度如图 7-1 所示。图中纵坐标是延性系数 μ 或位移值，横坐标为反复加载的周次。这种加载制度每加载一周后，增加位移的幅值。当对构件的性能不太了解进行探索性研究或确定恢复力模型时，多采用变幅加载研究构件的强度、变形和耗能的性能。

2）等幅加载。控制位移的等幅加载制度如图 7-2 所示。该加载制度在整个加载试验过程中始终按照等幅位移施加荷载，该加载法主要用于研究构件的强度降低和刚度退化规律。

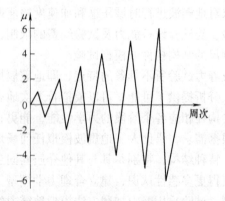

图 7-1　控制位移的变幅加载制度

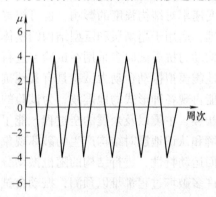

图 7-2　控制位移的等幅加载制度

3）变幅等幅混合加载。混合加载法是将变幅、等幅两种加载制度结合起来的方法，如图 7-3 所示。该方法可以综合研究构件的性能，包括等幅加载时的强度和刚度变化及变幅加载和大变形情况下强度和耗能能力的变化。该加载制度等幅循环次数随研究对象和要求不同而异，一般为 3~6 次。图 7-4 所示也是混合加载制度，该加载制度在两次大幅值控制位移之间有数次小幅值位移循环，以模拟构件承受二次地震的作用，其中小循环加载是用来模拟余震的作用。

由于试验对象或研究目的不同，在进行试验研究时常采用各种控制位移加载的方法，通过恢复力特性试验研究和改进构件的抗震性能。其中以变幅等幅混合加载方案使用的最多。

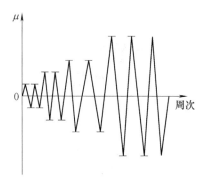

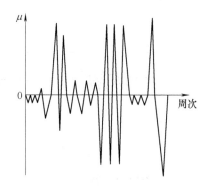

图 7-3　控制位移的变幅等幅混合加载制度　　　图 7-4　专门设计的变幅等幅混合加载制度

（2）控制作用力加载法　控制作用力加载方法是通过控制施加于结构或构件上作用力大小的变化实现低周反复加载。控制作用力加载法是直观地根据试验对象屈服应力的倍数作为参数研究结构的恢复力特性，但采用电液伺服加载器按控制作用力加载法加载时，如果对试件的实际承载能力估计过高，试验时很容易发生失控现象，所以在实际试验中这种加载方法应慎重使用。

（3）控制作用力和控制位移的混合加载法　混合加载法是在试验中先控制作用力后控制位移的加载方法。控制作用力加载时，并不考虑实际位移是多少，由初始设定的控制力值开始加载逐级增加控制力，经过结构开裂阶段后一直加载到试件屈服，再用位移控制加载。按位移加载时应确定一个标准位移，标准位移可以是结构或构件的屈服位移，试件无明显屈服强度时，标准位移则由试验研究人员自行确定。在转变为控制位移加载后，可以按标准位移数值的倍数控制加载，直到结构破坏。这种加载法在控制作用力加载阶段也容易发生失控，在实际使用中应予以注意。

2. 双向反复加载制度

为了研究地震作用对结构构件的空间组合效应，克服结构构件在采用单方向（平面内）加载时不考虑另一方向（平面外）地震作用对结构影响的局限性，可在 X、Y 两个主轴方向同时施加低周反复荷载。框架柱或压杆的空间受力状态以及框架梁柱节点试验在两个主轴所在平面采用梁端加载方案施加反复荷载试验时，均可采用双向同步或非同步的加载制度。

（1）X、Y 轴双向同步加载　双向同步加载与单向反复加载制度相同，当低周反复荷载在与构件截面主轴成 α 角的方向进行斜向加载时，能同时产生 X、Y 两个主轴方向的荷载分量同步作用。双向同步加载同样可以采用控制位移加载法、控制作用力加载法或作用力及位移两者混合控制的加载方法。

（2）X、Y 轴双向非同步加载　在构件截面的 X、Y 两主轴方向分别施加低周反复荷载即可施加双向非同步加载。由于 X、Y 两个方向能不同步地先后或交替加载，因此形成如图 7-5 所示的各种不同加载方案。图 7-5a 所示是在 X 轴方向不施加荷载，Y 轴方向施加反复荷载；图 7-5b 所示是在 X 轴方向施加荷载后保持恒载，在 Y 轴方向施加反复荷载；图 7-5c 所示是在 X、Y 轴方向先后施加反复荷载；图 7-5d 所示是在 X、Y 两轴方向交替施加反复荷载；图 7-5e 所示的是"8"字形加载制度；图 7-5f 所示的是方形加载制度。

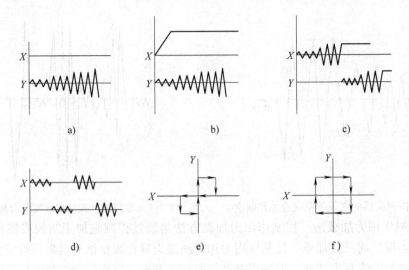

图 7-5　双向低周反复加载制度

7.2.2　低周反复加载试验的加载设计

1. 墙体试验加载设计

砖、石以及砌块结构的房屋在我国民用建筑中占有很大比重，震害调查表明其抗震性能较差。砖、石或砌块墙体作为承重结构，在地震时常常首先遭受地震力作用破坏并导致整栋建筑物的倒塌。因此，砖、石以及砌块墙体的强度与变形性能的试验研究对探讨砖、石及砌块结构房屋的破坏机理、抗震设计计算方法的分析研究及其抗震性能提高都具有重要意义。

砖、石及砌块墙体在地震作用下，墙体承受竖向荷载（轴心或偏心）以及地震对结构作用所产生的惯性力反应，即水平荷载。在试验中需要测定墙体的抗侧力强度和变形等有关数据；描绘结构的滞回特性曲线；研究墙体的恢复力特性；进行非线性反应的分析。

（1）试件和边界条件的模拟　砖、石及砌块墙体试验时如果墙体试件是模拟横墙工作，可以采用带翼缘或不带翼缘的单层单片墙、双层单片墙或开洞墙体的砌体试件；模拟纵墙时，可按计算单元根据门窗、孔洞分布的情况，采用有两个或一个窗间墙的双肢或单肢窗间墙试件。在试验中为了再现地震力作用下墙体出现斜裂缝或交叉斜裂缝的破坏现象，墙体及试验装置安装时必须满足边界条件的模拟。为了满足试件受力的边界条件，试验装置设计必须考虑以下条件：

1）试验装置应模拟水平地震力作用下墙体的受力状态，重现地震时产生的破坏现象。

2）墙体试件应满足：底部为固定边界条件；顶部为平移边界条件，高宽比较小的墙体的顶部也可采用自由边界条件。

（2）试验装置和加载设计　墙体试件在低周反复加载试验中常用的试验装置主要有下列几种：

1）竖向均布加载的悬臂式试验装置。竖向均布加载的悬臂式试验装置如图 7-6 所示。墙体试件通过下部底梁锚固在试验台座上；模拟上部结构竖向荷载的加载器通过墙体顶部的压梁施加垂直荷载；水平方向的加载器模拟地震作用时的低周反复水平荷载。竖向荷载由数个加载器施加集中荷载或通过分配梁对试件施加均布荷载，各加载器由液压泵提供竖向荷载

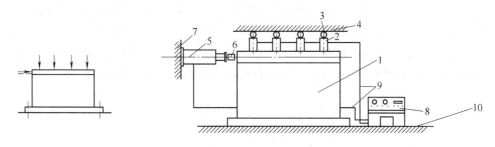

图 7-6　竖向均布加载的悬臂式试验装置

1—试件　2—竖向荷载加载器　3—滚轴　4—竖向荷载支撑架　5—水平双作用加载器
6—荷载传感器　7—水平荷载支撑架　8—液压加载控制台　9—输油管　10—试验台座

所需要的油压，在试验过程中应保持竖向荷载恒定不变；加载器顶部装有特制的滚轴或滑板，墙体受水平荷载作用而产生水平位移时，可以保证试件具有可平移滑动的边界条件，不致因竖向荷载作用而对试件的水平位移产生约束。滚轴或滑板不仅可以减少水平移动时的摩擦力，而且保证墙体水平位移时，竖向加载器的作用点与相对位置不发生变化，保证边界的受力状态。实现水平加载有以下几种方式：理想的加载方法是使用出力较大的低频电液伺服作动器加载，可以实现低频、大位移、双向加载；或采用普通双作用千斤顶作为加载器，也能满足反复加载的要求；也可利用两台单作用千斤顶作为加载器安装在试件两侧，通过换向阀交替对墙体施加水平推力。

悬臂式试验装置施加水平荷载时，墙体将承受一定的弯矩。当墙体的高宽比较大时，可能由于受弯矩作用而产生水平裂缝导致弯剪型破坏，使墙体滑移位移增大。因此，采用该装置试验时限定试件的高宽比不宜大于 1:3，试验过程比较接近房屋顶层墙体的工作情况。房屋其他楼层的墙体，如底层的墙体，在实际工作情况下墙顶受到弯矩作用，采用竖向加载的悬臂式装置时，墙顶应作用非均布竖向荷载以模拟墙顶的弯矩效应，若竖向荷载呈周期性的大小转换，则荷载控制系统就更复杂。实现这种加载模式可采用图 7-7 所示的试验装置。试验装置是通过墙顶部刚性的 L 形横梁对墙体顶部施加弯矩；也可采用制作多层墙体试件，并增大墙体高宽比来满足弯剪型试验所要求的试验条件。

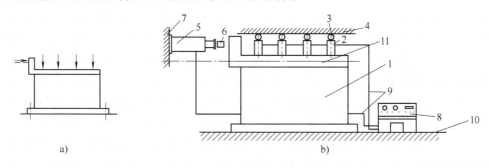

图 7-7　模拟墙顶弯矩的试验装置

a）受力简图　b）加载装置

1—试件　2—竖向荷载加载器　3—滚轴　4—竖向荷载支撑架　5—水平荷载双作用加载器　6—荷载传感器
7—水平荷载支撑架　8—液压加载控制台　9—输油管路　10—试验台座　11—刚性 L 形钢梁

2）固端平移式试验装置。固端平移式试验装置可以较好地模拟墙体实际受力情况与边界条件，是在试验中可以满足只允许墙体顶部产生水平位移而不产生转动的专门试验加载装置（见图7-8），该装置也常称作日本建研式试验装置，主要由以下部分组成：①基础平台（或抗弯大梁）和抗侧力支架（或反力墙）；②竖向荷载支撑架；③Γ形刚架及四连杆机构；④竖向加载器、滚轴及静载稳压装置；⑤大行程水平拉压双作用加载器。

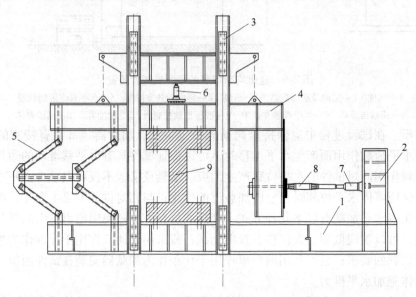

图 7-8　固端平移式试验装置
1—抗弯大梁　2—抗侧立支架　3—竖向荷载支撑架　4—Γ 形刚架　5—四连杆机构
6—竖向荷载加载器　7—大冲程水平双作用加载器　8—荷载传感器　9—试件

图 7-8 所示是纵墙单肢窗间墙的试验。试件安装就位后，在墙体的上下两端分别用螺栓与 Γ 形刚架的横梁及台座大梁紧固连接，竖向加载器通过 Γ 形刚架的横梁对墙体施加竖向荷载，保证墙体在水平荷载作用下产生位移的过程中，竖向荷载的大小和作用点位置不变，并且竖向荷载也不应影响墙体在水平荷载作用下所产生的水平位移。该装置结构合理，试件处于最接近多层砖、石结构房屋中墙体在地震时的受力状态；但装置的结构比较复杂，要求 Γ 形刚架具有较大刚度，且四连杆机构的杆件尺寸较大，铰接机构构造精密，否则不能保证 Γ 形刚架的横梁在试验中往复水平移动。在墙体试验的加载过程中，液压加载器通过横梁将荷载均匀地作用在砌体上。试验时，竖向荷载应一次加载到试验控制值；加载器的个数和荷载的大小应根据砌体截面及竖向控制应力的大小确定；整个试验过程中，竖向荷载数值应恒定不变；在弹性阶段即砌体开裂以前水平反复荷载采用荷载控制模式。为及时发现墙体开裂并确定开裂荷载，每级荷载应取小些，常取计算极限荷载的 1/5 ~ 1/10，试验时应逐级增加荷载直至开裂，开裂后按变形进行控制。砖、石砌体没有明显的屈服强度，故变形控制标准值应根据研究目的确定，也可以开裂位移为控制参数，按开裂位移的倍数逐级增加，直至破坏状态。低周反复加载试验时，每级试验荷载要求反复循环的次数取决于研究目的。墙体开裂前试件变形曲线基本是直线，因此在荷载控制试验阶段，每级荷载反复 1 ~ 3 次即可；试件开裂后，墙体产生塑性变形和摩擦变形，每级荷载反复试验 2 ~ 3 次，直至试件破坏。按位移控制加载时，试验应持续到骨架曲线出现下降段，且水平荷载降至极限荷载的 85% 时方可停止试验。

2. 钢筋混凝土框架节点加载设计

研究钢筋混凝土框架结构的抗震性能时，常采用对钢筋混凝土框架结构梁柱节点即梁端、柱端与核心区的组合体施加低周反复荷载的试验方法。

（1）试件和边界条件的模拟　钢筋混凝土框架节点试件，可取框架在侧向荷载作用下节点相邻梁柱反弯点之间的组合体并制作成十字形试件。图 7-9a 所示在柱端施加轴力 N、P_1 和 P_2 模拟地震力，轴力 N 根据试验所需 N 与 M 的比值确定。图 7-9b、c 所示为 X 形试件，图 7-9b 所示将加载方向相对框架轴线转动 θ 角，轴力 N 与弯矩 M 成正比，不能保持轴力恒定；图 7-9c 所示的试件加载时，试件不受轴力作用，节点的应力仅由弯矩和剪力产生，不能反映节点的真实应力状态。

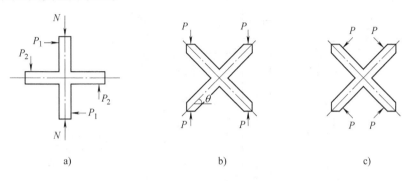

a)   b)   c)

图 7-9　框架梁柱节点组合体的试件形式

为了真实反映钢筋混凝土的材料特性，试件尺寸不应小于实际构件的 1/2。试验结果表明，在研究节点构造时，即使 1/2 比例的试件也难以完全模拟足尺构件的构造效果。因此，进行系统试验研究时，必须在小尺寸构件试验基础上进行一定数量的足尺试件试验，以便对试验结论加以验证及补充；对于检验性试验或预制装配节点试验，应采用足尺试件，并保证配筋构造符合或接近实际情况；十字形试件试验时，应避免因梁首先发生剪切破坏而影响预期效果的取得。采用图 7-9c 所示的 X 形试件试验时必须对试验条件进行专门设计，以便再现结构的实际应力状态，试件尺寸与应力的关系，试件变形引起支座横向位移等有关问题。

框架是超静定结构，在设计梁柱节点组合体试件及选择试验加载装置时应特别注意边界条件的模拟。在实际框架结构中，横向荷载作用时，节点上端柱反弯点可视为能水平移动的铰；相对于上端柱反弯点，下端柱反弯点可视为固定铰；节点两侧梁的反弯点均视为可水平移动的铰，该边界条件较符合节点在实际结构中的受力状态。模拟这种边界条件需采用柱端施加侧向荷载或位移的试验加载方案，加载设备及支座装置十分复杂。在实际试验中，为了简化加载装置，往往采用梁端施加反向对称荷载的方案，此时节点边界条件是：上、下柱反弯点均为不动铰；梁两侧反弯点则为自由端。上述两种方案的主要区别在于后者忽略了柱子的荷载位移效应，当必须考虑荷载位移效应的试验（以柱端塑性铰为研究对象时），应采用柱端加载的方案；当以梁端塑性铰或核心区为主要研究对象时，可采用梁端反对称加载方案。

（2）试验装置和加载设计

1）钢筋混凝土梁柱节点梁端加载试验装置。采用钢筋混凝土梁柱节点梁端加载试验装置试验时，梁柱节点试件安装在荷载支撑架内；柱的上下端都安装有铰支座；柱顶自由端通过液压加载器施加恒定的轴向荷载；梁的两端用四个液压加载器施加反向对称低周反复荷载。反向对称荷载由液压控制系统控制，同步加载。梁端反向对称加载将在柱顶产生水平推力，上柱自由端与反力架之间设有球铰装置，保证水平推力的形成，水平推力数值可由测力传感器进行测量，具体结构如图 7-10 所示。

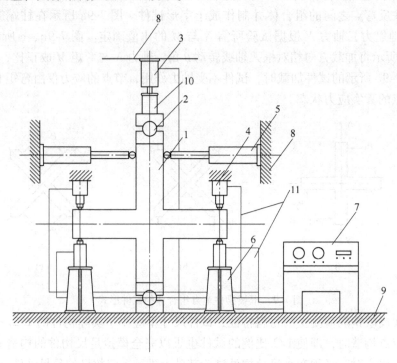

图 7-10　框架梁柱节点试件梁端加载试验装置
1—试件　2—柱顶球铰　3—柱端竖向加载器　4—梁端加载器　5—柱端侧向支撑　6—支座
7—液压加载控制台　8—荷载支撑架　9—试验台座　10—荷载传感器　11—输油管路

2）钢筋混凝土梁柱节点有侧移柱端加载试验装置。为了真实反映钢筋混凝土框架节点受地震作用时的实际受力特点，可以采用几何可变框式试验架装置，如图 7-11 所示。试验架周边框架和立柱由槽钢焊接而成；梁、柱间用轴承连接成几何可变的框架体系；框架周边每相隔一定距离预留孔洞；框架和立柱上下左右相对调整连接距离即可以适应不同高度（包括上下柱反弯点不同）和宽度的试件试验的需要。

利用钢制销栓将试件柱端及梁端的预留孔分别与框架横梁和立柱相应位置的圆孔铰接连接；再将整个试验装置用地脚螺栓固定在试验台座上；在试件上端柱顶安装施加竖向荷载的液压加载器；用拉杆将反力横梁连接到框架上部的横梁形成自平衡体系。试验时，反力架上的水平液压加载器对框架上端施加低周反复荷载，框架体系即带动安装在框架内的试件变形，形成如图 7-11b 所示的柱顶受载有侧移的边界条件，满足模拟实际受力图式的要求。

7.2.3　低周反复加载试验的观测设计

1. 墙体试验观测设计

砖、石及砌块墙体抗震试验的观测项目有：裂缝、开裂荷载、破坏荷载、墙体位移、应

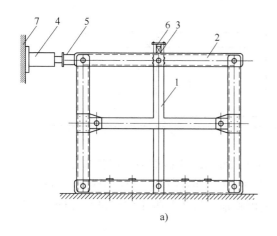 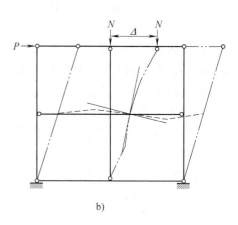

图 7-11 框架梁柱节点试件柱端加载试验装置
1—试件 2—几何可变框式试验架 3—竖向荷载加载器 4—水平荷载加载器
5—荷载传感器 6—荷载支撑架 7—水平荷载支撑架或反力墙

变及荷载位移曲线、应变测量等。

（1）裂缝和开裂荷载 墙体试验裂缝观测项目包括初始裂缝的位置、开裂的荷载数值、裂缝发展的过程和试件破坏时裂缝的形式。试验中多采用肉眼或借助放大镜进行裂缝观测。由于砖、石及砌块墙体材质的不均匀性，裂缝往往在肉眼发现之前就已经出现，试验中也可采用应变突变的方法检测试件的最大应力区或开裂的位置，也可在预计开裂的区域涂以石灰水、石蜡或脆漆，及时、准确地检测裂缝的出现以及初裂的位置。开裂荷载由加载器上荷载传感器的输出显示或由 X-Y 函数记录仪变形曲线上的转折点确定。试验荷载分级越细，测得的开裂荷载值越准确。

（2）破坏荷载 破坏荷载可以由水平加载器上荷载传感器的输出显示，或由 X-Y 函数记录仪荷载轴上的最大示值确定，此时必须同时记录竖向荷载加载器的荷载数值。

（3）墙体位移和荷载位移曲线 墙体的位移是指墙体在低周反复水平荷载作用下的侧向位移。测量墙体位移时可以沿墙体高度在其中心线位置上均匀间隔布置 5 个测点（见图 7-12），测量墙体顶部的最大位移及墙体的侧向位移曲线。测量墙体在水平荷载作用下产生的转动和平移时，可以通过侧向位移计消除墙体的平移影响；通过布置适当的测点（见图 7-12 中的 ϕ_6,ϕ_7）可测量墙体的转动情况。

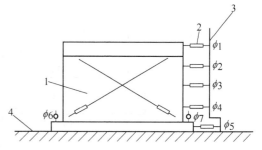

图 7-12 墙体侧向位移测量时的测点布置
1—试件 2—位移计 3—安装在试
验台上的仪表架 4—试验台座

测量墙体变形时，为了自动消除墙体平移或转动的影响，也可以将测量侧向位移的仪表直接固定在墙体试件的底梁上（见图 7-13），测量中断面的侧向位移。如果要消除荷载作用的偏心影响，可在墙体前后对称布置测点，利用两侧变形的平均值消除墙体可能产生的平面外弯曲或扭曲带来的误差。这种布点方式尤其适用于在墙体两侧采用单作用加载器反复施加水平荷载的试验装置，可以有效避免加载和量测工作的相互干扰。墙体的剪切变形可以通过在墙体对角线布置的位移计进行测量。

在墙体试验中，为了便于自动记录和绘图，多采用电测式位移传感器进行位移测量。位移传感器可以采用应变式位移传感器、差动式位移传感器或电阻式滑线位移计等，位移传感器与荷载传感器输出的信号经放大器放大后分别输入 X-Y 函数记录仪，即

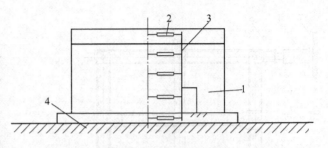

图 7-13 消除墙体平移和转动的测点布置
1—试件 2—位移计 3—安装在试件底梁上的仪表架 4—试验台座

可自动绘出墙体的荷载—位移恢复力特性曲线，也可将信号输入数据采集仪进行存储，以便后期进行数据处理。

（4）应变测量 在分析墙体破坏机理时，应变测量具有重要意义。为了量测墙体的剪切变形和主拉应力，应采用三向应变测点布置形式。由于墙体材料性质的不均匀性，测量应变时测点应有较大的量测标距，有时甚至需跨越砖块和灰缝进行应变测量，所以测量时多采用电子引伸仪或长标距的电阻应变计。对于有构造柱或钢筋网抹灰加固的墙体，可将电阻应变计直接粘贴在混凝土或砂浆表面或钢筋上进行量测。墙体试验应变测量结果离散性大、规律性较差。

2. 框架节点试验观测设计

框架节点试验观测项目有：荷载数值及支座反力；荷载—变形曲线，变形包括梁端和柱端位移、梁或柱塑性铰区曲率或截面转角、节点核心区剪切角；钢筋应力，包括梁、柱交界处梁、柱纵筋应力，梁、柱塑性铰区或核心区箍筋应力；钢筋的滑移，主要是梁（柱）纵向钢筋通过核心区段的锚固滑移；裂缝观测等。图 7-14 所示是测点布置示意图。

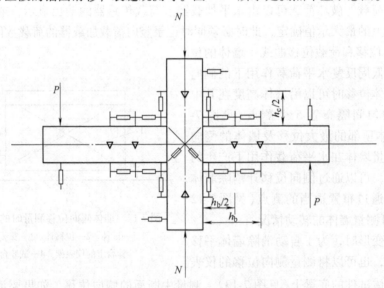

图 7-14 框架梁柱节点试件的测点布置

1）荷载及支座反力可以通过测力传感器测定。梁端加载的试验，需要测量柱端水平反力；反之，如采用柱端加载的方案，则必须测量梁端的支座反力。

2）荷载—变形曲线采用电测位移传感器测量，利用 X-Y 函数记录仪记录荷载—变形曲线或利用计算机记录数据。位移传感器应具有足够的精度和量程，保证非线性阶段量测的要求。

3）梁和柱端的位移是指加载截面处的位移，控制位移加载时以该位移为控制参量。

4）量测构件塑性铰区曲率或转角的测点布置方法：对于梁，测点一般布置在距柱面 $h_b/2$ 或 h_b（h_b 为梁高）处；对于柱则可在距梁面 $h_c/2$（h_c 为柱宽）处布置测点。

5）节点核心区剪切角可通过量测核心区对角线的位移量后经计算确定。

6）梁、柱纵筋应力采用电阻应变计量测，测点布置以梁、柱相交截面为主。测定塑性铰区段的长度或钢筋锚固应力时，可根据试验要求沿纵向钢筋布置测点；预制装配节点若由于钢筋焊接等因素的影响无法在梁、柱交界处布置钢筋应变测点时，可将测点位置适当外移。

7）节点核心区箍筋应力测点若沿核心区对角线方向布置即可测得箍筋最大应力；若测点沿柱的轴线方向布置，则可测得沿轴线方向垂直截面上的箍筋应力分布规律（见图 7-15）。

8）梁内纵筋在核心区的滑移量 Δ 可通过量测靠近柱面处梁的主筋 B 点相对于柱面混凝土 C 点的位移 Δ_1，及 B 点相对于柱面钢筋 A 点间的位移 Δ_2 利用式（7-1）计算获得（见图 7-16）。

$$\Delta = \Delta_1 - \Delta_2 \tag{7-1}$$

9）裂缝开展情况的记录与描绘。

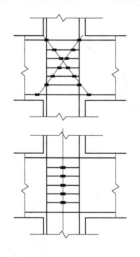

图 7-15　箍筋测点布置

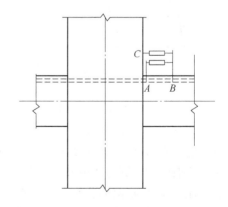

图 7-16　钢筋滑移测点布置

7.2.4　低周反复加载试验的数据资料整理

各种结构低周反复加载试验的目的是研究结构在经受模拟地震作用的低周反复荷载作用后的力学性能和破坏机理，尤其注重研究结构或构件进入屈服以及非线性阶段的相关特性。低周反复加载试验的结果通常由荷载—变形滞回曲线及相关参数描述，它们是研究结构抗震性能的基础数据，常用于进行结构抗震性能的评定。结构抗震性能的优劣也可以从结构的强度、刚度、延性、退化以及能量耗散等方面进行综合分析，判断结构构件是否具有良好的恢复力特性，是否具有足够的承载能力、变形能力以及耗能能力来抵御地震作用。通过综合评定对各类结构和加固措施的抗震能力进行比较，建立和完善抗震设计理论和设计方法。

1. 强度

结构强度是低周反复加载试验的主要指标之一，其骨架曲线如图 7-17 所示，其指标包括：

（1）开裂荷载　试件出现水平裂缝、垂直裂缝或斜裂缝时的截面内力（M_f, N_f, Q_f）或应力（σ_f, τ_f）。

（2）屈服荷载　试件刚度开始明显变化时的截面内力（M_y, N_y, Q_y）或应力（σ_y, τ_y）值。结构构件处于受弯和大偏压状态时，屈服荷载是指受拉主筋屈服（曲率或挠度产生明显变化）时的截面内力；受剪或受扭时是指受力箍筋屈服时的截面内力值；小偏心受压或轴压短柱，是指混凝土出现纵向裂缝时的截面内力值；对于钢筋锚固则是指出现纵向劈裂时的内力或应力值。对于有明显屈服强度的试件，屈服强度可由 M-Δ 曲线的拐点来确定；如果没有明显的屈服强度（如图 7-18 所示），则 M_y 和 Δ_y 的坐标就很难确定，在非线性计算中采用内力—变形曲线的能量等效面积法近似确定折算屈服强度。即从曲线原点作切线 OH 与通过最大荷载点 G 的水平线相交于 H 点，过 H 作垂直线在 M-Δ 曲线上交于点 I，连接 OI 延长后与 HG 相交于 H' 点，过 H' 作垂线在 M-Δ 曲线上相交于 B 点，B 点即为假定的屈服强度，由此确定 M_y 和 Δ_y。

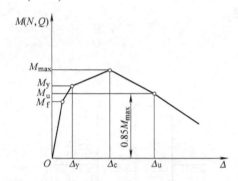

图 7-17　结构各阶段强度指标　　　图 7-18　用能量等效面积法确定屈服强度

（3）极限荷载　指试件达到最大承载能力时的截面内力（$M_{max}, N_{max}, Q_{max}$）或应力（$\sigma_{max}, \tau_{max}$）值。

（4）破损荷载　试件经历最大承载力后，达到某一剩余承载能力时的截面内力（M_u, N_u, Q_u）或应力（σ_u, τ_u）值。目前试验标准和规程规定，破损荷载取极限荷载的 85%。

2. 刚度

由低周反复加载试验获得的 P-Δ 曲线发现，刚度和位移与加载周次有关，且为变量。为了简化研究，常用割线刚度替代切线刚度。在非线性恢复力特性中，由于加载、卸载，反向加载、卸载、反复加载的变化以及刚度退化的影响，实际情况比一次性加载复杂得多（见图 7-19）。

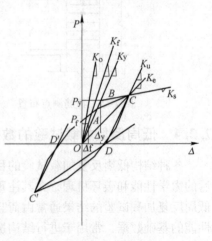

图 7-19　结构反复加载各阶段的刚度变化

（1）初次加载刚度　初次加载的 $P\text{-}\Delta$ 曲线的切线刚度为 K_0，常用于计算结构自振周期；继续加载到 A 点，结构开裂，开裂荷载为 P_f，连接 OA 即可得到开裂刚度 K_f；继续加载到达 B 点，结构屈服，屈服荷载为 P_y，屈服刚度为 OB 线的斜率 K_y。

（2）卸载刚度　从 C 点卸载到达 D 点，连接 CD 可得到卸载刚度 K_u。研究滞回曲线变化规律发现，卸载刚度接近于开裂刚度或屈服刚度，并随构件受力特性和本身构造的不同而变化。

（3）反向加载、卸载刚度和反复加载刚度　从 D 点到 C' 点反向加载，刚度受到诸多因素的影响，如试件开裂后受压引起裂缝的闭合，钢材的包辛格效应等，并且刚度随循环次数的增加而不断降低。从 C' 点到 D' 点反向卸载，由于结构的对称性，该段刚度和 CD 段刚度相近。从 D' 点正向反复加载时，构件刚度随循环次数增加而不断降低，并具有和 DC' 段相似的特点。

（4）等效刚度　在一个循环中，连接 OC 获得等效线性体系的等效刚度 K_e，K_e 随循环次数增加不断降低。

3. 骨架曲线

在低周反复加载试验的荷载—变形滞回曲线中，连接所有各级荷载第一次循环的峰点（卸载顶点）的包络线称作骨架曲线（见图7-20），它是每次循环的荷载—变形曲线到达最高峰点的轨迹。由图中发现，骨架曲线的形状与一次加载曲线相似，但极限荷载略有降低。

4. 延性系数

延性系数反映了结构构件的变形能力，是评价结构抗震性能的重要指标。在低周反复加载试验的骨架曲线上，结构破坏时的极限变形和屈服时的屈服变形之比称为延性系数，即

$$\mu = \frac{\Delta_u}{\Delta_y} \tag{7-2}$$

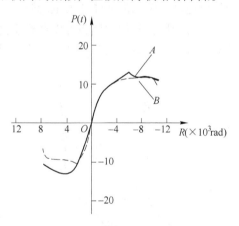

图7-20　结构骨架曲线
A——次加载　B—反复加载

这里所谓的变形是指广义变形，可以是位移、转角或曲率。砌体结构属于脆性结构，它不同于钢结构和钢筋混凝土结构。砌体结构出现裂缝后虽然也有一定变形，但其变形能力不属于塑性变形，而是砌体的摩擦变形，因此不能用"延性"来描述，只能用变形能力来反映，即砌体在极限荷载作用下的变形与初裂时的变形之比。如果用 μ 表示其变形能力，则

$$\mu = \frac{\Delta_{极}}{\Delta_{裂}} \tag{7-3}$$

结构屈服后利用塑性变形消耗地震的能量，所以结构的延性越大抗震能力就越好。

5. 退化率

结构强度和刚度的退化率是指在控制位移作等幅低周反复加载时，每施加一周荷载后强度或刚度降低的速率（见图7-21）。它反映结构在一定变形条件下，强度或刚度随荷载反复次数增加而降低的特性。退化率的大小反映了结构是否经得起地震的反复作用，退化率小，表明结构有较大的耗能能力。强度退化率的计算公式如下

$$\lambda_i = \frac{P_{j,\max}^i}{P_{j,\max}^{i-1}} \tag{7-4}$$

式中　$P_{j,\max}^i$——变形延性系数为 j 时，第 i 次加载循环的峰点荷载值；

　　　$P_{j,\max}^{i-1}$——变形延性系数为 j 时，第 $i-1$ 次加载循环的峰点荷载值。

结构构件刚度退化的特性可以用环线刚度来表示，即

$$K_i = \frac{\sum_{i=1}^{n} P_j^i}{\sum_{i=1}^{n} \Delta_j^i} \tag{7-5}$$

式中　P_j^i——变形延性系数为 j 时，第 i 次加载循环的荷载峰值；

　　　Δ_j^i——变形延性系数为 j 时，第 i 次加载循环的变形峰值。

6. 能量耗散

结构构件吸收能量能力的大小，由滞回曲线所包围的滞回环面积和它的形状来衡量。由滞回环的面积可以求得等效粘滞阻尼系数 h_e（见图 7-22）

$$h_e = \frac{1}{2\pi} \frac{ABC \text{ 图形面积}}{OBD \text{ 三角形面积}} \tag{7-6}$$

等效粘滞阻尼系数也是衡量结构抗震能力的指标。图 7-22 表明，ABC 面积越大，则 h_e 的值就越高，结构的耗能能力也越强。

通过低周反复加载试验可以获得上述多项指标和一系列具体参数，通过对这些参数量值的对比分析，可以判断各类结构抗震性能的优劣并做出适当的评价。

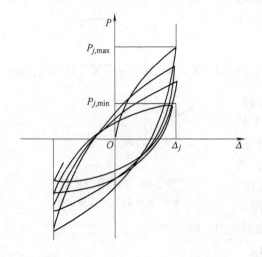
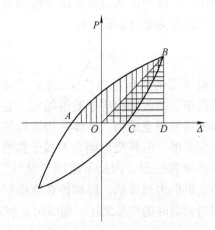

图 7-21　等位移反复加载时的刚度退化　　　图 7-22　由滞回环面积计算等效粘滞阻尼系数

7.3　拟动力试验

7.3.1　拟动力试验的工作原理

低周反复加载试验的加载历程是假定的，与地震的实际反应历程差别很大；拟动力试验

弥补了低周反复加载试验的不足，其加载方案是根据某一确定的地震反应，制定并利用计算机监测、控制整个试验，结构的恢复力不需事先假定，而是通过测量作用在试验对象上的荷载和位移获得，再通过计算机完成非线性地震反应微分方程的求解工作。该方法将计算机分析法和实际测定结构恢复力的方法结合起来，是一种半理论半试验的非线性地震反应分析方法。

拟动力试验原理如图 7-23 所示。图中计算机系统采集结构反应的各种参数，根据所采集的参数进行非线性地震反应计算，经 D-A 转换后向加载器发出下一步加载指令。荷载属于广义荷载，通常指位移控制荷载。当试件在加载器作用下产生反应时，计算机再次采集试件的各种反应参数并进行计算，继而向加载器发出下一次的加载指令，如此周而复始直至试验结束。计算机的计算过程实际上是对结构地震反应的时程分析，目前计算方法有：线性加速度法、Newmark-β 法、Wilson-θ 法等。选用的计算方法应能保证计算结果的收敛性。

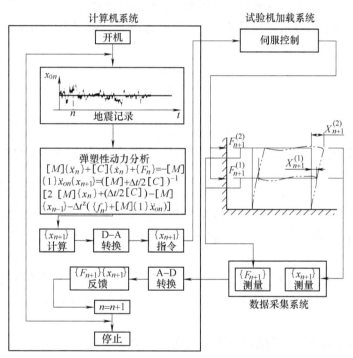

图 7-23　拟动力试验工作原理和试验流程

7.3.2　拟动力试验的加载设计和工作流程

现以线性加速度法为例介绍拟动力试验的工作流程。

1）输入地面运动加速度。输入地震波的加速度时程曲线如图 7-24 所示。加速度值随时间 t 的变化而改变。计算时先将实际地震记录的加速度时程曲线按一定时间间隔数字化，即按 Δt 划分成许多微小的时间段，可以取 Δt 为 0.01s 或 0.02s，可以认为在 Δt 时间段内加速度是按直线变化的，用数值积分方法来求解微分方程

$$m\ddot{x}_n + c\dot{x}_n + F_n = -m\ddot{x}_{0n} \tag{7-7}$$

式中　$\ddot{x}_{0n}$，$\ddot{x}_n$，$\dot{x}_n$，x_n——第 n 步时的地面运动加速度、结构的加速度、速度和位移反应；

F_n——结构第 n 步时的恢复力。

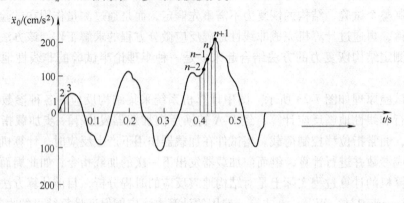

图 7-24　地面运动加速度时程曲线

2）计算下一步的位移值。当采用中心差分法求解时，第 n 步的加速度可用第 $n-1$ 步，第 n 步，第 $n+1$ 步的位移量表示，此时

$$\ddot{x}_n = \frac{x_{n+1} - 2x_n + x_{n-1}}{\Delta t^2} \tag{7-8}$$

$$\dot{x}_n = \frac{x_{n+1} - x_{n-1}}{2\Delta t} \tag{7-9}$$

将其带入运动方程则可由位移 x_{n-1}，x_n 和恢复力 F_n 的值求得第 $n+1$ 步的指令位移 x_{n+1}，即

$$x_{n+1} = \left[m + \frac{\Delta t}{2}c \right]^{-1} \times \left[2mx_n + \left(\frac{\Delta t}{2}c - m \right)x_{n-1} - \Delta t^2 F_n - m\Delta t^2 \ddot{x}_{0n} \right] \tag{7-10}$$

3）位移值的转换。受加载系统控制的计算机将第 $n+1$ 步的指令位移 x_{n+1} 通过 A-D 转换器将指令信号转换为电压输入到电液伺服加载系统中，控制加载器对结构施加与 x_{n+1} 位移相对应的荷载。

4）量测恢复力 F_n 及位移值 x_{n+1}。当加载器按指令位移值 x_{n+1} 对结构施加荷载时，通过加载器上的荷载传感器测得此时的恢复力 F_{n+1}，并由位移传感器测得结构的位移反应值 x_{n+1}。

5）由数据采集系统进行数据处理和反应分析。将 x_{n+1} 及 F_{n+1} 值连续输入计算机系统进行数据处理和反应分析。利用位移 x_n，x_{n+1} 和恢复力 F_{n+1}，按同样方法重复下去进行计算和加载，求得位移值 x_{n+2}，连续对结构进行试验，直到所输入的加速度时程的指定时刻。整个试验工作的流程是连续循环进行的，整个过程全部由计算机控制操作。当每一加载持续时间约为几秒到几百秒时，试验就可以看成是静态的。此类运动方程式中与速度有关的阻尼力一项可以不予考虑，则运动方程可以简化成为

$$m\ddot{x}_n + F_n = -m\ddot{x}_{0n} \tag{7-11}$$

此时，若采用中心差分法计算，则有

$$x_{n+1} = 2x_n - x_{n-1} - \Delta t^2 \left(\frac{F_n}{m} + \ddot{x}_{0n} \right) \tag{7-12}$$

采用上述的工作流程，利用计算机进行分析、计算并控制整个试验过程。由于拟动力试验将计算机直接应用于控制结构试验加载、数据采集和分析处理，为结构试验的自动化创造

了良好的条件。由于大多数建筑结构都具有多自由度体系，联机试验时为模拟结构所受到的地震作用，一般都在试验结构的各层，即质量集中的部位安装加载器。试验时用分析得到的各层位移反应控制加载器加载。由于多自由度体系中的外力分布十分复杂，且随时间呈随机分布，致使施加的荷载在不同高度上的分布变化复杂。此外，抗震试验时结构将进入非线性工作阶段，试验时需在较大的非线性范围内控制位移加载，使得多自由度体系试验在试验控制数学模型的建立、计算机计算和液压加载控制等各方面十分困难，故常采用子结构拟动力试验的方法，将多自由度体系试验改变为仅对某一层结构进行加载的拟动力试验。

7.3.3 拟动力试验的试验设备

拟动力试验的加载装置与低周反复加载试验类似，试验设备由电液伺服加载器、计算机、传感器、试验台架等组成。

1. 电液伺服加载器

低周反复加载试验对加载器的要求较低，常采用普通单作用或双作用千斤顶。拟动力试验采用计算机控制试验，加载器常采用电液伺服加载器。电液伺服加载器由加载器和电液伺服阀组成，可以将力、位移、速度、加速度等物理量转换为电参量作为控制参数。由于它能较精确地模拟各种外力，产生逼真的试验状态，所以在试验加载技术中常被用于模拟各种振动荷载，特别是地震荷载。拟动力试验选用电液伺服加载器时应满足下列要求：

1）加载器活塞行程的最大位移量应大于试验设计位移量的120%。

2）加载器最大出力能力应大于试验设计荷载值的150%。因被测试对象的受力特征和破坏形式尚不清楚，对极限承载能力估计误差较大，因此加载器的加载能力须有足够的余量。

3）在对加载速率有较高要求时，应合理选用加载器的频率响应特性。作动器比千斤顶的频率响应特性好得多，但作动器的工作速率受自身的频率响应特性的制约，还与油源最大输出油量、作动器的工作位移等条件相关，目前使用的作动器的最高工作频率可达数十赫兹。

2. 计算机

在拟动力试验中，计算机是整个试验系统的核心，加载过程的控制和试验数据的采集都由计算机完成，因此计算机应具有足够的运算速度、足够的硬盘空间、满足试验要求的操作平台和工作软件。为保证试验工作的顺利进行，防止电源突然中断导致的数据丢失，计算机以及数据采集设备应配备在线式不间断电源。数据采集工作可由动态数据采集系统或计算机完成。由计算机完成数据采集工作时，计算机应配备 A-D，D-A 转换卡及数据采集卡，完成模-数及数-模转换，转换卡应具有缓冲器和放大器，数据转换精度应达到 12 位以上。数据采集卡进行数据自动采集和处理，由采集卡中的单片机根据程序指令控制试验数据采集过程，试验数据存储由计算机完成。试验时应注意，计算机以及其他数据采集设备的机壳应妥善接地，且供电电源与液压系统供电电源不能共用同一电路，以免造成干扰。

3. 传感器

拟动力试验多采用电测传感器，常用的传感器有力传感器、位移传感器、应变传感器等。力传感器一般内装在电液伺服加载器中，荷载很小时，若加载器工作荷载小于传感器标称值的10%时，宜外装力传感器，以提高力信号的测量精度和信噪比。电液伺服加载器内常安装有差动式位移传感器，但由于加载设备之间以及加载设备与试件之间存在间隙的影响，测量数据往往不能满足试验要求，因此常在试件上安装位移传感器进行位移或变形测量。拟动力试验中采用的位移传感器可以选用电子百分表、滑阻式位移传感器或差动式位移传感器，并根据结构的最大位移反应确定位移传感器的量程。为了提高位移信号的信噪比和测量精度，位移传感器的量程不宜过大。试验初期加载位移很小时，宜采用小量程、高灵敏度的位移传感器或改变位移传感器的标定值，提高信噪比。

4. 试验装置与台座

试验采用与静力或低周反复加载试验同样的台座，试验装置的承载能力应大于试验设计荷载的150%。安装试件时，应考虑在推拉力作用下试件与台座之间可能产生的松动，反力架（反力墙）与试件底部宜通过刚性拉杆连接，防止反力架与试件之间产生相对位移，以提高试验加载控制的精度。

7.4 地震模拟振动台试验

7.4.1 地震模拟振动台试验的加载设计

地震模拟振动台试验的加载设计至关重要，荷载选得过大，试件会很快进入塑性阶段，甚至破坏倒塌，难以完整地量测和观察到结构的弹性和弹塑性反应的全过程，甚至会发生安全事故。荷载太小，增加重复试验次数，难以达到预期目的，影响试验进程。而且多次加载会对试件产生损伤积累。因此，为获得系统的试验资料，必须周密考虑试验加载程序的设计。

进行结构抗震动力试验，振动台台面的输入一般选用地面运动的加速度。常用的地震波谱有天然地震记录和拟合反应谱的人工地震波。振动台是一个非线性系统，若直接用地震波信号通过 D-A 转换和模拟控制系统放大后驱动振动台，在台面上将无法得到所要求的地震波，因此在实际试验时，地震模拟振动台的计算机系统将根据振动台的频谱特性，对输入的地震波进行分析、计算，经处理后再进行 D-A 转换和模拟放大，使振动台能够再现所需要的地震波。在选择和设计台面的输入运动时，需要考虑下列因素：

1）试验结构的周期。如果模拟长周期结构并研究它的破坏机理，就要选择长周期分量占主导地位的地震记录或人工地震波，以便使结构能产生多次瞬时共振而得到清晰的变化和破坏形式。

2）结构所在的场地条件。如果要评价建立在某一类场地土上的结构的抗震能力，就应选择与这类场地土相适应的地震记录，即选择地震记录的频谱特性尽可能与场地土的频谱特性相一致，并需要考虑地震烈度和震中距离的影响。在进行实际工程地震模拟振动台模型试验时，这个条件尤其重要。

3）振动台台面的输出能力。主要应考虑振动台台面输出的频率范围、最大位移、速度和加速度、台面承载能力等性能，在试验前应认真核查振动台台面特性曲线是否满足试验要求。

7.4.2 地震模拟振动台试验的加载过程和试验方法

地震模拟振动台试验内容包括：结构动力特性试验、地震动力反应试验和不同工作阶段

（开裂、屈服、破坏）结构自振特性变化等试验内容。

结构动力特性试验，是在结构模型安装到振动台以前采用自由振动法或脉动法进行试验量测。试验时将模型基础底板或底梁固定。模型安装在振动台上以后则可采用小振幅的白噪声输入振动台台面，进行激振试验，量测台面和结构的加速度反应。通过传递函数、功率谱等频谱分析，求得结构模型的自振频率、阻尼比和振型等参数。也可采用正弦波输入连续扫频，通过共振法测得模型的动力特性。当采用正弦波扫频试验时，应特别注意由于共振作用对结构模型强度所造成的影响，避免结构开裂或破坏。根据试验目的的不同，选择和设计振动台台面输入加速度时程曲线后，试验的加载过程可采用一次加载或多次加载的方案。

1. 一次加载

一次加载试验的特点是：结构从弹性阶段、弹塑性阶段直至破坏阶段的全过程是在一次加载过程中全部完成。试验加载时应选择一个适当的地震记录，在它的激励下能使试验结构产生全部要求的反应。在试验过程中，连续记录结构的位移、速度、加速度和应变等输出信号；观察记录结构的裂缝形成和发展过程，以研究结构在弹性、弹塑性以及破坏阶段的各种性能，如刚度变化、能量吸收能力等，还可以从结构反应确定结构各个阶段的周期和阻尼比。这种加载过程的特点是：可以较好地连续模拟结构在一次强烈地震中的完整表现与反应。但是，在振动台台面运动的情况下进行观测，对量测和观察设备要求较高；在初裂阶段很难观察到结构各个部位上的细微裂缝。破坏阶段的观测具有危险，只能采用高速摄影或电视摄像的方法记录试验过程，因此在没有足够经验的情况下很少采用这种加载方法。

2. 多次加载

目前，在地震模拟振动台试验中，多采用多次加载方案进行试验。一般分为以下阶段：

1）动力特性试验。测定结构在各试验阶段的各种不同动力特性。

2）振动台台面输入振动信号，使结构产生微裂缝。例如，结构底层墙、柱微裂缝或结构薄弱部位的微裂缝。

3）加大台面输入的振动信号，使结构产生中等程度的开裂。例如，剪力墙、梁柱节点等部位产生明显的裂缝，停止加载后裂缝不能完全闭合。

4）加大台面输入的加速度幅值使结构振动加剧，在剪力墙、梁柱节点等部位产生破坏，受拉、受压钢筋屈服，裂缝进一步发展并贯穿整个截面，但结构还具有一定的承载能力。

5）继续加大振动台台面的振动幅值使结构变为机动机构，稍加荷载就会发生破坏倒塌。

在上述各个试验阶段，被试验结构各种反应的测量和记录与一次加载时相同，可以明确地得到结构在每个试验阶段的周期、阻尼、振动变形、刚度退化、耗能能力和滞回特性等。但由于采用多次加载，对结构将产生变形积累的影响。

7.4.3　地震模拟振动台试验的观测设计和反应量测

地震模拟振动台试验，一般需观测结构的位移、加速度、应变反应、结构的开裂部位、裂缝的发展、结构的破坏部位和破坏形式等。在试验中位移和加速度测点布置在产生最大位移或加速度的部位；整体结构的房屋模型试验，应在主要楼面和顶层高度的位置上布置位移和加速度传感器（要求传感器的频响范围为 0~100Hz）。需要测量层间位移时，应在相邻两楼层布置位移或加速度传感器，将加速度传感器测到的信号通过二次积分获得位移信号。在结构构件的主要受力部位和截面，应测量钢筋和混凝土的应变；钢筋和混凝土的粘结滑移等参数。测得的位移、加速度和应变传感器的所有信号被连续输入计算机或专用数据采集系统进行数据采集和处理，试验结果由计算机终端显示或利用绘图仪、打印机等外围设备输出。

7.4.4 地震模拟振动台试验的安全措施

试件在模拟地震作用下将进入开裂和破坏阶段，为了保证试验过程中人员和仪器设备的安全，振动台试验必须采取以下安全措施：

1）试件设计时应进行吊装验算，避免试件在吊装过程中发生破坏。

2）试件与振动台的安装应牢固，对安装螺栓的强度和刚度应进行验算。

3）试验人员上下振动台时应注意台面和基坑地面间的间隙，防止发生坠人或摔伤事故。

4）传感器应与试件牢固连接并采取防掉落措施，避免因振动引起传感器掉落或损坏。

5）试件可能发生倒塌时应在振动台四周铺设软垫，利用起重机、绳索或钢丝绳进行保护，防止损坏振动台和周围设备。进行倒塌试验时，应拆除全部传感器，认真做好摄像记录工作。

6）试验过程中应做好警戒标志，防止与试验无关的人员进入试验区。

本 章 小 结

本章主要介绍了结构抗震的低周反复加载试验、拟动力试验、地震模拟振动台试验。通过对本章的学习，了解和掌握结构抗震的低周反复加载试验的加载制度，观测项目的选择与设计、测试仪器的特性与使用、测试数据的处理与分析以及资料整理等；拟动力试验的加载制度、测试项目和数据资料分析；地震模拟振动台试验的加载制度、试验的作用、试验过程、试验特点和试验方法。

思 考 题

7-1 抗震试验按照试验方法和试验手段的不同，可以分为哪几种方法？各有什么特点？

7-2 低周反复加载试验的加载制度是什么？

7-3 伪静力试验测量项目和内容应包括哪些？

7-4 伪静力试验的结果应如何表达？如何用于结构抗震性能的评定？

7-5 如何通过结构的强度、刚度、延性、退化率和能量耗散等方面的综合分析，分析结构的特性和能力？

7-6 拟动力试验的特点是什么？

7-7 地震模拟振动台动力加载试验在抗震研究中有什么作用？

7-8 在选择和设计振动台台面的输入运动时，需要考虑哪些因素？

第8章 建筑结构现场检测技术

8.1 概述

8.1.1 结构检测分类

建筑结构的检测分为建筑结构工程质量检测和既有建筑结构性能检测。建筑结构的检测应根据 GB/T 50344—2004《建筑结构检测技术标准》的要求，满足建筑结构工程质量评定或既有建筑结构性能鉴定标准，合理确定检测项目和检测方案，建筑结构的检测应提供真实、可靠、有效的检测数据和检测结论。当遇到下列情况之一时，应进行建筑结构工程质量的检测：

1）涉及结构安全的试块、试件以及有关材料检验数量不足。

2）对施工质量的抽样检测结果达不到设计要求。

3）对施工质量有怀疑或争议，需要通过检测进一步分析结构的可靠性。

4）发生工程事故，需要通过检测分析事故的原因及对结构可靠性的影响。

遇到下列情况之一时，应对既有建筑结构缺陷和损伤、结构构件承载力、结构变形等涉及结构性能的项目进行检测：

1）建筑结构安全鉴定。

2）建筑结构抗震鉴定。

3）建筑大修前的可靠性鉴定。

4）建筑改变用途、改造、加层或扩建前的鉴定。

5）建筑结构达到设计使用年限要继续使用的鉴定。

6）受到灾害、环境侵蚀等影响建筑的鉴定。

7）对既有建筑结构的工程质量有怀疑或争议。

既有建筑检查的对象是建筑构件表面的裂缝、损伤、过大的位移或变形；建筑物内外装饰层是否出现脱落空鼓；栏杆扶手是否松动失效等。建筑结构常规检测的重点部位是：出现渗水、漏水部位的构件；受到较大反复荷载或动力荷载作用的构件；暴露在室外的构件；受到腐蚀性介质侵蚀的构件；受到污染影响的构件；与侵蚀性土壤直接接触的构件；受到冻融影响的构件；容易受到磨损、冲撞损伤的构件；年检怀疑有安全隐患的构件。建筑工程施工质量验收与建筑结构工程质量检测既有共同之处，也有区别。区别在于实施的主体，建筑结构工程质量检测工作实施的主体是有检测资质的独立的第三方，检测结果与评定结论可作为建筑工程施工质量验收的依据之一；共同之处在于建筑工程施工质量验收所采用的方法可为建筑工程质量检测所采用，建筑结构工程质量检测采用的检测方法和抽样方案可供建筑工程施工质量验收参考。

8.1.2　检测方案的基本内容

建筑结构的检测应有完备的检测方案，检测方案的基本内容有：现场和有关资料的调查；收集被检测建筑结构的设计图样、设计变更、施工记录、施工验收和工程地质勘察等资料；调查被检测建筑结构现状、缺陷、环境条件、使用期间的加固与维修情况、用途、荷载等变更情况。检测结构的基本概况包括：结构类型，建筑面积，总层数，设计、施工及监理单位，建造年代等，检测项目和选用的检测方法以及检测的数量，检测仪器设备情况，检测中的安全措施和环保措施。当发现检测数据数量不足或检测数据出现异常情况时应及时补充检测。结构现场检测工作结束后，应及时修补因检测造成的结构或构件局部损伤，修补中宜采用高于构件原设计强度等级的材料，使修补后的结构构件满足承载力的要求。

8.1.3　检测方法和抽样方案

现场检测宜选用对结构或构件无损伤的检测方法。选用局部破损的取样检测方法或原位检测方法时，宜选择结构构件受力较小的部位，并且不得影响结构的安全性。对古建筑和有纪念性的既有建筑结构进行检测时，应避免对建筑结构造成损伤。重要大型公共建筑的结构动力测试，应根据结构的特点和检测目的，分别采用环境振动和激振等方法。重要大型工程和新型结构体系的安全性检测，应根据结构的受力特点制定方案，并进行论证。结构检测的抽样方案，可根据检测项目的、特点按下列原则选择：

1）外部缺陷的检测，宜选用全数检测方案。

2）几何尺寸与尺寸偏差的检测，宜选用一次或二次计数抽样方案。

3）结构连接构造的检测，应选择对结构安全影响大的部位进行抽样。

4）构件结构性能的实荷检验，应选择同类构件中荷载效应相对较大和施工质量相对较差构件，或受到灾害影响、环境侵蚀影响有代表性的构件。

5）按检测批次检测的项目，应进行随机抽样，且最小样本容量应符合相关规范的规定。

8.2　混凝土结构现场检测技术

8.2.1　混凝土结构现场检测的一般要求

混凝土结构的检测分为原材料性能、混凝土强度、混凝土构件外观质量与缺陷、尺寸与偏差、变形与损伤和钢筋配置等。必要时，应进行结构构件性能的实荷检验或结构的动力测试。

1. 原材料性能检测

对混凝土原材料的质量或性能进行检测时，若工程中尚有与结构同批、同等级的剩余原材料时，可对与结构工程质量相关的原材料进行检验；当工程中没有与结构同批、同等级的剩余原材料时，应从结构中取样，检测混凝土的相关质量或性能。

对钢筋的质量或性能进行检测时，若工程中尚有与结构同批的钢筋时，可进行钢筋力学性能检验或化学成分分析；需要检测结构中的钢筋时，可在构件中截取钢筋进行力学性能检验或化学成分分析。进行钢筋力学性能的检验时，同一规格钢筋的抽检数量应不少于一组。既有结构钢筋抗拉强度的检测，可采用钢筋表面硬度法等非破损检测技术与取样检验相结合的方法。需要检测锈蚀钢筋、受火灾影响钢筋的性能时，可在构件中截取钢筋进行力学性能检测。

2. 混凝土强度检测

采用回弹法、超声回弹综合法、后装拔出法或钻芯法等方法检测结构或构件混凝土抗压强度时，应注意满足下列要求：采用回弹法时，被检测混凝土的表层质量应具有代表性，且混凝土的抗压强度和龄期不应超过相应技术规程限定的范围；采用超声回弹综合法检测时，被检测混凝土的内外质量应无明显差异，且混凝土的抗压强度不应超过相应技术规程限定的范围；采用后装拔出法时，被检测混凝土的表层质量应具有代表性，且混凝土的抗压强度和混凝土粗骨料的最大粒径不应超过相应技术规程限定的范围；当被检测混凝土的表层质量不具有代表性时，应采用钻芯法；当被检测混凝土的龄期或抗压强度超过回弹法、超声回弹综合法或后装拔出法等相应技术规程限定的范围时，可采用钻芯法或钻芯修正法；在回弹法、超声回弹综合法或后装拔出法适用的条件下，宜进行钻芯修正或利用同条件养护立方体试块的抗压强度进行修正。采用钻芯修正法时，宜选用总体修正量的方法。总体修正量方法中的芯样试件换算抗压强度样本的均值 $f_{cor,m}$ 应按《建筑结构检测技术标准》的规定确定，即推定区间的置信度宜为 0.90，并使错判概率和漏判概率均为 0.05。特殊情况下，推定区间的置信度可为 0.85，使漏判概率为 0.10，错判概率仍为 0.05。推定区间的上限值与下限值之差不宜大于材料相邻强度等级的差值和推定区间上限值与下限值算术平均值的 10% 两者中的较大值。总体修正量 Δ_{tot} 和相应的修正按下式计算

$$\Delta_{tot} = f_{cor,m} - f^c_{cu,m0}, \qquad f^c_{cu,i} = f^c_{cu,i0} + \Delta_{tot} \tag{8-1}$$

式中　$f_{cor,m}$——芯样试件换算抗压强度样本的均值；

$\quad\quad f^c_{cu,i0}$——被修正方法检测得到的换算抗压强度样本的均值；

$\quad\quad f^c_{cu,i}$——修正后测区混凝土换算抗压强度；

$\quad\quad f^c_{cu,m0}$——修正前测区混凝土换算抗压强度。

当钻芯修正法不能满足推定区间的要求时，可采用对应样本修正量、对应样本修正系数或一一对应修正系数的修正方法，此时直径 100mm 混凝土芯样试件的数量不应少于 6 个，现场钻取直径 100mm 的混凝土芯样确有困难时，也可采用直径不小于 70mm 的混凝土芯样，但芯样试件的数量不应少于 9 个。对应样本的修正量 Δ_{loc} 和修正系数 η_{loc} 计算方法为

$$\Delta_{loc} = f_{cor,m} - f^c_{cu,m0,loc} \tag{8-2}$$

$$\eta_{loc} = \frac{f_{cor,m}}{f^c_{cu,m0,loc}} \tag{8-3}$$

式中　$f^c_{cu,m0,loc}$——被修正方法检测得到的与芯样试件对应测区的换算抗压强度样本的均值。

相应的修正计算为

$$f^c_{cu,i} = f^c_{cu,i0} + \Delta_{loc} \tag{8-4}$$

$$f^c_{cu,i} = \eta_{loc} f^c_{cu,i0} \tag{8-5}$$

混凝土的抗拉强度，可采用对直径 100mm 的芯样试件施加劈裂荷载或直拉荷载的方法检测。

受到环境侵蚀或遭受火灾、高温等影响，构件中未受到影响的混凝土的强度，采用钻芯法检测时，在加工芯样试件时，应将芯样上混凝土受影响层切除；混凝土受影响层的厚度可依据具体情况分别按最大碳化深度、混凝土颜色产生变化的最大厚度、明显损伤层的最大厚度确定。对混凝土受影响层能剔除时，可采用回弹法或回弹加钻芯修正的方法检测。

3. 混凝土构件外观质量与缺陷

混凝土构件外观质量与缺陷的检测可分为蜂窝、麻面、孔洞、夹渣、露筋、裂缝、疏松区和不同时间浇筑的混凝土结合面质量等项目的检测。

混凝土构件外观缺陷，可采用目测与尺量的方法检测；结构或构件裂缝的检测应包括裂缝的位置、长度、宽度、深度、形态和数量；裂缝的记录可采用表格或图形的形式；裂缝深度可采用超声法检测，必要时可钻取芯样予以验证；对于仍在发展的裂缝应进行定期观测，提供裂缝发展速度的数据。

混凝土内部缺陷的检测，可采用超声法、冲击反射法等非破损方法；必要时可采用局部破损方法对非破损的检测结果进行验证。

4. 混凝土结构构件变形与损伤

混凝土结构或构件变形的检测可分为构件的挠度、结构的倾斜和基础不均匀沉降等项目的检测；混凝土结构损伤的检测可分为环境侵蚀损伤、灾害损伤、人为损伤、混凝土有害元素造成的损伤以及预应力锚夹具的损伤等项目。

混凝土构件的挠度，可采用激光测距仪、水准仪或拉线等方法检测。混凝土构件或结构的倾斜，可采用经纬仪、激光定位仪、三轴定位仪或吊锤的方法检测。混凝土结构的基础不均匀沉降，可用水准仪检测，当需要确定基础沉降发展的情况时，应在混凝土结构上布置测点进行观测，混凝土结构的基础累计沉降差，可参照首层的基准线推算。

混凝土结构受到损伤时，对环境侵蚀，应确定侵蚀源、侵蚀程度和侵蚀速度；对混凝土的冻伤应分类检测，并测定冻融损伤深度、面积，如表8-1所示；对火灾等造成的损伤，应确定灾害影响区域和受灾害影响的构件，确定影响程度；对于人为的损伤，应确定损伤程度；宜确定损伤对混凝土结构的安全性及耐久性影响的程度。当怀疑水泥中游离氧化钙（f-CaO）对混凝土质量构成影响时，可检测 f-CaO 对混凝土质量影响，检测分为现场检查、薄片沸煮检测和芯样试件检测等。

表 8-1　结构混凝土冻伤类型及检测项目与检测方法

混凝土冻伤类型		定　义	特　点	检验项目	采用方法
混凝土早期冻伤	立即冻伤	新拌制的混凝土，若入模温度较低，接近混凝土冻结温度时导致立即冻伤	内外混凝土冻伤基本一致	受冻混凝土强度	取芯法或超声回弹综合法
	预养冻伤	新拌制的混凝土，入模温度较高，而混凝土预养时间不足，当环境温度降到混凝土冻结温度时导致预养冻伤	内外混凝土冻伤不一致，内部轻微，外部较严重	1. 外部损伤较重的混凝土厚度及强度。 2. 内部损伤轻微的混凝土强度	外部损伤较重的混凝土厚度可通过钻出芯样的湿度变化来检测，也可采用超声法
混凝土冻融损伤		成熟龄期后的混凝土，在含水的情况下，由于环境正负温度的交替变化导致混凝土损伤			

　　1）现场检查：可通过调查和检查混凝土外观质量（有无开裂、疏松、崩溃等严重破坏症状）初步确定 f-CaO 对混凝土质量有影响的部位和范围。在有影响的部位上钻取混凝土芯样，芯样的直径可为 70～100mm，在同一部位钻取的芯样数量不应少于 2 个，同一批受检混凝土至少应取得上述混凝土芯样 3 组。在每个芯样上截取 1 个无外观缺陷的 10mm 厚的薄片试件，同时将芯样加工成高径比为 1.0 的芯样试件。

　　2）薄片沸煮检测：调整好沸煮箱内的水位，保证在整个沸煮过程中水位都超过试件，不需中途添补试验用水，同时又能保证在（30±5）min 内升至沸腾。将试样放在沸煮箱的试架上，在（30±5）min 内加热至沸，恒沸 6h，关闭沸煮箱自然降至室温，对沸煮过的薄片试件进行外观检查。

　　3）芯样试件检测：将同一部位钻取的 2 个芯样试件中的 1 个放入沸煮箱的试架上进行沸煮，对沸煮过的芯样试件进行外观检查。将沸煮过的芯样试件晾置 3d，并与未沸煮的芯样试件同时进行抗压强度测试。按式（8-6）计算每组芯样试件强度变化的百分率 ε_{cor}，并计算全部芯样试件抗压强度变换百分率的平均值 $\varepsilon_{cor,m}$

$$\varepsilon_{cor} = \frac{f_{cor} - f_{cor}^*}{f_{cor}} \times 100 \qquad (8\text{-}6)$$

式中　　ε_{cor}——芯样试件强度变化的百分率；

　　　　f_{cor}——未沸煮芯样试件抗压强度；

　　　　f_{cor}^*——同组沸煮芯样试件抗压强度。

　　当有两个或两个以上沸煮试件（包括薄片试件和芯样试件）出现开裂、疏松或崩溃等现象，或芯样试件强度变化百分率平均值 $\varepsilon_{cor,m} > 30\%$，或仅有一个薄片试件出现开裂、疏松或崩溃等现象，并有一个 $\varepsilon_{cor} > 30\%$ 时可判定 f-CaO 对混凝土质量有影响。

5. 钢筋的配置与锈蚀

　　钢筋配置的检测可分为钢筋位置、保护层厚度、直径、数量等项目。钢筋位置、保护层厚度和钢筋数量宜采用非破损的雷达法或电磁感应法进行检测，必要时可凿开混凝土进行钢筋直径或保护层厚度的验证。有相应检测要求时，可对钢筋的锚固与搭接、框架节点及柱加密区箍筋和框架柱与墙体的拉结筋进行检测。

6. 构件性能实荷检验与结构动力测试

　　需要确定混凝土构件的承载力、刚度或抗裂等性能时，可进行构件性能的实荷检验。当仅对结构的一部分做实荷检验时，应使有问题部分或可能的薄弱部位得到充分的检验。

　　测试结构的基本振型时，宜选用环境振动法，在满足测试要求的前提下也可选用初位移等其他方法；测试结构平面内多个振型时，宜选用稳态正弦波激振法；测试结构空间振型或扭转振型时，宜选用多振源相位控制同步的稳态正弦波激振法或初速度法；评估结构的抗震性能时，可选用随机激振法或人工爆破模拟地震法。

　　结构动力测试设备和测试仪器根据不同的测试有不同的要求。当采用稳态正弦激振的方法进行测试时，宜采用旋转惯性机械起振机或采用液压伺服激振器，使用频率范围宜在 0.5～30Hz，频率分辨率应高于 0.01Hz；根据需要测试的动参数和振型阶数等具体情况，选择加速度仪、速度仪或位移仪，必要时应选择相应的配套仪表；根据需要测试的最低和最高阶频率选择仪器的频率范围；测试仪器的最大可测范围应根据被测试结构振动的强烈程度来选定；测试仪器的分辨率应根据被测试结构的最小振动幅值来选定；传感器的横向灵敏度应小于 0.05；进行瞬态过程测试时，测试仪器的可使用频率范围应比稳态测试时大一个数量级；传感器应具备机械强度高，安装调节方便，体积重量小，便于携带，防水、防电磁干扰等性能；记录仪器或数据采集分析系统和频率范围，应与测试仪器的输出相匹配。

结构动力测试，应满足以下要求：

脉动测试应避免环境及系统干扰；测量振型和频率时测试记录时间不应少于 5min，测试阻尼时不应小于 30min；因测试仪器数量不足需做多次测试时，每次测试中至少应保留一个共同的参考点。

机械激振振动测试应正确选择激振器的位置和激振力，防止引起被测试结构的振型畸变；当激振器安装在楼板上时，应避免楼板的竖向自振频率和刚度的影响，激振力应有合理的传递途径；激振测试中宜采用扫频法寻找共振频率，在共振频率附近测试时，应保证半功率带宽内有不少于 5 个频率的测点。

施加初位移的自由振动测试，应根据测试目的布置拉线点；拉线与被测试结构的连接部分应能将力正确传递到被测试结构上；每次测试应记录拉力数值和拉力与结构轴线间的夹角；不得取用拉线突断衰减振动的最初两个记录波形；测试时不应使被测试结构出现裂缝。

8.2.2　回弹法检测混凝土强度

回弹法通过测量混凝土的表面硬度推算通过测定回弹值及有关参数检测材料抗压强度和强度匀质性的方法称为回弹法。其工作原理是：利用回弹仪弹击混凝土表面，通过回弹仪器重锤回弹能量的变化反映混凝土的弹性和塑性性质，进而推断混凝土强度、抗压强度。回弹法是混凝土结构现场检测中常用的非破损试验方法。1948 年瑞士斯密特（E. Schmidt）发明了回弹仪（见图 8-1）。该方法在国内外得到广泛的应用。我国制定了 JTJ/T 23—2011《回弹法评定混凝土抗压强度技术规程》。回弹法的基本原理是利用回弹仪的弹击拉簧驱动仪器内的弹击重锤，通过中心导杆，弹击混凝土的表面，并测得重锤反弹的距离，以反弹距离与弹簧初始长度之比作为回弹值 R，由它与混凝土强度的相关关系推定混凝土强度。

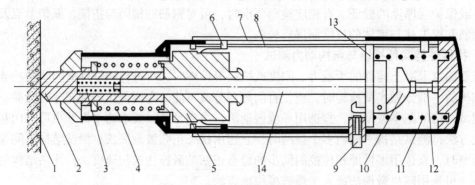

图 8-1　回弹仪构造图

1—结构混凝土表面　2—弹击杆　3—缓冲弹簧　4—拉力弹簧　5—锤　6—指针　7—刻度尺
8—指针导杆　9—按钮　10—挂钩　11—压力弹簧　12—顶杆　13—导向法兰　14—导向杆

图 8-2 所示，回弹值 R 可用下式表示

$$R = \frac{x}{l} \times 100\%$$

$$(8-7)$$

式中　l——弹击弹簧的初始拉伸长度；

　　　x——重锤反弹位置或重锤回弹时弹簧拉伸长度。

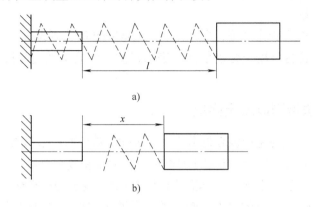

图 8-2　回弹原理示意图

a) 弹簧拉伸储能状态　b) 重锤的回弹距离

目前，回弹法测定混凝土强度均采用试验归纳法建立混凝土强度 f_{cu}^c 与回弹值 R 之间的一元回归公式，常用的是幂函数方程，即

$$f_{cu}^c = AR_m^B \tag{8-8}$$

式中　f_{cu}^c——某测区混凝土的强度换算值；

　　　R_m——测区平均回弹值，计算至 0.1；

　　A、B——常数项，按原材料条件等因素不同而变化。

回弹法测定混凝土强度时，每个结构与构件的测区数目应不少于 10 个；每一测区面积宜为 $0.04m^2$，以能容纳 16 个回弹测点为宜；两相邻测区的间距应控制在 2m 以内，测区宜选择回弹仪处于水平方向检测的混凝土浇筑侧面；测点应在测区内均匀分布，同一测点只允许弹击一次；测点不应位于气孔或外露石子上，相邻两测点的净距不应小于 20mm；测点距离结构或构件边缘、外露钢筋、预埋件的距离不应小于 30mm；每个测点的回弹值读数估读至 1。测定完回弹值后，应在每个测区选择一处量测混凝土的碳化深度，方法是：在测区表面用适当工具钻取直径为 15mm 的孔洞，深度略大于混凝土的碳化深度；除去孔中的碎屑和粉末，但不能用水冲洗；采用质量分数为 1% 酚酞酒精溶液滴在孔洞内壁的边缘处，用钢尺测量混凝土表面不变色部分的深度，即是混凝土的碳化深度。量测不少于 3 次，每次测读至 0.5mm。

回弹仪在水平方向测得试件混凝土浇筑侧面 16 个回弹值后，分别剔除 3 个最大值和 3 个最小值，取剩余 10 个回弹值的平均值，即

$$R_m = \frac{1}{10} \sum_{i=1}^{10} R_i \tag{8-9}$$

式中　R_i——第 i 个测点的回弹值。

回弹仪在非水平方向测试混凝土浇筑侧面或混凝土浇筑表面、底面时，应将测得的回弹平均值按相应测试角度 α 和不同浇筑面的影响情况分别进行修正。测区碳化深度值应按平均碳化深度计算，即

$$d_m = \frac{1}{n} \sum_{i=1}^{n} d_i \tag{8-10}$$

式中　d_m——测区的平均碳化深度值（mm），计算到 0.5mm；

　　　d_i——第 i 次测量的碳化深度值（mm）；

　　　n——测量次数。

$d_m \leqslant 0.4$mm 时，按无碳化处理，即 $d_m = 0$；$d_m \geqslant 6$mm 时，则按 $d_m = 6$mm 计算。由实测的 R_m 和 d_m 值，再按测区混凝土强度值换算表求得测区混凝土强度的换算值 f^c_{cu}，并评定结构的混凝土强度。

8.2.3　超声脉冲法检测混凝土强度

混凝土的抗压强度 f_{cu} 与超声波在混凝土中的传播参数（声速、衰减等）的相关关系是超声脉冲检测混凝土强度方法的基础。混凝土是各向异性的多相复合材料，在受力状态下呈现不断变化的弹性—黏性—塑性性质。由于混凝土内部存在广泛分布的砂浆与骨料的界面和各种缺陷（微裂、蜂窝、孔洞等）形成的界面，超声波在混凝土中的传播比在均匀介质中的传播情况复杂得多，声波将产生反射、折射和散射现象并出现较大的衰减。在普通混凝土检测中，常采用的超声频率为 20～500kHz。

超声波脉冲实质上是超声检测仪中的高频电磁振荡激励电路输出能量激发压电晶体，压电晶体（也称换能器）由压电效应所产生的机械振动波在介质中的传播，如图 8-3 所示。混凝土强度越高超声声速越大，通过试验可以建立混凝土强度与声速的经验公式。

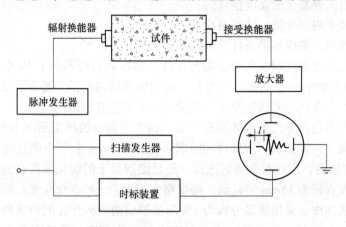

图 8-3　混凝土超声波检测示意图

目前常用的混凝土强度与声速相关关系表达式有

指数函数方程　　　　　　　　　　$f_{cu} = Ae^{Bv}$　　　　　　　　　　　　　　　（8-11）

幂函数方程　　　　　　　　　　　$f^c_{cu} = Av^B$　　　　　　　　　　　　　　　（8-12）

抛物线方程　　　　　　　　　　　$f^c_{cu} = A + Bv + Cv^2$　　　　　　　　　　　（8-13）

式中　f^c_{cu}——混凝土强度换算值；

　　　v——超声波在混凝土中传播速度；

A、B、C——常数项。

现场检测结构混凝土强度时，应选择浇筑混凝土的模板侧面为测试面；以 200mm × 200mm 的面积为一测区；每个试件相邻测区间距不大于 2m；测试面应清洁平整、干燥无缺陷和饰面层；在每个测区内的相对测试面上对应布置 3 个测点，相对测试面上的辐射和接收换能器应在同一轴线上；测试时必须在换能器与被测混凝土表面涂抹黄油或凡士林等耦合剂进行耦合，以减少声能的反射损失。

测区声波传播速度的计算方法是

$$v = l/t_{\mathrm{m}} \tag{8-14}$$

$$t_{\mathrm{m}} = \frac{t_1 + t_2 + t_3}{3} \tag{8-15}$$

式中　　v——测区声速值(km/s)；

l——超声测距(mm)；

t_{m}——测区平均声时值(μs)；

t_1，t_2，t_3——测区中 3 个测点的声时值。

在混凝土试件的浇筑顶面或底面测试时，声速值应作修正，即

$$v_{\mathrm{u}} = \beta v \tag{8-16}$$

式中　　v_{u}——修正后的测区声速值(km/s)；

β——超声测试面修正系数。在混凝土侧面测试时 $\beta = 1$，顶面及底面测试时 $\beta = 1.034$。

由试验量测的声速，按 $f_{\mathrm{cu}}^{\mathrm{c}} - v$ 曲线求得混凝土的强度换算值。混凝土的强度和超声波传播声速间的关系受混凝土原材料性质及配合比的影响，影响因素有骨料品种、粒径大小、水泥品种、用水量和水灰比、混凝土龄期、测试时试件的温度和含水率等。鉴于混凝土强度与声速传播速度的关系随条件的不同而变化，所以对于各种类型的混凝土不可能有统一的 $f_{\mathrm{cu}}^{\mathrm{c}} - v$ 曲线。

8.2.4　超声回弹综合法检测混凝土强度

超声法和回弹法都是以混凝土材料的应力、应变特性与强度的关系为依据。超声波在混凝土材料中的传播速度反映了材料的弹性性质，声波穿透被检测材料反映了混凝土内部构造的相关信息；回弹法的回弹值反映了混凝土的弹性性质，在一定程度上也反映了混凝土的塑性性质，但它只能较准确地反映混凝土表层约 3cm 左右厚度的状态。采用超声和回弹综合法时既能反映混凝土的弹性，又能反映混凝土的塑性；既能反映混凝土的表层状态，又能反映混凝土的内部构造。可以通过不同物理参量的测定，由表及里，较为确切地反映混凝土的强度。采用超声回弹综合法检测混凝土强度，可以对混凝土的某些物理参量在采用超声或回弹单一测量方法时产生的影响进行补偿。如显著影响回弹值的碳化深度在综合法中可不予以修正，原因是碳化深度较大的混凝土龄期较长，含水量相应降低，声速有所下降，可以抵消回弹值上升所造成的影响。所以用超声回弹综合法的 $f_{\mathrm{cu}}^{\mathrm{c}} - v - R_{\mathrm{m}}$ 关系推算混凝土强度时不需测量碳化深度，也不考虑它所造成的影响。试验证明，超声回弹综合法的测量精度优于超声或回弹单一方法。

采用超声回弹综合法检测混凝土强度时，应严格遵照《超声回弹综合法检测混凝土强度技术规程》的要求进行。超声的测点应布置在同一个测区回弹值的测试面上，测量声速的探头安装位置不宜与回弹仪的弹击点相重叠。测点布置如图 8-4 所示，结构或构件的

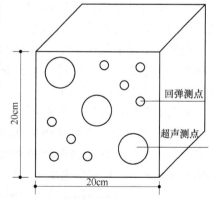

图 8-4　超声回弹综合法测点布置图

每一测区内，宜先进行回弹测试，后进行超声测试，只有同一个测区内所测得的回弹值和声速值才能作为推算混凝土强度的综合参数。

在超声回弹综合检测时，结构或构件上每一测区的混凝土强度是根据该区实测的超声波声速 v 及回弹平均值 R_m，按事先建立的 $f_{cu}^c - v - R_m$ 关系曲线推定的，目前常用的是曲面型方程，即

$$f_{cu}^c = Av^B R_m^c \tag{8-17}$$

专用的 $f_{cu}^c - v - R_m$ 曲线，针对性强，与实际情况比较吻合；如果选用地区曲线或通用曲线时，必须进行验证和修正。

8.2.5　钻芯法检测混凝土强度

钻芯法试验是使用如图 8-5 所示的专用取芯钻机，从被检测的结构或构件上直接钻取圆柱形混凝土芯样，根据芯样的抗压试验由抗压强度推定混凝土的立方体抗压强度。它不需建立混凝土的某种物理量与强度之间的换算关系，是一种较直观可靠的检测混凝土强度的方法。由于需要从结构上取样，对原结构有局部损伤，所以是一种能反映被测试结构混凝土实际状态的现场检测的半破损试验方法。

钻取芯样的钻孔取芯机是带有人造金刚石的薄壁空心圆筒形钻头的专用机具，由电动机驱动从被测试件上直接钻取与空心筒形钻头内径相同的圆柱形混凝土芯样。钻头内径不宜小于混凝土骨料最大粒径的三倍，并在任何情况下不得小于两倍，我国《钻芯法检测混凝土强度技术规程》规定，以直径 100mm 及 150mm，高径比为 1～2 的芯样作为标准芯样试件。对于 $h/d>1$ 的芯样，应考虑尺寸修正系数 α（见表 8-2）对强度修正。为防止芯样端面不平整导致应力集中使实测强度偏低，芯样端面必须进行加工，通常采用磨平法或端面用硫磺胶泥补平的方法。芯样应在结构或构件受力较小的部位和混凝土强度质量具有代表性的部位钻取，应避开主筋、预埋件和管线的位置。在钻取芯样时应事先探明钢筋的位置，使芯样中不含有钢筋，不能满足时，每个芯样最多允许含有两根直径小于 10mm 的钢筋，且钢筋与芯样轴线基本垂直，并不得露出端面。

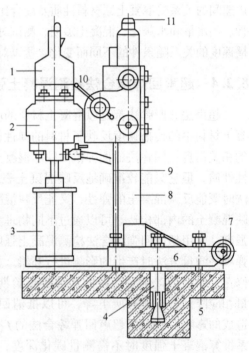

图 8-5　混凝土钻孔取芯机示意图
1—电动机　2—变速箱　3—钻头　4—膨胀螺栓
5—支承螺栓　6—底座　7—行走轮　8—立柱
9—升降齿条　10—进钻手柄　11—堵盖

检测单个构件时钻芯数量不应少于 3 个，较小的构件可取 2 个。检测结构局部区域时，取芯位置和数量由已知质量薄弱部位的大小决定。检测结果仅代表取芯位置的混凝土质量，不能据此对整个构件及结构强度作出总体评价。钻取的芯样应在与被检测结构混凝土干湿度基本一致的条件下进行抗压试验。芯样试件的混凝土强度换算值按下式计算

$$f_{cu}^c = \alpha \frac{4F}{\pi d^2} \qquad (8\text{-}18)$$

式中　f_{cu}^c——芯样试件混凝土强度换算值（MPa），精确至 0.1MPa；

　　　　F——芯样试件抗压试验测得的最大压力（N）；

　　　　d——芯样试件平均直径（mm）；

　　　　α——不同高径比的芯样试件混凝土强度的换算系数，按表 8-2 选用。

表 8-2　芯样试件混凝土强度换算系数

高径比 h/d	1.0	1.1	1.2	1.3	1.4	1.5	1.6	1.7	1.8	1.9	2.0
系数 α	1.00	1.04	1.07	1.10	1.13	1.15	1.17	1.19	1.20	1.22	1.24

高度和直径均为 100mm 或 150mm 的芯样试件的抗压强度测试值，可直接作为混凝土的强度换算值。单个构件或单个构件的局部区域，可取芯样试件混凝土强度换算值中的最小值作为其代表值。

钻孔取芯后，结构上的孔洞必须及时修补，以保证其正常工作。通常采用微膨胀水泥细石混凝土填实，修补时应清除孔内污物，修补后应及时养护，并保证新填混凝土与原结构混凝土结合良好。修补后结构的承载力仍有可能低于原有承载力，因此钻芯法不宜普遍使用，更不宜在一个受力区域内集中钻孔。钻芯法最好与其他非破损方法结合使用，利用钻芯法提高测试精度，利用非破损方法减少钻芯的数量。

8.2.6　拔出法检测混凝土强度

拔出法利用金属锚固件预埋入未硬化的混凝土构件内，或在已硬化的混凝土构件上钻孔埋入膨胀螺栓，测试锚固件或膨胀螺栓被拔出时的拉力，由被拔出的锥台形混凝土的投影面积确定混凝土的拔出强度，并由此推算混凝土的立方抗压强度。拔出法是一种半破损试验的检测方法。浇筑混凝土时预埋锚固件的方法称为预埋法；混凝土硬化后再钻孔埋入膨胀螺栓作为锚固件的方法称为后装拔出法。预埋法常用于确定混凝土的停止养护、拆模时间及后张法施加预应力的时间；后装法多用于已建结构混凝土强度的现场检测，检测混凝土的质量并判断硬化混凝土的现有实际强度。

1. 后装拔出法的试验装置

后装拔出试验装置由钻孔机、磨槽机、锚固件及拔出仪组成。钻孔机与磨槽机在混凝土上钻孔并磨出凹槽以安装胀簧和胀杆；钻孔机是金刚石薄壁空心钻或冲击电锤，并带有控制垂直度及深度的装置和水冷却装置；磨槽机由配有磨头、定位圆盘及冷却装置的电钻组成；反力装置采用图 8-6 所示的圆环式。

圆环式拔出试验装置的反力支承内径 d_3 为 55mm，锚固件的锚固深度 h 为 25mm，钻孔直径 d_1 为 18mm，圆环式适用于粗骨料最大粒径不大于 40mm 的混凝土。

2. 后装拔出法的测点布置

按单个构件检测时应在构件上均匀布置 3 个测点，若 3 个拔出力的最大值和最小值与中间值之差均小于中间值的 15%，布置 3 个测点即可；若最大值或最小值与中间值之差大于中间值的 15%，包括两者均大于中间值的 15% 时，应在最小拔出力测点附近再加测 2 个点。按批抽样检测时，抽检数量不应少于同批构件总数的 30%，且不少于 10 件，每个构件不少

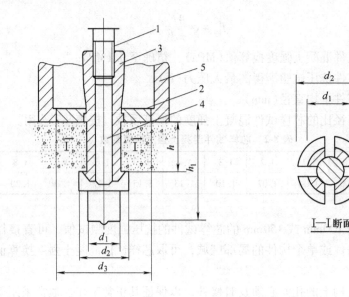

图 8-6　圆环式拔出试验装置示意
1—拉杆　2—对中圆盘　3—胀簧　4—胀杆　5—反力支承

于 3 个测点；测点应布置在构件受力较小的部位，且尽量布置在混凝土成形的侧面；两测点间距不小于 10 倍锚固深度；测点距构件边缘不小于 4 倍锚固深度；测点应避开表面缺陷及钢筋、预埋件；反力支承面应平整、清洁、干燥；应清除饰面层、浮浆。

3. 试验步骤

钻孔：用钻孔机在测试点钻孔，孔的轴线应与混凝土表面垂直。

磨槽：用磨槽机在孔内磨出环形沟槽，槽深约 3.6 ~ 4.5mm，四周槽深应大致相同，并将孔清理干净。

安装拔出仪：在孔中插入胀簧，把胀杆打进胀簧的空腔中，使簧片扩张，簧片头嵌入沟槽。然后将拉杆一端旋入胀簧，另一端与拔出仪连接。

拉拔试验：调节反力支承高度使拔出仪通过反力支承均匀压紧混凝土表面；对拔出仪施加拔出力，拔出力应均匀、连续；当显示器读数不再增加时混凝土已破坏，记录极限拔出力读数并回油卸载。

4. 混凝土强度换算及推定

目前国内拔出法的测强曲线均采用一元回归直线方程，即

$$f_{cu}^c = aF + b \tag{8-19}$$

式中　f_{cu}^c——测点混凝土强度换算值（MPa），精确至 0.1MPa；

　　　F——测点拔出力（kN）；精确至 0.1kN；

　　　a，b——回归系数。

8.2.7　超声法检测混凝土缺陷

超声波检测混凝土缺陷，应采用低频超声仪测量超声脉冲中纵波在结构混凝土中的传播速度、首波幅度和接收信号频率等声学参数。当混凝土结构中存在缺陷或损伤时，超声脉冲通过缺陷时将产生绕射，传播的声速比相同材质无缺陷混凝土的声速小，声时偏长。由于在

缺陷界面上产生反射，能量显著衰减，波幅和频率明显降低，接收信号的波形平缓甚至发生畸变。综合声速、波幅和频率等参数的相对变化与同条件下的混凝土进行比较，判断和评定混凝土的缺陷和损伤情况。

1. 混凝土裂缝检测

（1）浅裂缝检测 结构混凝土开裂深度小于或等于 50mm 的裂缝可用平测法或斜测法进行检测。结构的裂缝部位只有一个可测表面时采用平测法检测，即将仪器的发射换能器和接收换能器对称布置在裂缝两侧，如图 8-7 所示，其距离为 L，超声波传播所需时间为 t^0；再将换能器以相同距离 L 平置在完好的混凝土的表面，测得传播时间为 t，裂缝的计算深度 d_c 为

$$d_c = \frac{L}{2} \sqrt{\left(\frac{t^0}{t}\right) - 1} \tag{8-20}$$

式中 d_c——裂缝深度（mm）；

t、t^0——测距为 L 时不跨缝、跨缝平测的声时值（μs）；

L——平测时的超声传播距离（mm）。

实际检测时，可进行不同测距的多次测量，取得 d_c 的平均值作为该裂缝的深度值。

当结构裂缝部位有两个相互平行的测试表面时，可采用斜测法检测。如图 8-8 所示，将两个换能器分别置于对应测点 1、2、3、…的位置，读取相应声时值 t_i、波幅值 A_i 和频率值 f_i。当两个换能器连线通过裂缝时，则接收信号的波幅和频率明显降低。对比各测点信号，根据波幅和频率的突变，可以判定裂缝的深度以及是否在平面方向贯通。检测时，

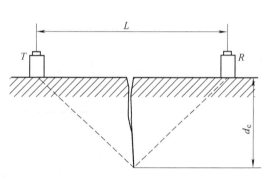

图 8-7 平测法检测裂缝深度

裂缝中不允许有积水或泥浆；结构或构件中有主钢筋穿过裂缝且与两个换能器连线大致平等时，测点布置时应使两个换能器连线与钢筋轴线至少相距 1.5 倍的裂缝预计深度，以减少量测误差。

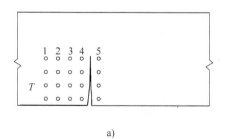

a)

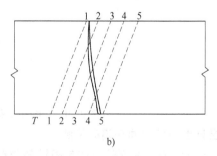

b)

图 8-8 斜测法检测裂缝

a）立面图 b）平面图

（2）深裂缝检测 混凝土结构中开裂深度在 50mm 以上者称为深裂缝，当采用平测法或斜测法检测不便时，可采用钻孔探测，如图 8-9 所示。检测时在裂缝两侧钻两孔，孔距宜

为 2m，测试前向测孔中灌注清水作为耦合介质，将发射和接收换能器分别置入裂缝两侧的对应孔中，以相同高程等距自上至下同步移动，在不同的深度上进行对测，逐点读取声时和波幅数据。绘制换能器的深度和对应波幅值的 d-A 坐标图，如图 8-10 所示。波幅值随换能器下降的深度逐渐增大，当波幅达到最大并基本稳定的对应深度，便是裂缝深度 d_c。测试时，可在混凝土裂缝测孔的一侧另钻一个深度较浅的比较孔（见图 8-9a），测试同样测距下无缝混凝土的声学参数与裂缝部位的混凝土对比，进行判别。钻孔探测鉴别混凝土质量的方法还被用于混凝土钻孔灌注桩的质量检测，采用换能器沿预埋的桩内管道做对穿式检测，检测桩内混凝土的孔洞、蜂窝、疏松、不密实和桩内泥沙或砾石夹层，以及可能出现的断桩部位。

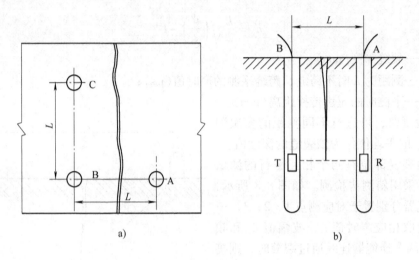

图 8-9　钻孔检测裂缝深度
a）平面图（C 为比较孔）　b）立面图

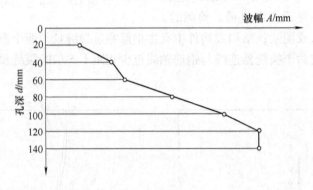

图 8-10　裂缝深度和波幅值的 d-A 坐标图

2. 混凝土内部空洞缺陷的检测

超声检测混凝土内部的空洞是根据各测点的声时、声速、波幅或频率值的相对变化，确定异常测点的坐标位置，从而判定缺陷的范围。对具有两对互相平行测试面的结构可采用对测法。在测区的两对相互平行的测试面上，分别画出间距为 200～300mm 的网格，确定测点的位置，如图 8-11 所示。对只有一对相互平行测试面的结构可采用斜测法。即在测区的两个相互平行的测试面上，分别画出交叉测试的两组测点位置，如图 8-12 所示。

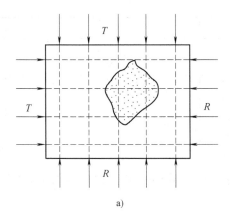
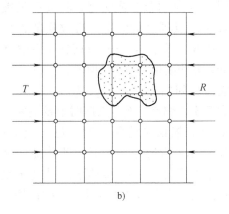

图 8-11 混凝土缺陷检测对测法测点布置
a) 平面图 b) 立面图

当结构测试距离较大时，可在测区的适当部位钻出平行于结构侧面的测试孔，直径为 45 ~ 50mm，其深度由测试具体情况而定。测点布置如图 8-13 所示。

通过对比同条件混凝土的声学参量，可确定混凝土内部存在不密实区域和空洞的范围。当被测部位混凝土只有一对可供测试的表面时，如图 8-14 所示，混凝土内部空洞尺寸可根据式(8-21)估算。

$$r = \frac{l}{2\sqrt{\left(\dfrac{t_h}{m_{ta}}\right)^2 - 1}} \qquad (8-21)$$

式中　r——空洞半径(mm)；

　　　l——检测距离(mm)；

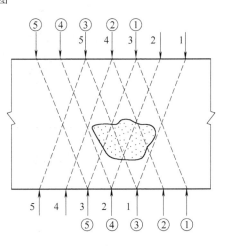

图 8-12 混凝土缺陷斜测法测点布置

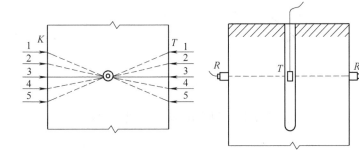

图 8-13 混凝土缺陷检测钻孔法测点布置

　　　t_h——缺陷处的最大声时值(μs)；

　　　m_{ta}——无缺陷区域的平均声时值(μs)。

3. 混凝土表层损伤的检测

受火灾、冻害或化学侵蚀能引起混凝土结构的表面损伤，损伤厚度可采用表面平测法检测。如图 8-15 所示布置换能器，将发射换能器在测试表面 A 点耦合后固定，接收换能器依次耦合安置在 B_1、B_2、B_3、…，每次移动距离不大于 100mm，并测读相应的声时值 t_1、t_2、t_3、…及两个换能器之间的距离 l_1、l_2、l_3、…，每一测区内不少于 5 个测点。按各点声时值及测距绘制混凝土表层的损伤层检测"时—距"坐标图，如图 8-16 所示。混凝土损伤后声速传播速度变化，时—距坐标图上将出现转折点，由此分别求得声波在损伤混凝土与密实混凝土中的传播速度。

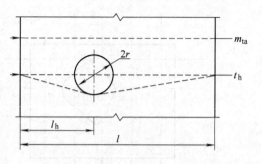

图 8-14　混凝土内部空洞尺寸估算

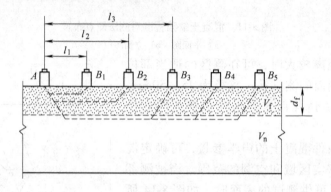

图 8-15　平测法检测混凝土表层损伤厚度

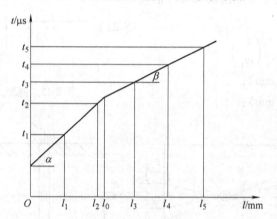

图 8-16　混凝土表层损伤检测"时—距"坐标图

损伤表层混凝土的声速

$$v_f = \cot\alpha = \frac{l_2 - l_1}{t_2 - t_1} \qquad (8\text{-}22)$$

未损伤混凝土的声速

$$v_a = \cot\beta = \frac{l_5 - l_3}{t_5 - t_3} \qquad (8\text{-}23)$$

式中　l_1、l_2、l_3、l_5——转折点前后各测点的测距（mm）；

t_1、t_2、t_3、t_5——相对于测距 l_1、l_2、l_3、l_5 的声时(μs);

混凝土表面损伤层的厚度

$$d_f = \frac{l_0}{2} \sqrt{\frac{v_a - v_f}{v_a + v_f}}$$ (8-24)

式中　d_f——表层损伤厚度(mm);

l_0——声速产生突变时的测距(mm);

v_a——未损伤混凝土的声速(km/s);

v_f——损伤层混凝土的声速(km/s)。

8.2.8　混凝土结构钢筋位置和钢筋锈蚀的检测

1. 钢筋位置的检测

已建混凝土结构进行可靠性诊断或对新建混凝土结构施工质量鉴定时，要求确定钢筋位置、布筋情况、测量混凝土保护层厚度、估测钢筋直径等；采用钻芯法检测混凝土强度时，为在取芯部位避开钢筋也须作钢筋位置的检测。钢筋位置和保护层厚度的测定可采用磁感仪，常用的是数字显示或成像显示。FS10 系统钢筋探测仪是较为先进的仪器设备，整个系统由 RV10 监测器、RS 扫描仪、RC10 连接线、RB10 充电池和 RG10 坐标纸等组成。使用前将电池插入电池槽内，用 RV10 连接线连接 RV10 监测器和 RS 扫描仪。该仪器最大特点是能将钢筋检测结果成像并储存起来，共可储存 42 幅图像，每一图像可通过屏幕上的序号和扫描仪日期/时间分辨。当钢筋保护层厚度较小、钢筋间距足够大时，该系统还能测读出钢筋直径。利用随机所带的软件，可将图像传送至计算机，通过打印机输出图像。

2. 钢筋锈蚀的检测

已建结构钢筋的锈蚀是导致混凝土保护层胀裂、剥落、钢筋有效截面削弱的原因，直接影响结构承载能力和使用寿命，所以，对已建结构进行结构鉴定和可靠度诊断时必须对钢筋锈蚀进行检测。钢筋锈蚀状况的检测，可根据测试条件和测试要求选择剔凿检测方法、电化学测定方法或综合分析判定方法。钢筋锈蚀状况的剔凿检测方法是剔凿出钢筋，直接测定钢筋的剩余直径。钢筋锈蚀状况的电化学测定方法和综合分析判定方法应配合剔凿检测方法验证。钢筋锈蚀状况的电化学测定法采用极化电极原理，测定钢筋锈蚀电流或测定混凝土的电阻率，也可采用半电池原理的检测方法测定钢筋的电位。混凝土中钢筋的锈蚀是一个电化学的过程，钢筋因锈蚀导致有电势存在(相当于一个原电池)。所谓半电池原理是指：检测时采用由铜-硫酸铜作为参考电极的半电池探头钢筋锈蚀测量设备，利用半电池电位与钢筋表面可能存在的锈蚀导致的电位组成测量电路，测量钢筋表面与探头之间的电位差，根据钢筋锈蚀程度与测量电位之间建立的电位变化规律判断钢筋是否锈蚀以及锈蚀的程度。通常测得的负电位数值越大，钢筋锈蚀程度越严重。其工作原理参见图 8-17。综合分析判定方法检测的参数包括裂缝宽度、混凝土保护层厚度、混凝土强度、混凝土碳化深度、混凝土中有害物质含量以及混凝土含水率等，根据情况综合判定钢筋的锈蚀状态。

电化学测定方法的测区及测点布置应根据构件的环境差异及外观检查的结果确定测区，测区应能代表不同环境条件和不同的锈蚀外观表征，每种条件的测区数量不宜少于 3 个；在测区上布置测试网格，网格节点为测点，网格间距为 200mm × 200mm、300mm × 300mm 或 200mm × 100mm 等，根据构件尺寸和仪器功能而定；测区中的测点数不宜少于 20 个；测点

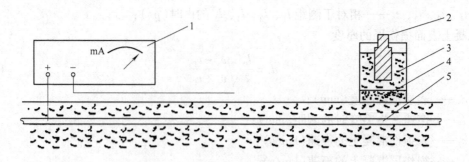

图 8-17 半电池式钢筋锈蚀测试仪原理图

1—毫伏表 2—铜棒电极 3—硫酸铜饱和溶液 4—多孔式探头 5—混凝土中钢筋

与构件边缘的距离应大于 50mm；测区应统一编号，注明位置，并描述其外观情况。电化学检测操作应遵守所使用检测仪器的操作规定，并应注意电极铜棒应清洁、无明显缺陷；混凝土表面应清洁，无涂料、浮浆、污物或尘土等，测点处混凝土应湿润；保证仪器连接点钢筋与测点钢筋连通；测点读数应稳定，电位读数变动不超过 2mV；同一测点同一参考电极重复读数差异不得超过 10mV，同一测点不同参考电极重复读数差异不得超过 20mV；并应避免各种电磁场的干扰以及注意环境温度对测试结果的影响，必要时应进行修正。电化学测试结果的表达应按一定的比例绘出测区平面图，标出相应测点位置的钢筋锈蚀电位，得到数据阵列；并绘出电位等值线图，通过数值相等点或内插等值点绘出等值线，等值线差值宜为 100mV。钢筋电位与钢筋锈蚀状况的判别见表 8-3。钢筋锈蚀电流与钢筋锈蚀速率及构件损伤年限的判别见表 8-4。混凝土电阻率与钢筋锈蚀状态判别见表 8-5。

表 8-3 钢筋电位与钢筋锈蚀状况判别

序 号	钢筋电位/mV	钢筋锈蚀状况判别
1	−350 ~ −500	钢筋发生锈蚀的概率为 95%
2	−200 ~ −350	钢筋发生锈蚀的概率为 50%，可能存在坑蚀现象
3	≥ −200	无锈蚀活动性或锈蚀活动性不确定，锈蚀概率 5%

表 8-4 钢筋锈蚀电流与钢筋锈蚀速率和构件损伤年限判别

序号	锈蚀电流 $I_{cor}/(\mu A/cm^2)$	锈蚀速率	保护层出现损伤年限
1	<0.2	钝化状态	—
2	0.2 ~ 0.5	低锈蚀速率	>15y
3	0.5 ~ 1.0	中等锈蚀速率	10 ~ 15y
4	1.0 ~ 10	高锈蚀速率	2 ~ 10y
5	>10	极高锈蚀速率	<2y

表 8-5 混凝土电阻率与钢筋锈蚀状态判别

序号	混凝土电阻率/kΩ·cm	钢筋锈蚀状态判别
1	>100	钢筋不会锈蚀
2	50 ~ 100	低锈蚀速率
3	10 ~ 50	钢筋活化时，可出现中高锈蚀速率
4	<10	电阻率不是锈蚀的控制因素

8.3　砌体结构现场检测技术

8.3.1　常规检测

1. 砌体强度

砌体的强度，可采用取样的方法或现场原位的方法检测。取样法是从砌体中截取试件，在实验室测定试件的强度；原位法是在现场测试砌体的强度。砌体强度的取样检测应遵守下列规定：

1）取样检测不得构成结构或构件的安全问题。

2）试件的尺寸和强度测试方法应符合 GBJ 129—1990《砌体基本力学性能试验方法标准》的规定。

3）取样操作宜采用无振动的切割方法，试件数量应根据检测目的确定。

4）测试前应对取样过程中造成的试件局部的损伤予以修复，严重损伤的样品不得作为试件。

5）砌体强度的推定，可按 GB/T 50344—2004《建筑结构检测技术标准》确定砌体强度均值的推定区间；当砌体强度标准值的推定区间不满足要求时，也可按试件测试强度的最小值确定砌体强度的标准值，此时试件的数量不得少于 3 件，也不宜大于 6 件，且不应进行数据的舍弃。

烧结普通砖砌体的抗压强度，可采用扁顶法或原位轴压法检测；烧结普通砖砌体的抗剪强度，可采用双剪法或原位单剪法检测，应遵守 GB/T 50315—2011《砌体工程现场检测技术标准》的规定。

2. 砌筑质量与构造

砌筑构件的砌筑质量检测可分为砌筑方法、灰缝质量、砌体偏差和留槎及洞口等项目。砌体结构的构造检测可分为砌筑构件的高厚比、梁垫、壁柱、预制构件的搁置长度、大型构件端部的锚固措施、圈梁、构造柱或芯柱、砌体局部尺寸及钢筋网片和拉结筋等项目。

既有砌筑构件砌筑方法、留槎、砌筑偏差和灰缝质量等，可采取剔凿表面抹灰的方法检测。当构件砌筑质量存在问题时，可降低该构件的砌体强度。砌筑方法的检测，应检测上、下错缝，内外搭砌等是否符合要求。灰缝质量检测可分为灰缝厚度、灰缝饱满程度和平直程度等项目。其中灰缝厚度的代表值应按 10 皮砖砌体高度折算。砌体偏差的检测可分为砌筑偏差和放线偏差。对于无法准确测定构件轴线绝对位移和放线偏差的既有结构，可测定构件轴线的相对位移或相对放线偏差。砌体中拉结筋的间距，应取 2~3 个连续间距的平均间距作为代表值。砌筑构件的高厚比，其厚度值应取构件厚度的实测值。跨度较大的屋架和梁支承面下的垫块和锚固措施，可采取剔除表面抹灰的方法检测。预制钢筋混凝土板的支承长度，可采用剔凿楼面面层及垫层的方法检测。跨度较大门窗洞口的混凝土过梁的设置状况，可通过测定过梁钢筋状况判定，也可采取剔凿表面抹灰的方法检测。砌体墙梁的构造，可采取剔凿表面抹灰和用尺量测的方法检测。

3. 变形与损伤

砌体结构的变形与损伤的检测可分为裂缝、倾斜、基础不均匀沉降、环境侵蚀损伤、灾害损伤及人为损伤等项目。砌体结构裂缝的检测应遵守下列规定：

1）结构或构件上的裂缝，应测定其位置、长度、宽度和数量。

2）必要时应剔除构件抹灰确定砌筑方法、留槎、洞口、线管及预制构件对裂缝的影响。

3）仍在发展的裂缝应进行定期的观测，提供裂缝发展速度的数据。

砌筑构件或砌体结构的倾斜，应区分倾斜中砌筑偏差造成的倾斜、变形造成的倾斜、灾害造成的倾斜等。对砌体结构受到的损伤进行检测时，应确定损伤对砌体结构安全性的影响。不同原因造成的损伤可按下列规定进行检测：

1）对环境侵蚀，应确定侵蚀源、侵蚀程度和侵蚀速度。

2）对冻融损伤，应测定冻融损伤深度、面积，检测部位宜为檐口、房屋的勒脚、散水附近和出现渗漏的部位。

3）对火灾等造成的损伤，应确定灾害影响区域和受灾害影响的构件，确定影响程度。

4）对于人为的损伤，应确定损伤程度。

8.3.2 砌体结构检测的工作程序及准备

（1）砌体结构检测工作程序 接受委托→检查并确定检测目的、内容和范围→确定检测方法→设备、仪器标定→检测→计算、分析、推定→检测报告。

（2）调查阶段工作内容

1）收集被检工程的原设计图样、施工验收资料、砖与砂浆的品种及有关原材料的试验资料。

2）现场调查工程的结构形式、环境条件、使用期间的变更情况、砌体质量及其存在的问题。

（3）选择检测方法 根据调查结果和检测目的、内容和范围，选择一种或数种检测方法。砌体强度检测方法见表8-6。

表8-6 砌体强度检测方法

序号	检测方法	特点	用途	限制条件
1	轴压法	①属原位检测，直接在墙体上检测，检测结果综合反映了材料质量和施工质量；②直观性、可比性强；③设备较重；④检测部位局部破损	检测普通砖砌体的抗压强度	①槽间砌体每侧的墙体宽度不应小于1.5m；②同一墙体上的测点数量不宜多于1个，测点数量不宜太多；③限用于240mm砖墙
2	扁顶法	①属原位检测，直接在墙体上检测，检测结果综合反映了材料质量和施工质量；②直观性、可比性较强；③扁顶重复使用率较低；④砌体强度较高或轴向变形较大时，难以测出抗压强度；⑤设备较轻；⑥检测部位局部破损	①检测普通砖砌体的强度；②检测古建筑和重要建筑的实际应力；③检测具体工程的砌体弹性模量	①槽间砌体每侧的墙体宽度不应小于1.5m；②同一墙体上的测点数量不宜多于1个；测点数量不宜太多
3	原位单剪法	①属原位检测，直接在墙体上检测，检测结果综合反映了施工质量和砂浆质量；②直观性强；③检测部位局部破损	检测各种砌体的抗剪强度	①测点宜选在窗下墙部位，且承受反作用力的墙体应有足够长度；②测点数量不宜太多

（续）

序号	检测方法	特点	用途	限制条件
4	原位单砖双剪法	①属原位检测，直接在墙体上检测，检测结果综合反映了施工质量和砂浆质量；②直观性较强；③设备较轻；④检测部位局部破损	检测烧结普通砖砌体的抗剪强度；其他墙体应经试验确定有关换算系数	当砂浆强度低于5MPa时，误差较大
5	推出法	①属原位检测，直接在墙体上检测，检测结果综合反映了施工质量和砂浆质量；②设备较轻便；③检测部位局部破损	检测普通砖墙体的砂浆强度	当水平灰缝的砂浆饱满度低于65%时，不宜选用
6	筒压法	①属取样检测；②仅需利用一般混凝土试验室的常用设备；③取样部位局部破损	检测烧结普通砖墙体中的砂浆强度	测点数量不宜太多
7	砂浆片剪切法	①属取样检测；②专用的砂浆强度仪和其标定仪，较为轻便；③试验工作较简便；④取样部位局部破损	检测烧结普通砖墙体中的砂浆强度	
8	回弹法	①属原位无损检测，测区选择不受限制；②回弹仪有定型产品，性能较稳定，操作简便；③检测部位的装饰面层仅局部受损	①检测烧结普通砖墙体中的砂浆强度；②适宜于砂浆强度均质性普查	砂浆强度不应小于2MPa
9	点荷法	①属取样检测；②试验工作较简便；③取样部位局部破损	检测烧结普通砖墙体中的砂浆强度	砂浆强度不应小于2MPa
10	射钉法	①属原位无损检测，测区选择不受限制；②射钉枪、子弹、射钉有配套定型产品，设备较轻便；③墙体装饰面层仅局部损伤	烧结普通砖、多孔砖砌体中，砂浆强度均质性普查	①定量推定砂浆强度，宜与其他检测方法配合使用；②砂浆强度不应小于2 MPa；③检测前，需要用标准靶检校

（4）划分检测单元　检测单元是指受力性质相似或结构功能相同的同一类构件的集合。一个或若干个可以独立分析的结构单元作为检测单元，每一结构单元划分为若干个检测单元。

（5）确定测区　一个测区能够独立产生一个强度代表值（或推定强度值），这个子集必须具有一定的代表性。一个检测单元内，应随机选择6个构件（单片墙体、柱），作为6个测区。当检测单元中没有6个构件时，应将每个构件作为一个测区。

（6）执行规范规定的测点数　各种检测方法的测点数，应符合下列要求：

1）原位轴压法、扁顶法、原位单剪法、筒压法测点数不应少于1个。

2）原位单砖双剪法、推出法、砂浆片剪切法、回弹法、点荷法、射钉法测点数不少于5个。

8.3.3　砂浆强度检测

1. 回弹法

回弹法是根据砂浆表面硬度推断砌筑砂浆立方体抗压强度的一种检测方法。砂浆强度回弹法的检测原理与混凝土强度回弹法的检测原理基本相同，即用回弹仪检测砂浆表面硬度，用酚酞试剂检测砂浆碳化深度，根据此两项指标换算为砂浆强度。所使用的砂浆回弹仪也与混凝土回弹仪相似。砂浆回弹仪的主要技术性能指标应符合表8-7所示的要求。

表8-7　砂浆回弹仪技术性能指标

项目	指标	项目	指标
冲击动能/J	0.196	弹击球曲面曲率半径/mm	25
弹击锤冲程/mm	75	钢砧上率定平均回弹值(R)	74±2
指针滑块的静摩擦力/N	0.5±0.1	外形尺寸/mm	60×80

2. 筒压法

筒压法适用于推定烧结普通砖墙中砌筑砂浆的强度，不适用于推定遭受火灾、化学侵蚀等砌筑砂浆的强度。检测时应从砖墙中抽取砂浆试样，在实验室内进行筒压荷载试验，检测筒压比，然后换算为砂浆强度。一般情况下：①中、细砂配制的水泥砂浆，砂浆强度为2.5～20MPa；②中、细砂配制的水泥石灰混合砂浆（简称混合砂浆），砂浆强度为2.5～15.0MPa；③中、细砂配制的水泥粉煤灰砂浆（简称粉煤灰砂浆），砂浆强度为2.5～20MPa；④石灰质石粉砂与中、细砂混合配制的水泥石灰混合砂浆和水泥砂浆（简称石粉砂浆），砂浆强度为2.5～20MPa。

筒压法的主要检测设备有承压筒（见图8-18，可用普通碳素钢或合金钢自行制作），50～100kN压力试验机或万能试验机，砂摇筛机，干燥箱，孔径为5mm、10mm、15mm的标准砂石筛（包括筛盖和底盘），水泥跳桌，称量为1000g、感量为0.1g的托盘天平。

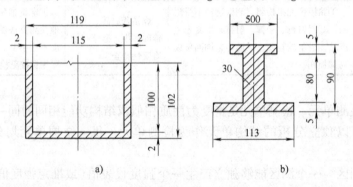

图8-18　承压筒构造
a）承压筒剖面　b）承压盖剖面

筒压法检测时，应在每一测区，从距墙表面20mm以内的水平灰缝中凿取砂浆约4000g，其最小厚度不得小于5mm。使用手锤击碎样品，筛取5～15mm的砂浆颗粒约3000g，在105℃±5℃的温度下烘干至恒重，待冷却至室温后备用。每次取烘干样品约1000g，置于孔径5mm、10mm、15mm标准筛所组成的套筛中，机械摇筛2min或手工摇筛1.5min。称取粒级5～10mm和10～15mm的砂浆颗粒各250g，混合均匀后即为一个试样。共制备三个试样。每个试样应分两次装入承压筒。每次约装1/2，在水泥跳桌上跳振5次。第二次装料并跳振后，整平表面，安上承压盖。如无水泥跳桌，可按照砂、石紧密体积密度的试验方法颠击密实。将装料的承压筒置于试验机上，盖上承压盖，开动压力试验机，应于20～40s内均匀加荷至下面规定的筒压荷载值后，立即卸荷。不同品种砂浆的筒压荷载值分别为：水泥砂浆、石粉砂浆为 20kN；水泥石灰混合砂浆、粉煤灰砂浆为 10kN。

将施压后的试样倒入由孔径 5mm 和 10mm 标准筛组成的套筛中，装入摇筛机摇筛 2min 或人工摇筛 1.5min，筛至每隔 5s 的筛出量基本相等。称量各筛筛余试样的重量（精确至 0.1g），各筛的分计筛余量和底盘剩余量的总和，与筛分前的试样重量相比，相对差值不得超过试样重量的 0.5%；当超过时，应重新进行试验。标准试样的筒压比，应按下式计算

$$T_{ij} = \frac{t_1 + t_2}{t_1 + t_2 + t_3} \tag{8-25}$$

式中　T_{ij}——第 i 个测区中第 j 个试样的筒压比，以小数计；

t_1、t_2、t_3——孔径为 5mm、10mm 筛的分计筛余量和底盘中剩余量。

测区的砂浆筒压比，应按下式计算

$$T_i = \frac{T_{i1} + T_{i2} + T_{i3}}{3} \tag{8-26}$$

式中　T_i——第 i 个测区的砂浆筒压比平均值，以小数计，精确至 0.01；

T_{i1}、T_{i2}、T_{i3}——分别为第 i 个测区三个标准砂浆试样的筒压比。

根据筒压比，测区的砂浆强度平均值应按下列公式计算

水泥砂浆　　　　　　　　　$f_{2,i} = 34.58 \ (T_i)^{2.06}$ 　　　　　　　(8-27)

水泥石灰混合砂浆　　　　　$f_{2,i} = 6.1(T_i) + 11 \ (T_i)^2$ 　　　　　(8-28)

粉煤灰砂浆　　　　　$f_{2,i} = 2.52 - 9.4(T_i) + 32.8 \ (T_i)^2$ 　　　(8-29)

石粉砂浆　　　　　　$f_{2,i} = 2.7 - 13.9(T_i) + 44.9 \ (T_i)^2$ 　　　(8-30)

根据测区砂浆的强度值和平均值推定砂浆强度标准值时需进行强度推定，测区数 $n_2 \geqslant$ 6 时

$$f_{2,\mathrm{m}} > f_2 \tag{8-31}$$

$$f_{2,\min} > 0.75 f_2 \tag{8-32}$$

式中　$f_{2,\mathrm{m}}$——同一检测单元，按测区统计的砂浆抗压强度平均值（MPa）；

f_2——砂浆推定强度等级所对应的立方体抗压强度值（MPa）；

$f_{2,\min}$——同一检测单元，测区砂浆抗压强度的最小值（MPa）。

当测区数 $n_2 < 6$ 时

$$f_{2,\min} > f_2 \tag{8-33}$$

当检测结果的变异系数 δ 大于 0.35 时，应检查检测结果离散性较大的原因，若是检测单元划分不当，宜重新划分，并可增加测区数进行补测，然后重新推定。变异系数的计算方法

$$\delta = \frac{s}{f_{2,\mathrm{m}}} \tag{8-34}$$

$$s = \sqrt{\frac{1}{n_2 - 1} \sum_{i=1}^{n_2} (f_{2,\mathrm{m}} - f_{2,i})^2} \tag{8-35}$$

当遇到砌筑砂浆不饱满的情况时，应考虑因砂浆不饱满造成的设计强度折减。砌体强度设计值折减系数见表 8-8。当砂浆不饱满程度介于表中给定值之间时，可按线性插值法计算相应的折减系数。

表 8-8　砌体强度设计值折减系数

砂浆饱满度(%)	50	75	80
折减系数	0.60	0.97	1.00

8.3.4　砌体强度的直接检测

1. 原位轴压法

本方法适用于推定 240mm 厚普通砖砌体的抗压强度。检测时，在墙体上开凿两条水平槽型孔安放原位压力机。检测部位应具有代表性，并应符合下列规定：①宜在墙体中部距楼、地面 1m 左右的高度处，槽间砌体每侧的墙体宽度不应小于 1.5m；②同一墙体上，测点不宜多于 1 个，且宜选在沿墙体长的中间部位，多于 1 个时，水平净距不得小于 2.0m；③检测部位不得选在挑梁下、应力集中部位以及墙梁的墙体计算高度范围内。图 8-19 所示为原位压力机测试工作状况。

2. 扁顶法

扁顶法除了能推定普通砖砌体的抗压强度外，还能对砌体的实际受压工作应力和弹性模量进行测定。检测时应首先选择适当的检测位置，其选择方法与原位轴压法相同。检测时，在墙体的水平灰缝处开凿两条槽孔，安放扁顶，液压泵等检测设备。加荷设备由手动液压泵、扁顶等组成，其工作状况如图 8-20 所示。

3. 原位单剪法

原位单剪法适用于推定砖砌体沿通缝截面的抗剪切强度。检测时，检测部位宜选在窗洞口或其他洞口下三皮砖范围内，将试验区取 $L(370 \sim 490mm)$ 长一段，两边凿通、齐平，加压面坐浆找平，加压用千斤顶，受力支承面要加钢垫板，逐步施加推力。

检测设备包括螺旋千斤顶或卧式液压千斤顶、荷载传感器及数字荷载表等。试件的预估破坏荷载值应在千斤顶、传感器最大测量值的 20% ~ 80%。检测前，应标定荷载传感器及数字荷载表，其示值相对误差不应大于 3%。

首先在选定的墙体上，采用振动较小的工具加工切口，现浇钢筋混凝土传力件，如图 8-21 所示。测量被测灰缝的受剪面尺寸，精确至 1mm。安装千斤顶及检测仪表，千斤顶的加力轴线与被测灰缝顶面应对齐。匀速施加水平荷载，并控制试件在 2 ~ 5min 内破坏。当试件沿受剪面滑动、千斤顶开始卸荷时，即判定试件达到破坏状态。记录破坏荷载值，结束试验。在预定剪切面(灰缝)破坏方为有效试验。加荷试验结束后，翻转已破坏的试件，检查剪切面破坏特征及砌体砌筑质量，并详细记录。

根据检测仪表的校验结果，进行荷载换算，精确至 10N。根据试件的破坏荷载和受剪面

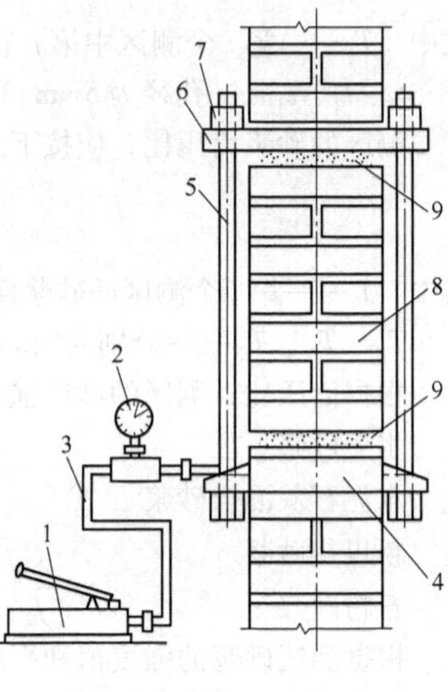

图 8-19　原位压力机测试工作状况
1—手动液压泵　2—压力表
3—高压液压油管　4—扁式千斤顶
5—拉杆(共 4 根)　6—反力板
7—螺母　8—槽间砌体　9—砂垫层

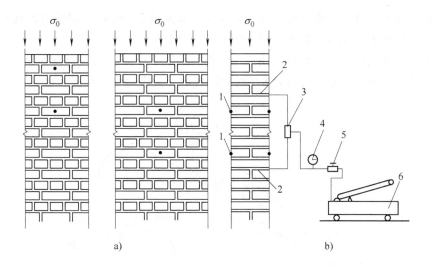

图 8-20　扁顶法测试装置与变形测点布置

a）测试受压工作应力　b）测试弹性模量、抗压强度

1—变形测量脚标（两对）　2—扁式液压千斤顶

3—三通接头　4—压力表　5—溢流阀　6—手动液压泵

积，应按下式计算砌体的沿通缝截面抗剪强度

$$f_{vij} = \frac{N_{vij}}{A_{vij}} \qquad (8\text{-}36)$$

式中　f_{vij}——第 i 个测区第 j 个测点的砌体沿通缝截面抗剪强度（MPa）；

N_{vij}——第 i 个测区第 j 个测点的抗剪破坏荷载（N）；

A_{vij}——第 i 个测区第 j 个测点的受剪面积（mm^2）。

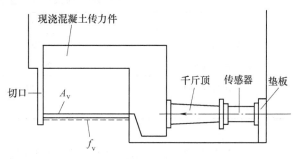

图 8-21　检测装置

测区的砌体沿通缝截面抗剪强度平均值，应按下式计算

$$f_{vi} = \frac{1}{n_1} \sum_{j=1}^{n_1} f_{vij} \qquad (8\text{-}37)$$

式中　f_{vi}——第 i 个测区的砌体沿通缝截面抗剪强度平均值（MPa）。

4. 原位单砖双剪法

原位单砖双剪法适用于推定烧结普通砖砌体的抗剪强度。检测时，将原位剪切仪的主机安放在墙体的槽孔内，其工作状况如图 8-22 所示。

测点的选择应符合下列规定：①每个测区随机布置的 n_1 个测点，在墙体两面的数量宜接近或相等，以一块完整的顺砖及其上下两条水平灰缝作为一个测点（试件）；②试件两个受剪面的水平灰缝厚度应为 8～12mm；③下列部位不应布设测点：门、窗洞口侧边 120mm 范

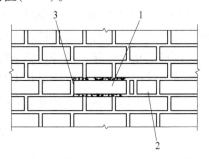

图 8-22　原位单砖双剪试验示意

1—剪切试件　2—剪切仪主机　3—掏空的竖缝

围内，后补的施工洞口和经修补的砌体，独立砖柱和窗间墙；④同一墙体的各测点之间，水平方向净距不应小于0.62m，垂直方向净距不应小于0.5m。

原位剪切仪的主机为一个附有活动承压钢板的小型千斤顶。其成套设备如图8-23所示。原位剪切仪的主要技术指标应符合表8-9所示的规定，且应每半年校验一次。

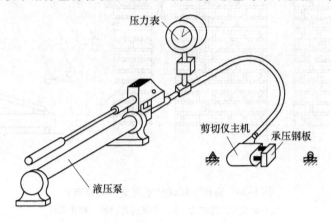

图 8-23　原位剪切仪示意图

表 8-9　原位剪切仪主要技术指标

项目	75 型指标	150 型指标
额定推力/kN	75	150
相对测量范围(%)	20 ~ 80	20 ~ 80
额定行程/mm	> 20	> 20
示值相对误差(%)	±3	±3

当采用带有上部压应力 σ_0 作用的试验方案时，应按图8-22所示的要求，将剪切试件相邻一端的一块砖掏出，清除四周的灰缝，制备出安放主机的孔洞，其截面尺寸不得小于 $115\text{mm} \times 65\text{mm}$，掏空、清除剪切试件另一端的竖缝；当采用释放试件上部压应力 σ_0 的试验方案时，应按图8-23所示，掏空水平灰缝，掏空范围由剪切试件两端向上按45°角扩散至灰缝4，掏空长度应大于620mm，深度应大于240mm。试件两端的灰缝应清理干净。开凿清理过程中，严禁扰动试件；如发现被推砖块有明显缺棱掉角或上、下灰缝有明显松动现象时，应舍去该试件。被推砖的承压面应平整，如不平时应用扁砂轮等工具磨平。将剪切仪主机（见图8-24）放入开凿好的孔洞中，使仪器的承压板与试件的砖块顶面重合，仪器轴线与砖块轴线吻合。若开凿孔洞过长，在仪器尾部应另加垫块。匀速施加水平荷载，直至试件和砌体之间产生相对位移，试件达到破坏状态。加荷的全过程宜为1～3min。记录试件破坏时剪切仪测力计的最大读数精确至0.1个分度值。采用无量纲指示仪表的剪切仪时，尚应按剪切仪的校验结果换算成以 N 为单位的破坏荷载。试件沿通缝截面的抗剪强度，应按下式计算

$$f_{vij} = \frac{0.64 N_{vij}}{2A_{vij}} - 0.7\sigma_{0ij} \tag{8-38}$$

式中　A_{vij}——第 i 个测区第 j 个测点单个受剪截面的面积(mm^2)。

测区的砌体沿通缝截面抗剪强度平均值，与单剪法相同即式(8-37)。

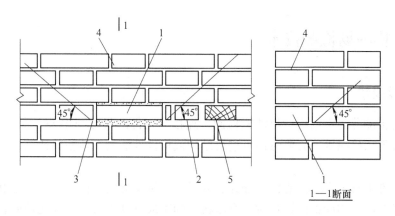

图 8-24 释放 σ_0 方案示意图

1—试样 2—剪切仪主机 3—掏空竖缝 4—掏空水平缝 5—垫块

8.3.5 砌体结构裂缝分级标准

砌体构件在各种荷载作用下，由于受压、局部承压、受弯、受剪等原因而产生的裂缝为受力裂缝。由于温度、收缩变形、地基不均匀沉降等原因而引起的裂缝为变形裂缝。根据裂缝发生的构件、部位、形状和分布，经分析和验算判别其性质，按变形裂缝和受力裂缝进行评定等级，如表 8-10、表 8-11 所示。裂缝宽度可用读数显微镜或钢直尺来测定。

表 8-10 砌体变形裂缝分级标准

构件	级别			
	a	b	c	d
墙	无	墙体产生轻微裂缝，裂缝宽度小于 1.5mm	墙体开裂较严重，裂缝宽度 1.5~10mm	墙体裂缝严重，最大裂缝宽度大于 10mm
柱	无	无	柱截面出现水平裂缝，缝宽小于 1.5mm 且未贯通柱截面	柱断裂，或产生水平错动

注：本表仅适用于粘土砖硅酸盐砖及粉煤灰砖砌体。

表 8-11 砌体受力裂缝分级标准

构件	级别			
	a	b	c	d
墙	无	非主要受力部位砌体产生局部轻微裂缝	主要受力部位产生肉眼可见的竖向裂缝或墙体产生未贯通的斜裂缝，砌体出现个别竖向肉眼可见微裂缝	出现下列情况之一即属此级：主要受力部位产生宽度大于 0.1mm 的多条，或贯通数皮砖的竖向裂缝；墙体产生基本贯通的斜裂缝；出现水平弯曲裂缝，砌体出现宽度为大于 0.1mm 的多条或贯通数皮砖的竖向裂缝或出现水平错位裂缝
柱				
过梁	无	过梁砌体出现轻微裂缝	出现小于等于 0.4mm 的垂裂缝或出现较严重的斜裂缝	出现下列情况之一即属此级：跨中出现大于 0.4mm 竖向裂缝；出现基本贯通断面全高的斜裂缝；支承过梁的墙体出现剪切裂缝；过梁出现不允许变形

8.4 钢结构现场检测技术

8.4.1 一般要求

钢结构的检测分为钢结构材料性能检测，连接、构件的尺寸与偏差、变形与损伤检测，构造以及涂装等项检测等。必要时还可进行结构或构件性能的实荷检验或结构的动力测试。

1. 材料

对结构构件钢材的力学性能检验分为屈服强度、抗拉强度、伸长率、冷弯和冲击功等项目。若工程尚有与结构同批的钢材时，可以将其加工成试件进行力学性能检验；当工程没有与结构同批的钢材时，可在构件上截取试样，但应确保结构构件的安全。钢材力学性能检验试件的取样数量、取样方法、试验方法和评定标准应符合表8-12所示的规定。

表8-12 材料力学性能检验项目和方法

检验项目	取样数量/（个/批）	取样方法	试验方法	评定标准
屈服强度、抗拉强度、伸长率	1	GB/T 2975—1998《钢及钢产品力学性能试样取样位置及试样制备》	GB 6397—1986《金属拉伸试验试样》 GB/T 228—2010《金属材料拉伸试验室温试验方法》	GB/T 700—2006《碳素结构钢》；GB/T 1591—2008《低合金高强度结构钢》；其他钢材产品标准
冷弯	1		GB/T 232—2010《金属材料弯曲试验方法》	
冲击功	3		GB/T 229—2007《金属材料夏比摆锤冲击试验方法》	

根据需要，钢材化学成分可进行全成分分析或主要成分分析。钢材化学成分分析时每批钢材取一个试样，取样和试验应分别按GB/T 222—2006《钢的成品化学成分允许偏差》和《钢铁及合金化学分析方法标准汇编》执行，并应按相应产品标准进行评定。

既有钢结构钢材的抗拉强度，可采用表面硬度的方法检测；锈蚀钢材或受到火灾等影响钢材的力学性能，可采用取样的方法检测；对试样的测试操作和评定，应按相应钢材产品标准的规定进行，在检测报告中应明确说明检测结果的适用范围。

2. 连接

钢结构的连接质量与性能的检测分为焊接连接、焊钉（栓钉）连接、螺栓连接、高强螺栓连接等。对设计上要求全焊透的一、二级焊缝和设计上没有要求的钢材等强对焊拼接焊缝的质量，可采用超声波探伤的方法检测。对钢结构工程的所有焊缝都应进行外观检查；对既有钢结构检测时，可采取抽样检测焊缝外观质量的方法，也可采取按委托方指定范围抽查的方法检测。焊缝的外形尺寸和外观缺陷检测方法和评定标准，应按GB 50205—2001《钢结构工程施工质量验收规范》确定。焊接接头的力学性能，可采取截取试样的方法检验，但应采取措施确保安全。焊接接头力学性能的检验分为拉伸、面弯和背弯等项目，每个检验项目可各取两个试样。焊接接头的取样和检验方法应按 GB/T 2649—1989《焊接接头机械性能试验取样方法》、GB/T 2651—2008《焊接接头拉伸试验方法》和 GB/T 2653—2008《焊接接头弯曲试验方法》等确定。焊接接头焊缝的强度不应低于母材强度的最低保证值。

对钢结构工程质量进行检测时，可抽样进行焊钉焊接后的弯曲检测，抽样数量不应少于 A 类检测的要求[⊖]。检测方法与评定标准：锤击焊钉头使其弯曲至 30°，焊缝和热影响区没有肉眼可见的裂纹判为合格。对扭剪型高强度螺栓连接质量，可检查螺栓端部的梅花头是否已拧掉，除因构造原因无法使用专用扳手拧掉梅花头者外，未在终拧中拧掉梅花头的螺栓数不应大于该节点螺栓数的 5%，且不应少于 10 个。对高强度螺栓连接质量的检测，可检查外露螺扣，螺纹外露应为 2~3 扣。允许有 10% 的螺栓螺纹外露 1 扣或 4 扣。

3. 尺寸与偏差

应检测所抽样构件的全部尺寸，每个尺寸在构件的 3 个部位量测，取 3 处测试值的平均值作为该尺寸的代表值；尺寸量测的方法，可按相关产品标准的规定量测，其中钢材的厚度可用超声测厚仪测定；钢构件的尺寸偏差，应以设计图样规定的尺寸为基准计算尺寸偏差；偏差的允许值，应按《钢结构工程施工质量验收规范》确定。

4. 缺陷、损伤与变形

钢材外观质量的检测分为均匀性检测，是否有夹层、裂纹、非金属夹杂和明显的偏析检测等项目。当对钢材的质量有怀疑时，应对钢材原材料进行力学性能检验或化学成分分析。对钢结构损伤的检测可分为裂纹、局部变形、锈蚀等项目。钢材裂纹，可采用观察的方法和渗透法检测。采用渗透法检测时，应用砂轮和砂纸将检测部位的表面及其周围 20mm 范围内打磨光滑，不得有氧化皮、焊渣、飞溅、污垢等；用清洗剂将打磨表面清洗干净，干燥后喷涂渗透剂，渗透时间不应少于 10min；然后再用清洗剂将表面多余的渗透剂清除；最后喷涂显示剂，停留 10~30min 后，观察是否有裂纹显示。杆件的弯曲变形和板件凹凸等变形情况，可用观察和尺量的方法检测；变形评定，应按 GB 50205—2001《钢结构工程施工质量验收规范》的规定执行。螺栓和铆钉的松动或断裂，可采用观察或锤击的方法检测。结构构件的锈蚀，可按 GB/T 8923—1988《涂装前钢材表面锈蚀等级和除锈等级》。确定锈蚀等级，对 D 级锈蚀，还应量测钢板厚度的削弱程度。

5. 结构性能实荷检验

对于大型复杂钢结构体系可进行原位非破坏性实荷检验，直接检验结构性能。对结构或构件的承载力有疑义时，可进行原型或足尺模型荷载试验。试验应委托专门机构进行。试验前应制定详细的试验方案，包括试验目的、试件的选取或制作、加载装置、测点布置和测试仪器、加载步骤以及试验结果的评定方法等。

8.4.2 钢材强度测定

测定钢材强度最理想的方法是在结构上截取试样，由拉伸试验确定相应的强度指标。但这种方法同样会损伤结构，影响结构的正常工作，需要对结构进行补强。一般采用表面硬度法间接推断钢材强度。

⊖ 根据超声检测技术等级规定，检测分为 A、B、C 三个等级。其中：A 级检测仅适用于母材厚度 8-46mm 时的连接检测；B 级检测适用于一般承压设备检测；C 级检测适用于重要承压设备的检测。钢结构工程通常采用的是 A 级检测。

表面硬度法主要是利用布氏硬度计测定钢材的硬度(见图8-25)。该检测方法适用于估算结构中钢材抗拉强度的范围,不能准确推定钢材的强度。在测试前应对构件测试部位进行处理,可用钢锉打磨构件表面,除去表面锈斑、油漆,然后分别用粗、细砂纸打磨构件表面,直至露出金属光泽。在测试时,构件及测试面不得有明显的颤动。测完后按所建立的专用测强曲线换算钢材的强度。

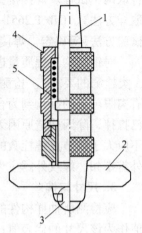

$$H_B = H_s \frac{D - \sqrt{D^2 - d_s}}{D - \sqrt{D^2 - d_B}} \qquad (8-39)$$

$$f = 3.6 H_B \qquad (8-40)$$

式中 H_B、H_s——钢材和标准试件的布氏硬度;

  d_B、d_s——硬度计钢珠在钢材和标准试件上的凹痕直径;

  D——硬度计钢珠的直径;

  f——钢材的极限强度(N/mm^2)。

图 8-25 测量钢材硬度的布氏硬度计
1—纵轴 2—标准棒
3—钢珠 4—外壳 5—弹簧

测定钢材的极限强度 f 后,可依据同种材料的屈强比计算得到钢材的屈服强度。另外,根据钢材中化学成分可以粗略估算碳素钢强度。计算公式为

$$\sigma_b = 285 + 7w_C + 0.06w_{mn} + 7.5w_P + 2w_{Si} \qquad (8-41)$$

式中 w_C、w_{mn}、w_P、w_{Si}——钢材中碳、锰、磷和硅元素的质量分数,以 0.01% 为计量单位。

8.4.3 超声法检测钢材和焊缝缺陷

超声法检测钢材和焊缝缺陷的工作原理与检测混凝土内部缺陷相同。试验时多采用脉冲反射法。超声波脉冲经换能器发射进入被测材料传播时,当通过构件材料表面、内部缺陷和构件底面时,会产生部分反射,这些超声波各自往返的路程不同,回到换能器时间不同,在超声波探伤仪的示波屏幕上分别显示出各界面的反射波及其相对的位置,分别称为始脉冲、伤脉冲和底脉冲,如图8-26所示。由缺陷反射波与起始脉冲和底脉冲的相对距离可确定缺陷在构件内的相对位置。如果材料完好,内部无缺陷时,则显示屏上只有起始脉冲和底脉

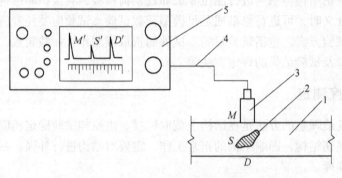

图 8-26 直探头测钢材缺陷示意图
1—试件 2—缺陷 3—探头 4—电缆
5—探伤仪 M—表面反射 S—缺陷反射 D—底面反射

冲，不出现伤脉冲。

　　焊缝内部缺陷常用斜向换能器探头检测。如图 8-27 所示，采用三角形标准试块，用比较法确定内部缺陷的位置。当在构件焊缝内探测到缺陷时，记录换能器在构件上的位置 l 和缺陷反射波在显示屏上的相对位置，然后将换能器移到三角形标准试块的斜边作相对移动，使反射脉冲与构件焊缝内的缺陷脉冲重合，当三角形标准试块的 α 角度与斜向换能器超声波和折射角度相同时，量取换能器在三角形标准试块上的位置 L，缺陷的深度 h 为

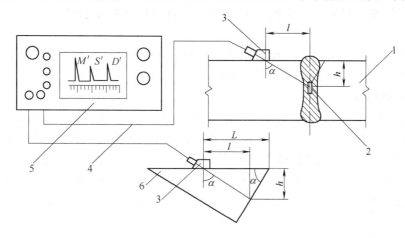

图 8-27　斜探头探测缺陷位置
1—试件　2—缺陷　3—探头　4—电缆　5—探伤仪　6—标准试块

$$l = L \sin^2 \alpha \qquad (8\text{-}42)$$
$$h = L \sin\alpha\cos\alpha \qquad (8\text{-}43)$$

　　由于钢材密度比混凝土大得多，为了能检测钢材或焊缝较小的缺陷，常用的工作频率为 $0.5 \sim 2\mathrm{MHz}$，比混凝土检测时的工作频率高。

　　焊缝的外观常见的缺陷有气孔、夹渣、烧穿、焊瘤、咬边、未焊透、未融合等。气孔指焊条熔合物表面存在的人眼可辨的小孔。夹渣指焊条熔合物表面存在有熔合物锚固着的焊渣。烧穿指焊条熔化时把焊件底面熔化，熔合物从底面两焊件缝隙中流出形成焊瘤的现象。焊瘤指在焊缝表面存在多余的像瘤一样的焊条熔合物。咬边指焊条熔化时把焊件过分熔化，使焊件截面受到损伤的现象。未焊透指焊条熔化时焊件熔化的深度不够，焊件厚度的一部分没有焊接的现象。未融合指焊条熔化时没有把焊件熔化，焊件与焊条熔合物没有连接或连接不充分的现象。

8.4.4　钢结构性能的静力荷载检验

1. 一般规定

　　钢结构性能的静力荷载检验分为使用性能检验、承载力检验和破坏性检验；使用性能检验和承载力检验的对象可以是实际的结构或构件，也可以是足尺寸的模型；破坏性检验的对象可以是不再使用的结构或构件，也可以是足尺寸的模型。

　　检验装置和设置，应能模拟结构实际荷载的大小和分布，能反映结构或构件实际工作状态，加荷点和支座处不得出现不正常的偏心，同时应保证构件的变形和破坏不影响测试数据的准确性和不造成检验设备的损坏和人身伤亡事故。检验的荷载应分级加载，每级荷载不宜

超过最大荷载的 20%，在每级加载后应保持足够的静止时间，并检查构件是否存在断裂、屈服、屈曲的迹象。变形的测试应考虑支座沉降变形的影响，正式检验前应施加一定的初试荷载，然后卸荷，使构件贴紧检验装置。加载过程中应记录荷载变形曲线，当这条曲线表现出明显非线性时，应减小荷载增量。达到使用性能或承载力检验的最大荷载后，应持荷至少1h，每隔 15min 测取一次荷载和变形值，直到变形值在 15min 内不再明显增加为止。然后应分级卸载，在每一级荷载和卸载全部完成后测取变形值。

当检验用的模型材料与所模拟结构或构件的材料性能有差别时，应进行材料性能的检验。

以上只适用于普通钢结构性能的静力荷载检验，不适用于冷弯型钢和压型钢板以及钢—混凝土组合结构性能和普通钢结构疲劳性能的检验。

2. 使用性能检验

使用性能检验以证实结构或构件在规定荷载的作用下不出现过大的变形和损伤，经过检验满足要求的结构或构件应能正常使用。检验的荷载为实际自重 ×1.0 + 其他恒载 ×1.15 + 可变荷载 ×1.25。经检验的结构或构件荷载—变形曲线宜为线性关系；卸载后残余变形不应超过所记录到最大变形值的 20%。当不满足要求时，可重新进行检验。第二次检验的荷载—变形曲线应基本呈现线性关系，新的残余变形不得超过第二次检验中所记录到的最大变形的 10%。

3. 承载力检验

承载力检验用于证实结构或构件的设计承载力。承载力检验的荷载应采用永久和可变荷载适当组合的极限状态的设计荷载。在检验荷载作用下，结构或构件的任何部分不应出现屈曲破坏或断裂破坏；卸载后结构或构件的变形应至少减少 20%，表明承载力满足要求。

4. 破坏性检验

破坏性检验用于确定结构或模型的实际承载力。进行破坏性检验前宜先进行设计承载力的检验，并根据检验情况估算被检验结构的实际承载力。破坏性检验的加载，应先分级加到设计承载力的检验荷载，根据荷载变形曲线确定随后的加载增量，然后加载到不能继续加载为止。此时的承载力即为结构的实际承载力。

8.4.5 钢结构防火涂层厚度的检测

钢结构在高温条件下，材料强度显著降低。例如，2001 年 9 月 11 日受恐怖袭击的美国纽约世界贸易中心大楼就是典型的例子，世贸大楼采用简中简结构，为姊妹塔楼，地下 6 层，地上 110 层，高 417m，标准层平面尺寸 63.5m×63.5m，总面积 125 万 m^2。外筒为钢柱，建于 1973 年，每幢楼用钢量 7800t。两座大楼受飞机撞击之后，一个在 1h2min 倒塌，另一个在 1h43min 倒塌。造成大楼倒塌的重要原因之一是撞击后引起的大火，燃烧引起的高温可达 1000℃，传至下部的温度也有几百度，钢柱受热后失去强度，整个大楼是一层层垂直塌下。可见，耐火性差是钢结构致命的缺点。在钢结构工程中应十分重视防火涂层的检测。薄涂型防火涂料涂层表面裂纹宽度不应大于 0.5mm，涂层厚度应符合有关耐火极限的设计要求；厚涂型防火涂料，涂层表面裂纹宽度不应大于 1.0mm，其涂层厚度应有 80% 以上的面积符合耐火极限的设计要求，且最薄处厚度不应低于设计要求的 85%。防火涂料涂层厚度测定方法如下：

1）厚度测量仪。厚度测量仪又称测针，由针杆和可滑动的圆盘组成，圆盘始终保持与针杆垂直，并在其上装有固定装置，圆盘直径不大于 30mm，以保证完全接触被测试件的表面。测试时，将测厚探针（见图8-28）垂直插入防火涂层，直至钢基材表面上，记录标尺读数。

2）测点选定。测定楼板和防火墙的防火涂层厚度，可选两相邻纵、横轴线相交中的面积为一个单元，在其对角线上，按每米长度选一点进行测试。测定全钢框架结构的梁和柱的防火层厚度，可在构件长度内每隔 3m 取一截面，按图 8-29 所示位置测试。桁架结构的上弦和下弦每隔 3m 取一截面检测，其他腹杆每根取一截面检测。

3）测量结果。对于楼板和墙面，在所选择的面积中，至少测出 5 个点；对于梁和柱在所选择的位置中，分别测出 6 个和 8 个点。分别计算出它们的平均值，精确到 0.5mm。

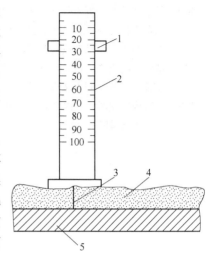

图 8-28 测厚度示意图
1—标尺 2—刻度 3—测针
4—防火涂层 5—钢基材

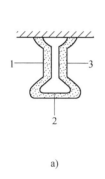
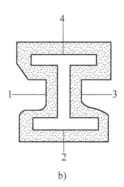
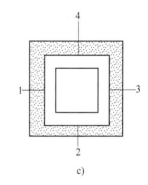

图 8-29 测点布置图
a）工字梁 b）工形柱 c）方形柱

本 章 小 结

本章介绍了混凝土结构、砌体结构、钢结构的常用现场检测方法。通过学习，要求学生熟悉并掌握混凝土强度检测技术中的基本检测方法，即回弹法、超声—回弹综合法、钻芯法的检测过程以及数据处理方法和实验报告内容；混凝土质量与缺陷检测常用的超声法的操作方法和检测内容；钢筋位置检测的电磁感应法的测试方法；钢筋焊缝质量检测的超声检测法的操作过程。

思 考 题

8-1 结构的现场检测方法有哪些？各有什么特点？不同的现场检测方法适用于哪些条件？

8-2 回弹仪的工作原理是什么？如何使用回弹仪进行混凝土的强度检测？如何正确选用回弹仪？回弹仪的标定过程如何？

8-3 如何使用超声脉冲法检测混凝土的强度、缺陷、裂缝深度？

8-4 钻芯法检测混凝土强度有哪些特点？

8-5 综合比较几种检测混凝土强度的方法，总结其工作特点和适用场合。

8-6 简述超声回弹综合法检测混凝土强度的工作过程。

8-7 试比较电位差法和电导率法检测钢筋锈蚀程度的工作原理及其工作特点。

8-8 砌体强度的检测方法有哪几种？简述其工作特点、使用条件和使用时的注意事项。

8-9 钢结构的现场检测内容有哪几种？使用哪些仪器？检测方法和注意事项有哪些？

8-10 简述焊缝缺陷检测过程。

第9章 试验数据处理

9.1 概述

通过试验得到的表达试验结果的一系列数据为原始数据。在大多数情况下，这些未经分析与处理的试验数据具有一定的离散性或错误，不能准确表达试验结果，应根据测试方法和试验对象的性质对测试原始数据进行整理换算、统计分析和归纳演绎，以获得代表结构性能的公式、图像、数学模型等，这就是数据处理。数据处理的内容和步骤是：①数据的整理和换算；②数据的统计分析；③数据的误差分析；④数据的表达。

9.2 数据的整理和换算

把不可靠数据和不可信的数据舍弃，统一数据精度的过程称试验数据的整理。把整理后的试验数据通过理论分析来推导计算另一物理量的过程称试验数据的换算。采集得到的数据有时杂乱无章，不同的测量仪器得到的数据位数长短不一，需要根据试验要求和测量精度，按照 GB/T 8170—2008《数值修约规则与极限数值的表示和判定》进行修约，把精度不相等的量值修约成规定有效位数的数值，这样既可节省时间，又可减少错误。

有效数字是指：由数字组成的数，除最后一位数字是不确切值或可疑外，其他数字皆为可靠值或确切值。组成该数的所有数字包括末位数字称为有效数字，有效数字外其余数字称为多余数字。数值修约既包括数值，也包括量值的修约，是指把数值中（对于量值来说，指在给定单位下的数值）被认为是多余（或无效）的部分舍弃。

1. 修约间隔

对于量值修约而言，修约间隔也是量值。被修约值只能是该值的整数倍。若修约间隔为 0.1mm，则被修约的值只能是 0.1mm 的整数倍，即当以 mm 作为单位时，数值保留到小数点后一位；当以 100mg 作为修约间隔时，被修约值只能保留到以 mg 作为单位时的百位数。

2. 有效位数

对没有小数且以若干个零结尾的数值，从非零数字的最左一位向右数，得到的位数减去无效零（即仅为定位用的零）的个数；对于其他十进数，从非零数字最左一位向右数，得到的位数即为其有效位数。例如，37000 若有两个无效零，则为三位有效位数，应写为 370×10^2；若有三个无效零，则为两位有效位数，应写为 37×10^3。3.6，0.36，0.036，0.0036 均为两位有效位数。在改变计量单位时，原有有效位数不得改变。例如，1800N 可改成 1.800kN，而非 1.8kN；0.02475kN 可改成 24.75N。

3. 确定修约位数的表达方式

1）指定修约间隔。

2）指定修约值为多少有效位。

4. 数据修约规则

数据修约时的规则为：

1）四舍五入，即拟舍弃数字的最左一位数字小于 5 时舍去，大于 5 时进 1，等于 5 时，若所保留的末位数字为奇数（1，3，5，7，9）则进 1，为偶数（2，4，6，8，0）则舍去。例如，将 102.1498 修约到一位小数，得 102.1。将 11.68 和 11.502 修约成两位有效位数，均得 12。

2）负数修约时，先将它的绝对值按上述规则修约，然后在修约值前面加上负号。例如，将 -1.03650 和 -1.03552 修约到 0.001，均得 -1.036。

3）拟修约数值应在确定修约位数后一次修约获得结果，不得多次按上述规则连续修约。例如，将 16.4546 修约，正确的做法为 16.4546→16，不正确的做法为 16.4546→16.455→16.46→16.5→17。

量测或计量中的数据应取有效数字位数的多少，可根据下述准则确定：

1）对不需要标明误差的数据，其有效位数应取到最末一位数字为可疑数字。

2）对需要标明误差的数据，其有效位数应取到与误差同一数量级。

一个数的有效数字占有的数位，即有效数字的个数，为该数的有效位数。例如，0.00723，0.0725，7.04，7.05×10^2，这四个数的有效位数均为 3。再如，测量某一试件面积，得其面积 $A = 0.0545502 \text{m}^2$，测量的极限误差 $\Delta_{\lim} = 0.000005 \text{m}^2$，则测量结果应当表示为 $A = (0.054550 \pm 0.000005) \text{m}^2$。误差的有效数字为 1 位，即 5；而面积的有效数字应为 5 个，即 54550。因 2 小于误差的数量级，故为多余数字。

若给出的数值为 71400，则为不确切的表示方法。它可能是 714×10^2，也可能是 7.140×10^4，还可能是 7.1400×10^4。即有效数字可能是 3 个、4 个或 5 个。若无其他说明，则很难判定其有效数字究竟是几个。采集得到的数据有时需要根据相应的理论进行换算，才能得到所要求的物理量。例如，把采集到的应变换算成应力，把位移换算成挠度、转角、应变等。

9.3 数据的统计分析

9.3.1 平均值

平均值有算术平均值、几何平均值和加权平均值等，计算方法如下

算术平均值 $\bar{x}$

$$\bar{x} = \frac{1}{n}(x_1 + x_2 + \cdots + x_n) \tag{9-1}$$

式中 $x_1, x_2, \cdots, x_n$——一组试验值。

算术平均值是最常用的一种平均值，是在最小二乘法意义下所求真值的最佳近似。

几何平均值 $\bar{x}_a$

$$\bar{x}_a = \sqrt[n]{x_1 x_2 \cdots x_n} \qquad \text{或} \qquad \lg \bar{x}_a = \frac{1}{n} \sum_{i=1}^{n} x_i \tag{9-2}$$

当对一组试验值（x_i）取常用对数（$\lg x_i$）所得图形的分布曲线更为对称时，常采用这种方法。

加权平均值 $\bar{x}_w$

$$\bar{x}_w = \frac{\omega_1 x_1 + \omega_2 x_2 + \cdots + \omega_n x_n}{\omega_1 + \omega_2 + \cdots + \omega_n} \tag{9-3}$$

式中　ω_i—— 第 i 个试验值 x_i 的对应权重。

用不同方法计算或不同条件观测同一物理量的均值时，可以对不同可靠程度的数据给予不同的权重值。

9.3.2　标准差

一组试验值 $x_1, x_2, \cdots, x_n$，当它们的可靠程度相同时，其标准差 σ 为

$$\sigma = \sqrt{\frac{1}{n-1} \sum_{i=1}^{n} (x_i - \bar{x})^2} \tag{9-4}$$

当它们的可靠程度不同时，其标准差 σ_w 为

$$\sigma_w = \sqrt{\frac{1}{(n-1) \sum_{i=1}^{n} \omega_i} \sum_{i=1}^{n} \omega_i (x_i - \bar{x}_w)^2} \tag{9-5}$$

标准差反映了一组试验值在平均值附近的分散和偏离程度，标准差越大，表示分散和偏离程度越大，反之则小。

9.3.3　变异系数

变异系数 c_v 通常用来衡量数据的相对偏差程度，定义为

$$c_v = \frac{\sigma}{\bar{x}} \quad \text{或} \quad c_v = \frac{\sigma_w}{\bar{x}_w} \tag{9-6}$$

式中　$\bar{x}$、$\bar{x}_w$——平均值；

　　　σ、σ_w——标准差。

9.3.4　随机变量和概率分布

结构试验和结构材料试验的数据及误差都是随机变量，随机变量具有分散性和不确定性，也有规律性。进行大量（几百次以上）数据的采集，并进行统计分析即可得到它的分布函数，可以由测量值的频率分布图估计其概率分布。绘制频率分布图的步骤如下：

1）按观测次序记录数据。

2）按由小至大的次序重新排列数据。

3）划分区间，将数据分组。

4）计算各区间数据出现的次数、频率（出现次数和全部测定次数之比）和累计频率。

5）绘制频率直方图和累计频率图，如图9-1所示。

将频率分布近似作为概率分布（概率是当测定次数趋于无穷大的各组频率），就可以判断试验结果服从何种概率分布。正态分布是最常用的描述随机变量的概率分布的函数，又称为拉普拉斯 - 高斯分布或高斯分布，为连续随机变量 x 的一种概率分布。试验测量中的偶然误差，材料的疲劳强度都近似服从正态分布。

正态分布 $N(\mu, \sigma^2)$ 的概率密度分布函数为

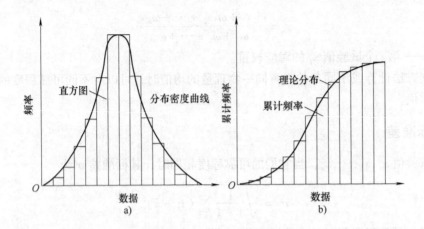

图 9-1 频率直方图和累计频率图

a) 频率直方图 b) 累计频率图

$$f(x) = \frac{1}{\sigma\sqrt{2\pi}}e^{-\frac{(x-\mu)^2}{2\sigma^2}} \qquad -\infty < x < \infty \tag{9-7}$$

其分布函数为

$$N(x) = \frac{1}{\sigma\sqrt{2\pi}}\int_{-\infty}^{x}e^{-\frac{(t-\mu)^2}{2\sigma^2}}dt \tag{9-8}$$

式中 μ——均值；

σ^2——方差，常表示为(μ,σ)，是正态分布的两个特征参数。

正态分布是随机误差的一种重要分布。虽然随机误差的分布是多种多样的，但概率论的中心极限定理从理论上说明了正态分布在实际运用中的广泛性，特别是三至五次独立重复条件下观测值的平均值的分布，无需考虑它的单次观测值的分布是否为正态分布。图 9-2a 所示表示正态分布方程式的曲线图。在 $x=\mu$ 处具有极大值，该曲线不仅是单峰的，而且对 $x=\mu$ 直线来说是对称的；图 9-2b 所示 $x=\mu$ 处是随机变量的分布中心，μ 值的大小影响曲线在 x 轴上的位置；图 9-2c 所示在相同 μ 值下，σ 值的大小形成不同曲线的比较，说明 σ 值越大，曲线越平坦，其随机变量的分散性越大，分布曲线在 $\mu\pm\sigma$ 处有两个拐点；图 9-2d 所示不同 μ 值和不同 σ 形成曲线的比较。

$\mu=0$，$\sigma=1$ 的正态分布称标准正态分布，其概率密度分布函数和概率分布函数如下

$$P_N(t;0,1) = \frac{1}{\sqrt{2\pi}}e^{-\frac{t^2}{2}} \tag{9-9}$$

$$N(t;0,1) = \frac{1}{\sqrt{2\pi}}\int_{\infty}^{t}e^{-\frac{\mu^2}{2}}du \tag{9-10}$$

标准正态分布函数值可以从有关表格中取得。对于非标准的正态分布 $P_N(x;\mu,\sigma)$ 和 $N(x;\mu,\sigma)$，可先将函数标准化，用 $t=\frac{x-\mu}{\sigma}$ 进行变量代换，然后从标准正态分布表中查取 $N\left(\frac{x-\mu}{\sigma};0,1\right)$ 的函数值。

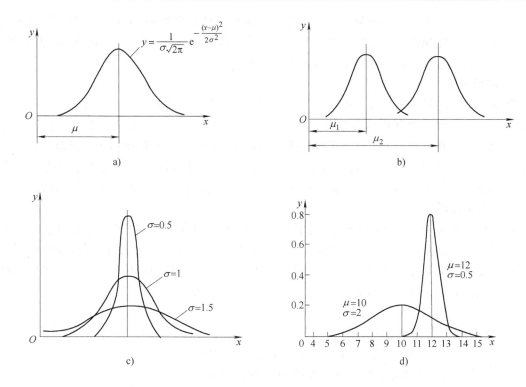

图 9-2　正态分布密度函数图

9.4　误差分析

在结构试验中，被测值是客观存在的，称为真值 x，每次测量得到的值称为实测值（测量值）$x_i(i=1,2,3,\cdots,n)$，真值和测量值的差 $a_i=x_i-x$ 称为测量误差，简称为误差；实际试验中真值是无法获得的，常用平均值代表真值。由于各种主观和客观的原因，任何测量数据不可避免都有一定程度的误差。只有了解试验误差的范围，才可能正确估计试验的结果。

9.4.1　误差的分类

根据误差产生的原因和性质，可以将误差分为系统误差、随机误差和过失误差三类。

1. 系统误差

系统误差是由某些固定的原因造成的，在测量过程中始终有规律地存在，其绝对值和符号保持不变或按某一规律变化。系统误差来源于方法误差、工具误差、环境误差、操作误差及主观误差。方法误差是由所采用的测量方法或数据处理方法不完善所造成的。如采用简化的测量方法或近似计算方法，忽略了某些因素对测量结果的影响，以至产生误差。工具误差是由于测量仪器或工具本身的不完善所造成的误差，如仪表刻度不均匀，百分表的无效行程等。环境误差是测量过程中，由于环境条件的变化所造成的误差。如测量过程中的温度、湿度变化。操作误差是由于测量过程中试验人员的操作不当所造成的误差，如仪器安装不当、仪器未校准或仪器调整不当等。主观误差又称个人误差，是测量人员本身的一些主观因素造成的误差，如测量人员的特有习惯、习惯性的读数偏高或偏低。

系统误差的大小可以用准确度表示，准确度高表示测量的系统误差小。查明系统误差的原因，找出其变化规律，就可以在测量中采取措施，如改进测量方法，采用更精确的仪器等以减小误差，或在数据处理时对测量结果进行修正。

2. 随机误差

随机误差是测量结果减去在重复条件下对同一被测量进行无限多次（$n = \infty$）测量结果的平均值。当误差中不含有系统误差时，即为随机误差。由于实际上系统误差不可能完全控制，无限多次的重复测量也不可能实现，所以随机误差也不可能准确地得出，只能得到随机误差估计值。总体标准偏差是随机误差的定量表达，当误差总体分布为正态分布时，有95%的测量结果处于总体均值 μ 两侧 2σ 的范围之内。但是，计量仪器示值中的随机误差的分布是多种多样的。

产生随机误差的原因有测量仪器、测量方法和环境条件等，如电源电压的波动，环境温度、湿度和气压的微小波动，磁场干扰，仪器性能的微小变化，人员操作上的微小差别等。测量中的随机误差是无法避免的，即使是很有经验的测量者，使用很精密的仪器，很仔细地操作，对同一对象进行多次测量其结果也不会完全一致。随机误差有以下特点：

1）误差的绝对值不会超过一定的界限。

2）绝对值小的误差比绝对值大的误差出现的次数多，近于零的误差出现的次数最多。

3）绝对值相等的正误差与负误差出现的次数几乎相等。

4）误差的算术平均值，随着测量次数的增加而趋向于零。

在实际试验中，往往很难区分随机误差和系统误差，因此许多误差是这两类误差的组合。随机误差的大小可以用精密度表示，精密度高表示测量的随机误差小。对随机误差进行统计分析，或增加测量次数，找出其统计特征值，就可以在数据处理时对测量结果进行修正。

3. 过失误差

过失误差是试验人员粗心大意、不按操作规程操作等原因造成的误差，如读错仪表刻度、记录和计算错误等。一般过失误差数值较大，且常与事实明显不符，必须把过失误差从试验数据中剔除。

9.4.2 误差计算

误差计算需计算三个重要的统计特征值即算术平均值、误差标准差和变异系数。如进行了 n 次测量，得到 n 个测量值 x_i，有 n 个测量误差 $a_i (i = 1, 2, 3, \cdots, n)$，误差的平均值为

$$\bar{a} = \frac{1}{n}(a_1 + a_2 + \cdots + a_n) \tag{9-11}$$

式中　$a_i = x_i - \bar{x}$；$\bar{x} = \frac{1}{n}\sum_{i=1}^{n} x_i$。

误差的标准差为

$$\sigma = \sqrt{\frac{1}{n-1}\sum_{i=1}^{n} a_i^2} \quad 或 \quad \sigma = \sqrt{\frac{1}{n-1}\sum_{i=1}^{n}(x_i - \bar{x})^2} \tag{9-12}$$

变异系数为

$$c_v = \frac{\sigma}{\bar{a}} \tag{9-13}$$

9.4.3 误差传递

对试验结果进行数据处理时，常通过若干直接测量值计算某些物理量的值，它们之间的关系可以用下面函数形式表示

$$y = f(x_1, x_2, \cdots, x_m) \tag{9-14}$$

式中　$x_i(i = 1, 2, \cdots, m)$——直接测量值；

$\qquad$ y——所要计算物理量的值。

若直接测量值 x_i 的最大绝对误差为 $\Delta x_i(i = 1, 2, \cdots, m)$，则 y 的最大绝对误差 Δy 和最大相对误差 δy 分别为

$$\Delta y = \left| \frac{\partial f}{\partial x_1} \right| \Delta x_1 + \left| \frac{\partial f}{\partial x_2} \right| \Delta x_2 + \cdots + \left| \frac{\partial f}{\partial x_m} \right| \Delta x_m \tag{9-15}$$

$$\delta y = \frac{\Delta y}{|y|} = \left| \frac{\partial f}{\partial x_1} \right| \left| \frac{\Delta x_1}{y} \right| + \left| \frac{\partial f}{\partial x_2} \right| \left| \frac{\Delta x_2}{y} \right| + \cdots + \left| \frac{\partial f}{\partial x_m} \right| \left| \frac{\Delta x_m}{y} \right| \tag{9-16}$$

一些常用函数形式误差估计的实用公式如下

（1）代数和

$$y = x_1 \pm x_2 \pm \cdots \pm x_m \tag{9-17}$$

$$\Delta y = \Delta x_1 + \Delta x_2 + \cdots + \Delta x_m \tag{9-18}$$

$$\delta y = \frac{\Delta y}{|y|} = \frac{\Delta x_1 + \Delta x_2 + \cdots + \Delta x_m}{|x_1 + x_2 + \cdots + x_m|} \tag{9-19}$$

（2）乘法

$$y = x_1 x_2 \tag{9-20}$$

$$\Delta y = |x_2| \Delta x_1 + |x_1| \Delta x_2 \tag{9-21}$$

$$\delta y = \frac{\Delta y}{|y|} = \frac{\Delta x_1}{|x_1|} + \frac{\Delta x_2}{|x_2|} \tag{9-22}$$

（3）除法

$$y = \frac{x_1}{x_2} \tag{9-23}$$

$$\Delta y = \left| \frac{1}{x_2} \right| \Delta x_1 + \left| \frac{x_1}{x_2^2} \right| \Delta x_2 \tag{9-24}$$

$$\delta y = \frac{\Delta y}{|y|} = \frac{\Delta x_1}{|x_1|} + \frac{\Delta x_2}{|x_2|} \tag{9-25}$$

（4）幂函数

$$y = x^a \qquad (a \text{ 为任意实数}) \tag{9-26}$$

$$\Delta y = |ax^{a-1}| \Delta x \tag{9-27}$$

$$\delta y = \frac{\Delta y}{|y|} = \left| \frac{a}{x} \right| \Delta x \tag{9-28}$$

（5）对数

$$y = \ln x \tag{9-29}$$

$$\Delta y = \left| \frac{1}{x} \right| \Delta x \tag{9-30}$$

$$\delta y = \frac{\Delta y}{|y|} = \frac{\Delta y}{|x\ln x|} \tag{9-31}$$

如 $x_1, x_2, \cdots, x_m$ 为随机误差变量，它们各自的标准误差为 $\sigma_1, \sigma_2, \cdots, \sigma_m$，令 $y = f(x_1, x_2, \cdots, x_m)$ 为随机变量的函数，则 y 的标准误差 σ 为

$$\sigma = \sqrt{\left(\frac{\partial f}{\partial x_1}\right)^2 \sigma_1^2 + \left(\frac{\partial f}{\partial x_2}\right)^2 \sigma_2^2 + \cdots + \left(\frac{\partial f}{\partial x_m}\right)^2 \sigma_m^2} \tag{9-32}$$

9.4.4 误差的检验

试验数据的处理应通过检验误差消除系统误差，剔除过失误差，使数据反映事实。

1. 系统误差的发现和消除

产生系统误差的原因较多，不容易被发现，且其规律难以掌握，故难以全部消除它的影响。从数值上看，常见的系统误差有"固定的系统误差"和"变化的系统误差"两类。固定的系统误差是在整个测量数据中始终存在着的数值大小、符号保持不变的偏差。产生固定系统误差的原因有测量方法或测量工具的缺陷等。固定的系统误差往往不能通过在同一条件下的多次重复测量发现，只能通过不同的测量方法或同时用几种测量工具进行测量比较才能发现其原因和规律并加以消除。变化的系统误差分为积累变化、周期性变化和按复杂规律变化三种。测量次数相当多，如率定传感器时，可从偏差的频率直方图判别。如果偏差的频率直方图和正态分布曲线相差甚远，鉴于随机误差的分布规律服从正态分布，故可判断测量数据中存在着系统误差。当测量次数不够多时，可将测量数据的偏差按测量先后次序依次排列，若其数值大小基本上呈规律地向一个方向变化（增大或减小），即可判断测量数据有积累的系统误差。将前一半的偏差之和与后一半的偏差之和相减，若两者之差不为零或不近似为零，则可判断测量数据有积累的系统误差。将测量数据的偏差按测量先后次序依次排列，如其符号基本上呈有规律的交替变化，即可认为测量数据中有周期性变化的系统误差。对于变化规律复杂的系统误差，可按其变化的现象进行各种试探性的修正，寻找其规律和原因，也可改变或调整测量方法，改用其他的测量工具减少或消除此类系统误差。

2. 随机误差

随机误差通常服从正态分布，分布密度函数为

$$y = \frac{1}{\sigma\sqrt{2\pi}} e^{-\frac{(x_i - x)^2}{2\sigma^2}} \tag{9-33}$$

式中 $x_i - x$——随机误差，x_i 为实测值（减去其他误差），x 为真值。实际试验时，常用 $x_i - \bar{x}$ 代替 $x_i - x$，$\bar{x}$ 为平均值。

随机误差有以下特点：

1）绝对值小的误差出现的概率比绝对值大的误差出现的概率大，零误差出现的概率最大。

2）绝对值相等的正误差与负误差出现的概率相等。

3）在一定测量条件下，误差的绝对值不会超过某一极限，即有界性。

4）同条件下对同一量进行测量，其误差的算术平均值随着测量次数 n 的无限增加而趋向于零，即误差算术平均值的极限为零，即抵偿性。

参照正态分布的概率密度函数曲线图，标准误差 σ 越大，曲线越平坦，误差值分布越

分散，精密度越低；σ 越小，曲线越陡，误差值分布越集中，精密度越高。

误差落在某一区间内的概率 $P(|x_i - x| \leqslant a_t)$，如表 9-1 所示。

表 9-1 与某一误差范围对应的概率

误差限 a_t	0.32σ	0.67σ	σ	1.15σ	1.96σ	2σ	2.58σ	3σ
概率 P	25%	50%	68%	75%	95%	95.4%	99%	99.7%

一般情况下，99.7% 的概率已可认为代表多次测量的全体，所以把 3σ 称为极限误差；当某一测量数据的误差绝对值大于 3σ 时，即可认为其误差已不是随机误差，该测量数据已属于不正常数据。

3. 异常数据的舍弃

测量中难以合理解释的误差较大的测量值称为异常数据，其中必包含有过失误差，应从试验数据中剔除。根据误差的统计规律，随机误差的绝对值越大出现的概率越小，且随机误差的绝对值不会超过某一范围，故可以选择一个范围对数据进行鉴别，若数据的偏差超出此范围，则认为该数据中包含有过失误差，应予以剔除。常用的判别范围和鉴别方法如下：

（1）3σ 法　随机误差服从正态分布，误差绝对值大于 3σ 的概率仅为 0.3%，即大于 300 次可能出现一次。因此，当数据的误差绝对值大于 3σ 时应予以剔除。试验中常用偏差代替误差。

（2）肖维纳特法　误差服从正态分布，进行 n 次测量并以概率 $\frac{1}{2n}$ 设定判别范围 $[-a\sigma, +a\sigma]$，则数据的误差绝对值大于 $a\sigma$，即误差出现的概率小于 $\frac{1}{2n}$ 时应予以剔除。判别范围由下式设定

$$\frac{1}{2n} = 1 - \int_{-a}^{a} \frac{1}{\sqrt{2\pi}} e^{-\frac{t^2}{2}} dt \tag{9-34}$$

（3）格拉布斯法　格拉布斯法是以 t 分布为基础，根据数理统计理论按危险率 a（指剔除的概率，工程中置信度一般取 95%，$a=5\%$）和子样容量 n（即测量次数 n）求得临界值 $T_0(n,a)$（见表 9-2）。如某个测量数据 x_i 的误差绝对值满足式（9-35）时即应予以剔除。式中 S 为子样的标准差。

$$|x_i - \bar{x}| > T_0(n,a)S \tag{9-35}$$

表 9-2 $T_0(n,a)$

n $\backslash$ a	0.05	0.01	n $\backslash$ a	0.05	0.01	n $\backslash$ a	0.05	0.01	n $\backslash$ a	0.05	0.01
3	1.15	1.16	10	2.18	2.41	17	2.48	2.78	24	2.64	2.99
4	1.46	1.49	11	2.23	2.48	18	2.50	2.82	25	2.66	3.01
5	1.67	1.75	12	2.28	2.55	19	2.53	2.85	30	2.74	3.10
6	1.82	1.94	13	2.33	2.61	20	2.56	2.88	35	2.81	3.18
7	1.94	2.10	14	2.37	2.66	21	2.58	2.91	40	2.87	3.24
8	2.03	2.22	15	2.41	2.70	22	2.60	2.94	50	2.96	3.34
9	2.11	2.32	16	2.44	2.75	23	2.62	2.96	100	3.17	3.59

9.5 数据的表达

9.5.1 表格方式

表格按内容和格式分为汇总表格和关系表格两类，汇总表格把试验结果中的主要内容或试验中的某些重要数据汇集于表中，表中的行与行、列与列之间一般没有必然的关系；关系表格把相互有关的数据按一定的格式列于表中，表中列与列、行与行之间有一定的关系，能清楚地表示出有关系的若干变量之间的关系和规律。表格的主要组成部分和基本要求是：

1）每个表格都应该具有表格的名称、编号。表格名称和编号通常放在表的上部。

2）应该根据表格的内容和要求决定表格的形式，只要满足基本要求可以改变细节。

3）任何表格都必须设有列名，它表示该列数据的意义和单位，列名应置于每列的头部，各列的列名应放在第一行对齐，第一行空间不够时可以把列名的部分内容放在表格下面的注解中。应尽量把主要的数据列或自变量列置于靠左边的位置。

4）表格中的内容应尽量完整，能全面说明问题。

5）表格中的符号和缩写应该采用标准格式，表中的数字应该整齐、准确。

6）如果需要对表格中的内容加以说明，可以在表格的下面、紧挨着表格添加注解。

9.5.2 图像方式

图像表达的方式有：曲线图、形态图、直方图和饼形图等。

1. 曲线图

曲线图特点：

1）可以清楚、直观地显示两个或两个以上的变量之间关系的变化过程，或显示若干个变量数据沿某一区域的分布。

2）可以显示变化过程或分布范围中的转折点、最高点、最低点及周期变化的规律。

3）对于定性分布和整体规律分析来说，曲线图是最合适的方法。

曲线图的主要组成部分和基本要求为：

1）每个曲线图都必须有图名、编号。图名和编号通常放在图的底部。

2）每个曲线都应该有一个横坐标和一个或一个以上的纵坐标，每个坐标都应有名称。坐标的形式、比例和长度可根据数据的范围决定，但应该使整个曲线图清楚、准确地反映数据的规律。

3）通常取横坐标为自变量，取纵坐标作为函数。自变量通常为一个，函数可以有若干个。一个自变量与一个函数可以组成一条曲线，一个曲线图中可以有若干条曲线。

4）有若干条曲线时，可以用不同线型（实线、虚线、点划线和点线等）或用不同的标记（＋、□、△、×等）加以区别，也可以用文字说明区别。

5）如果需要对曲线图中的内容加以说明，可以在图中或图名下加上注解。

由于各种原因，试验直接得到的曲线会出现振荡，影响对试验结果的分析，可以对试验曲线进行光滑处理。例如，试验曲线的数据如表9-3所示。

表 9-3　试验数据

x	x_0	$x_1 = x_0 + \Delta x$	...	$x_i = x_0 + i\Delta x$	...	$x_m = x_0 + m\Delta x$
y	y_0	y_1	...	y_i	...	y_m

表中 x 为自变量，y_i 为按等距 Δx 作测量得到的数据，用直线的滑动平均法，可得到新的 y'_i 值，用 (x_i, y'_i) 顺序相连，可得到一条较光滑的曲线。

取三点滑动平均，y'_i 由下式算得

$$y'_i = \frac{1}{3}(y_{i-1} + y_i + y_{i+1}) \qquad (i = 1, 2, \cdots, m-1) \tag{9-36}$$

$$y'_0 = \frac{1}{6}(5y_0 + 2y_1 - y_2) \tag{9-37}$$

$$y'_m = \frac{1}{6}(-y_{m-2} + 2y_{m-1} + 5y_m) \tag{9-38}$$

取五点滑动平均，y'_i 由下式计算

$$y'_i = \frac{1}{5}(y_{i-2} + y_{i-1} + y_i + y_{i+1} + y_{i+2}) \qquad (i = 2, 3, \cdots, m-2) \tag{9-39}$$

$$y'_0 = \frac{1}{5}(3y_0 + 2y_1 + y_2 - y_4) \tag{9-40}$$

$$y'_1 = \frac{1}{10}(4y_0 + 3y_1 + 2y_2 + y_3) \tag{9-41}$$

$$y'_{m-1} = \frac{1}{10}(y_{m-3} + 2y_{m-2} + 3y_{m-1} + 4y_m) \tag{9-42}$$

$$y'_m = \frac{1}{5}(-y_{m-4} + y_{m-2} + 2y_{m-1} + 3y_m) \tag{9-43}$$

2. 形态图

结构试验时各种难以用数值表示的形态可以用图像表示，如混凝土结构的裂缝分布、钢结构的曲屈失稳形态、结构的变形状态或破坏状态等，这类图像即形态图。形态图的制作方式有照相和手工画图法。照片形式的形态图能真实地反映实际情况，但有时会把一些不需要的细节也包括在内；手画形态图可以对实际情况进行概括和抽象，突出重点，更好地反映本质情况，绘图时可根据需要做整体图或局部图，还可以把各个侧面的形态图连成展开图。

3. 直方图和饼形图

直方图便于统计分析，通过绘制某个变量的频率直方图和累计频率直方图可判断其随机分布规律。研究随机变量的分布规律应先对该变量进行大量观测，再按以下步骤绘制直方图：

1）从观测数据中找出最大值和最小值。

2）确定分组区间和组数，区间宽度为 Δx。

3）算出各组的中值。

4）根据原始记录，统计各组内测量值出现的频数 m_i。

5）计算各组的频率 $f_i \left(f_i = \dfrac{m_i}{\sum m_i} \right)$ 和累计频率。

6）绘制频率直方图和累计频率直方图：以观测值为横坐标，频率密度 $\left(\dfrac{f_i}{\Delta x}\right)$ 为纵坐标，在各分组区间作以区间宽度为底频率密度为高的矩形，矩形组成的阶梯称为频率直方图。

7）再以累计频率为纵坐标，即可绘制出累计频率直方图。

从频率直方图和累计频率直方图的基本趋向，可以判断该随机变量的分布规律。在饼型图中，可以用大小不同的扇形面积代表不同的数据，可以获得更加直观的比较。

9.5.3 函数方式

试验数据间存在的关系可以用函数形式表示。建立试验数据间的函数关系包括两部分工作：确定函数形式，求函数表达式中的系数。试验数据间的关系复杂，很难找到真实的函数，但总可以找到最佳的近似函数。建立函数关系的常用方法有回归分析法、系统识别法等。

1. 确定函数形式

表 9-4　常见函数形式以及相应的线性变换

图形及特征	名称及方程
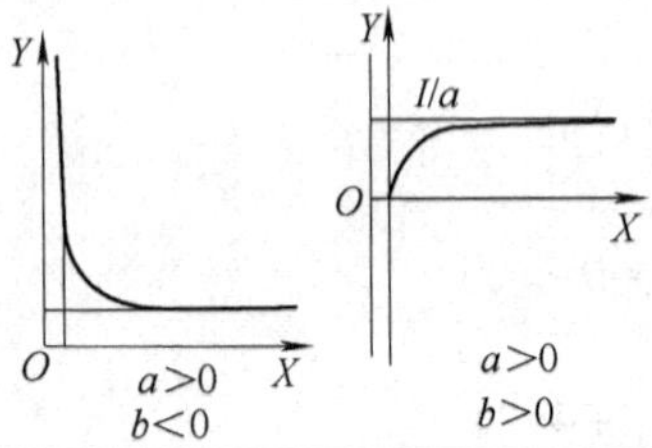	双曲线 $\dfrac{1}{Y} = a + \dfrac{b}{X}$
	令 $Y' = \dfrac{1}{Y}$，$X'' = \dfrac{1}{X}$ 则 $Y' = a + bX''$
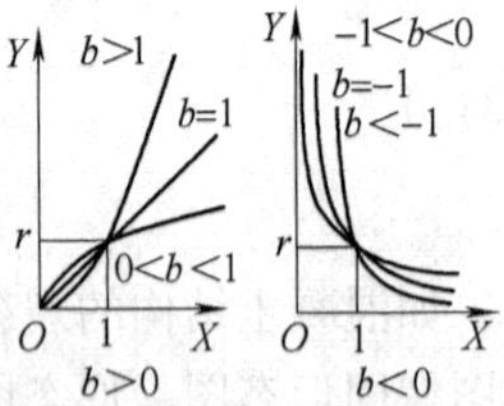	幂函数曲线 $Y = rX^b$
	令 $Y' = \lg Y$，$X' = \lg X$　$a = \lg r$ 则 $Y' = a + bX'$
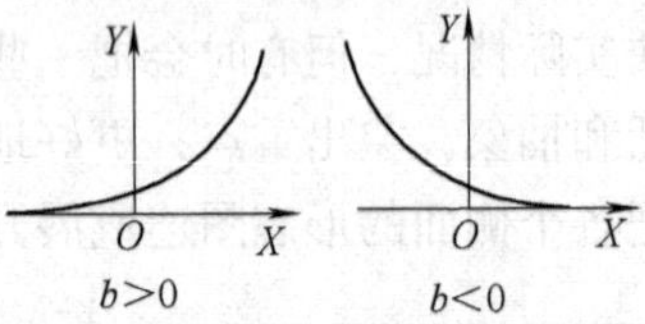	指数函数曲线 $Y' = re^{bx}$
	令 $Y' = \ln Y$，$a = \ln r$ 则 $Y' = a + bX$
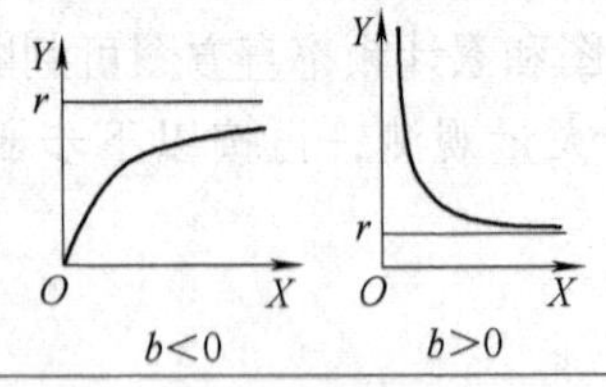	指数函数曲线 $Y = re^{\frac{h}{X}}$
	令 $Y' = \ln Y$，$X' = \dfrac{1}{X}$，$a = \ln r$ 则 $Y' = a + bX'$
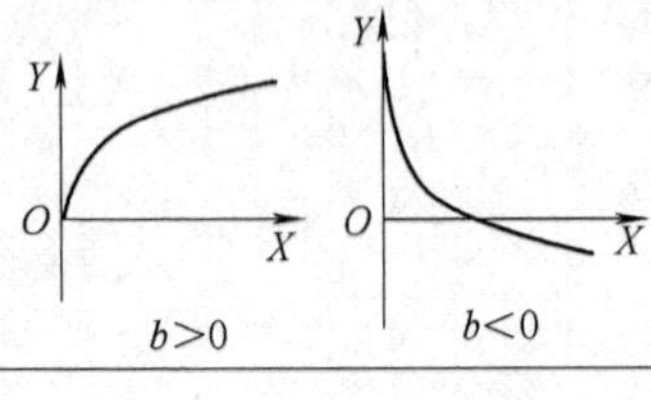	对数曲线 $Y = a + b\lg X$
	令 $X' = \lg X$ 则 $Y = a + bX'$

（续）

图形及特征	名称及方程
	S 型曲线 $Y = \dfrac{1}{a + be^{-x}}$
	令 $Y' = \dfrac{1}{Y}$，$X' = e^{-x}$ 则 $Y' = a + bX'$

函数形式可以从试验数据的分布规律中获得，通常把试验数据作为函数坐标点画在坐标上，根据点的分布或点连成曲线的趋向确定一种函数形式。在选择坐标系和坐标变量时，应尽量使函数点的分布或曲线的趋向简单明了，如呈现线性关系；也可以通过变量代换，将原来不明确的关系变为明确，将曲线关系变为线性关系。常用函数形式及相应的线性变换如表9-4所示。也可以采用多项式形式，如

$$y = a_0 + a_1 x + a_2 x^2 + \cdots + a_n x^n \qquad (9\text{-}44)$$

2. 求函数表达式的系数

（1）回归分析　设试验结果为 $(x_i, y_i; i = 1, 2, \cdots, n)$，用一函数来模拟 x_i 与 y_i 之间的关系，这个函数中有待定系数 $a_j(j = 1, 2, \cdots, m)$，可写为

$$y = f(x, a_j; j = 1, 2, \cdots, m) \qquad (9\text{-}45)$$

上式中的 a_j 也称回归系数。求回归系数的原则是：将所求到的系数代入函数式中，用函数式计算所得数值应与试验结果呈最佳近似。通常用最小二乘法确定回归系数 a_j，即使函数式的回归值与试验值的偏差平方和 Q 为最小，确定回归系数 a_j 的方法。Q 是 a_j 的函数

$$Q = \sum_{i=1}^{n} \left[y_i - f(x_i, a_j; j = 1, 2, \cdots, m) \right]^2 \qquad (9\text{-}46)$$

式中　(x_i, a_j)——试验结果。

根据微分学的极值定理，使 Q 为最小的条件是：将 Q 对 a_j 求导数并令其为零，则

$$\frac{\partial Q}{\partial a_j} = 0 \qquad j = 1, 2, \cdots, m \qquad (9\text{-}47)$$

求解以上方程组即可求得使 Q 值为最小的回归系数 a_j。

（2）一元线性回归分析　设试验结果 x_j 与 y_j 之间存在着线性关系，可得直线方程如下

$$y = a + bx \qquad (9\text{-}48)$$

相对的偏差平方之和 Q 为

$$Q = \sum_{i=1}^{n} (y_i - a - bx_i)^2 \qquad (9\text{-}49)$$

把 Q 对 a 和 b 求导，并令其等于零，可解得 b 和 a 如下

$$b = \frac{L_{xy}}{L_{xx}} \qquad (9\text{-}50)$$

$$a = \bar{y} - b\,\bar{x} \qquad (9\text{-}51)$$

式中，$\bar{x} = \dfrac{1}{n} \sum\limits_{i=1}^{n} x_i$，$\bar{y} = \dfrac{1}{n} \sum\limits_{i=1}^{n} y_i$，$L_{xx} = \sum\limits_{i=1}^{n} (x_i - \bar{x})^2$，$L_{xy} = \sum\limits_{i=1}^{n} (x_i - \bar{x})(y_i - \bar{y})$。

设 r 为相关系数，它反映了变量 x 和 y 之间线性相关的密切程度，r 由下式定义

$$r = \frac{L_{xy}}{\sqrt{L_{xx}L_{yy}}} \tag{9-52}$$

式中，$L_{yy} = \sum\limits_{i=1}^{n}(y_i - \bar{y})^2$，显然 $|r| \leqslant 1$。当 $|r| = 1$ 时，称为完全线性相关，此时所有的数据点 (x_i, y_i) 都在直线上；当 $|r| = 0$ 时，称为完全线性无关，此时数据点的分布毫无规则。表 9-5 所示为对应于不同的 n 和 a 下的相关系数的起码值，当 $|r|$ 大于表中相应的值，所得到直线回归方程才有意义。

表 9-5 相关系数检验表

$n-2$ \ a	0.05	0.01	$n-2$ \ a	0.05	0.01
1	0.997	1.000	21	0.413	0.526
2	0.950	0.990	22	0.404	0.515
3	0.878	0.959	23	0.396	0.505
4	0.811	0.917	24	0.388	0.496
5	0.754	0.874	25	0.981	0.487
6	0.707	0.834	26	0.374	0.478
7	0.566	0.798	27	0.367	0.470
8	0.632	0.765	28	0.361	0.463
9	0.602	0.735	29	0.355	0.456
10	0.576	0.708	30	0.349	0.449
11	0.553	0.684	35	0.325	0.418
12	0.532	0.661	40	0.304	0.393
13	0.514	0.641	45	0.288	0.372
14	0.497	0.623	50	0.273	0.354
15	0.482	0.606	60	0.250	0.325
16	0.468	0.590	70	0.232	0.302
17	0.456	0.575	80	0.217	0.283
18	0.444	0.561	90	0.205	0.267
19	0.433	0.549	100	0.195	0.254
20	0.423	0.537	200	0.138	0.181

（3）一元非线性回归分析　若试验结果 x_i 和 y_i 之间的关系不是线性关系，可利用表9-3 进行变量代换，转换成线性关系，再求出函数式中的系数；也可以直接进行非线性回归分析，用最小二乘法求出函数式中的系数。对变量 x 和 y 进行相关性检验，可以用相关指数 R^2 表示

$$R^2 = 1 - \frac{\sum(y_i - y)^2}{\sum(y_i - \bar{y})^2} \tag{9-53}$$

式中　$y = f(x_i)$——把 x_i 代入回归方程得到的函数值；

$\bar{y}$——试验结果 y_i 的平均值。

相关指数 R^2 的平方根 R 也可称为复相关系数，但它与前面的线性相关系数不同。相关指数 R^2 和复相关系数 R 是表示回归方程或回归曲线与试验结果拟合的程度，R^2 和 R 趋近 1 时，表示回归方程的拟合程度好；R^2 和 R 趋向零时，表示回归方程的拟合程度不好。

（4）多元线性回归分析 设随机变量 y 随 m 个自变量 x_1，$x_2 \cdots x_n$ 的变化而变化，其数学模型为

$$y = b_0 + b_1 x_1 + b_2 x_2 + \cdots + b_n x_n \tag{9-54}$$

式中 b_0、b_1、b_2、$\cdots$、b_n——待定参数，b_0 为常数项，b_1、b_2、$\cdots b_n$ 分别称为 y 对 x_1、x_2、$\cdots + x_n$ 的回归系数。

假定已有 n 组试验数据 $x_{1k}, x_{2k}, \cdots, x_{nk}, y_k$；$k = 1, 2, \cdots, n (m < n)$，即

$$x_{11}, \quad x_{21}, \quad \cdots, \quad x_{n1}, \quad y_1$$
$$x_{12}, \quad x_{22}, \quad \cdots, \quad x_{n2}, \quad y_2$$
$$\cdots\cdots\cdots\cdots\cdots$$
$$x_{1n}, \quad x_{2n}, \quad \cdots, \quad x_{nn}, \quad y_n$$

根据这些数据计算上述回归方程中各待定参数 b_0、b_1、b_2、$\cdots$、b_n。试验数据 y_k 与回归计算值 y'_k 之间离差的平方和称为剩余平方和，记作 Q

$$Q = \sum_{k=1}^{n} (Y_k - Y'_k)^2 = \sum_{k=1}^{n} (Y_k - b_0 - b_1 X_{1k} - b_2 X_{2k} - \cdots - b_m X_{mk})^2$$

采用最小二乘法可使剩余平方和达到最小，令

$$\overline{X}_i = \frac{1}{n} \sum_{k=1}^{n} X_{ik}, (i = 1, 2, \cdots, m); \overline{Y} = \frac{1}{n} \sum_{k=1}^{n} Y_k$$

则

$$b_0 = \overline{Y} - (b_1 \overline{X}_1 + b_2 \overline{X}_2 + \cdots + b_m \overline{X}_m)$$

令

$$L_{ij} = L_{ji} = \sum_{k=1}^{n} X_{ik} X_{jk} - \frac{1}{n} \sum_{k=1}^{n} X_{ik} \sum_{k=1}^{n} X_{jk}$$

$$L_{iy} = \sum_{k=1}^{n} X_{ik} Y_k - \frac{1}{n} \sum_{k=1}^{n} X_{ik} \sum_{k=1}^{n} Y_k$$

则有以 b_1、b_2、$\cdots$、b_n 为未知数的 m 个联立线性方程组，即

$$L_{11} b_1 + L_{12} b_2 + \cdots + L_{1m} b_m = L_{1y}$$
$$L_{21} b_1 + L_{22} b_2 + \cdots + L_{2m} b_m = L_{2y}$$
$$\cdots\cdots\cdots\cdots\cdots$$
$$L_{m1} b_1 + L_{m2} b_2 + \cdots + L_{mm} b_m = L_{my}$$

对上述方程采用无回代过程消元法求解后，可得到多元线性回归方程。求出回归方程后应对其进行显著性检验，判断是否可信需进行方差分析和回归方程显著性检验。方差分析如表9-6所示。多元回归中，在总离差平方和已确定的条件下（决定于样本容量与数据值）回归平方和 U 越大，表示随机变量 y 与 m 个自变量的线性关系越密切，回归出来的结果可信程度越高，而剩余平方和 Q 表明其他各种随机因素（除自变量的线性影响外）对 y 的影响，包括自变量对 y 的非线性影响及试验误差等。在多元回归中，各平方和的自由度按如下原则确定：总平方和 L_{yy} 的自由度仍为 $n-1$，回归平方和的自由度等于自变量的个数 m，剩余平方和的自由度等于 $n-m-1$。U/m 称为回归方差；$Q/(n-m-1)$ 称为剩余方差；$R = (1 - Q/L_{yy})^{1/2}$ 称为复相关系数。R 的平方实质上是 y 的回归平方和 U 与 y 的总离差平方和 L_{yy}

的比值,这个比值的大小反映了 y 与 x_1,x_2,$\cdots$,x_n 的线性关系的密切程度,显然 $0 \leqslant R \leqslant 1$,$R$ 越接近于 1,回归效果越好。但是 R 的大小虽然反映了总的回归效果,R 还与回归方程中自变量的个数 m 及试验次数 n 有关,为此对 n 相对于 m 不太大时,还要采用方差分析中的 F 检验,来检验总体的回归效果。$F = U(n-m-1)/(Qm)$,在给定的显著水平 a 下,如果 $F > F_{cc}(m, n-m-1)$,则证明 x 与 y 之间线性回归方程有显著意义。检验时,先查 F 分布表,可得 $F_{0.05}(m, n-m-1)$ 和 $F_{0.01}(m, n-m-1)$,将它与计算得到的 F 值进行比较,如果 $F > F_{0.01}(m, n-m-1)$,则称回归效果非常显著,如果 $F > F_{0.05}(m, n-m-1)$ 则称回归效果显著。

表9-6 方差分析表

名称	平方和	自由度	方差	方差比
回归平方和	$U = \sum_{i=1}^{m} b_i L_{iy}$	m	U/m	$F = \dfrac{U(n-m-1)}{Qm}$
剩余平方和	$Q = L_{yy} - \sum_{i=1}^{m} b_i L_{iy}$	$n-m-1$	$Q/(n-m-1)$	
总平方和	$L_{yy} = U + Q$	$n-1$		

(5) 系统识别方法 在结构动力试验中,常需要由已知对结构的激励和结构的反应,来识别结构的某些参数,如刚度、阻尼和质量等。把结构看作一个系统,对结构的激励是系统的输入,结构的反应是系统输出,结构的刚度、阻尼和质量等就是系统的特性。系统识别就是用数学的方法,由已知的系统的输入和输出,找出系统的特性或它的最优的近似解。

本 章 小 结

本章介绍了如何进行数据的整理换算、统计分析和归纳演绎,以便得出能够代表结构性能的有用公式、图像、数学模型等。同学们应掌握数据处理的内容,即数据的整理与换算,数据的统计分析,数据的误差分析,数据的表达等。通过学习,还应掌握数据修约的规则,数据统计分析的方法,试验数据的平均值、标准差、变异系数的计算方法。

思 考 题

9-1 什么是试验数据的整理和换算过程? 对试验数据如何进行修约?

9-2 什么是算术平均值、几何平均值、加权平均值? 各在什么情况下使用?

9-3 试验数据的误差有哪几种? 如何控制试验数据的误差?

9-4 异常试验数据的舍弃有哪几种方法? 简述其原理。

9-5 试验数据的表达形式有哪几种? 各用于什么情况?

附录 建筑结构试验课程——教学试验

本附录共列出 9 个教学试验，可以根据实验室的试验条件选作或进行演示性试验。

试验 1 应变片和应变仪的使用

1.1 应变片的选择与粘贴

1. 试验目的

1）掌握电阻应变片的筛选原则和方法。

2）学习常温电阻应变片的粘贴技术。

2. 试验仪表与器材

数字式万用电表、电桥、绝缘电阻表（兆欧表）、粘结剂（502 胶）、等强度梁试件、补偿块、常温应变片、接线端子、电烙铁、镊子、砂布、钢组锉、聚乙烯塑料薄膜、脱脂棉、丙酮、钢直尺、划针、引线以及防潮剂（蜂蜡或环氧树脂胶）。

3. 试验方法和试验步骤

（1）电阻应变片的筛选

1）剔出敏感栅有形状缺陷、断栅、缺少引线，片内有气泡、霉斑、锈点等的应变片。

2）用电桥或高精度的数字万用表测量应变片的电阻阻值，按照电阻值的大小进行分组。每组应变片阻值的偏差最大不应超过应变仪可调平衡允许范围的一半，一般按照 0.2Ω 级差分组。选择其中一组应变片进行试验。

3）记录所使用应变片的灵敏系数 $K = $ ＿＿＿＿＿＿。

（2）电阻应变片的粘贴

1）在等强度梁应变测试位置，用钢直尺和划针划出应变片的定位线（应变片的具体粘贴位置应由试验课指导教师确定），用 0 号砂布将粘贴部位打磨平整，再用镊子夹住脱脂棉球蘸丙酮，沿一个方向反复擦拭并不断更换棉球，直至擦拭的脱脂棉球不再变脏为止。

2）待测点的丙酮挥发干净后，取出待粘贴的应变片，左手捏持应变片的引线，右手拿住 502 胶水瓶向应变片的基底底面涂抹胶水，胶水应涂抹的匀且薄（使用 502 胶水时应注意安全）。校正好应变片的粘贴方向，小心地将其摆放好，立即在应变片的表面铺盖聚乙烯塑料薄膜，用手指稍加用力，沿应变片的一个方向连续滚压，挤出多于胶水和粘结层中的气泡，使应变片粘贴牢固，待 502 胶固化后，再将聚乙烯塑料薄膜沿相反方向轻轻扯下。

3）粘贴好应变片后，轻轻地将应变片的两根引线从试件表面轻轻拨离开来，如果胶层粘结引线较结实，可利用电烙铁对引线稍微加热，并轻轻拨离即可。再用 502 胶将接线端子紧贴应变片基底的边缘粘贴牢固。用电烙铁将接线端子挂锡，将应变片的引出线与接线端子焊接牢固，并剪掉多余的引出线。

（3）应变片粘贴质量检验

1）首先进行外观检查。观察粘贴层是否存在气泡，应变片的粘贴方向与应变测量方向是否重合。若粘贴层存在气泡，应将应变片剔除重贴，若方向误差过大也应重新粘贴。

2）利用万用表对应变片粘贴的内在质量进行检查。将万用表拨至电阻挡，选择与应变片阻值相适应的电阻挡，测量应变片的电阻阻值，如果测量的阻值与应变片的原电阻阻值相差较大，则视为不合格，需铲除重新粘贴。电阻阻值检验合格，还应检验应变片敏感栅与试件之间的绝缘电阻，可以利用绝缘电阻表（兆欧表）或数字式万用电表的100MΩ挡进行测量，测量到的绝缘电阻阻值大于20MΩ视为合格，否则应将应变片铲除重贴。

（4）固定测量导线　将导线焊接到接线端子上，然后用不锈钢制作成卡子，利用点焊机将线卡点焊在接线端子附近的结构上，在要求不高的情况下，也可使用透明胶带将导线绑扎固定在结构上。

（5）应变片的防护　在应变片、接线端子和导线的裸露部位熔滴一层蜂蜡作为防潮处理，或封固环氧树脂胶作为防潮处理及加固措施。

4. 试验报告要求

1）记述应变片的筛选过程。

2）记述应变片的粘贴过程。

3）记录或分析应变片粘贴不合格的现象、原因及所应采取的处理措施。

1.2　应变仪的使用技术

1. 试验目的

1）掌握静态电阻应变仪的使用操作规程。

2）掌握静态电阻应变仪进行单点应变测量的基本原理。

3）学习并掌握应变片半桥及全桥应变测量的接线方法，了解不同桥路接线方式的工作特点。

2. 试验仪器和设备

试验仪器和设备有静态电阻应变仪、已经粘贴好应变片的等强度梁、温度补偿块及温度补偿片。

（1）静态电阻应变仪　静态电阻应变仪主要由电桥电路、放大器及显示装置组成。电桥电路的主要作用是配合应变片组成测量电桥，放大器则将桥路的输出信号进行放大，供显示装置正常工作。

静态电阻应变仪的测量电路采用惠斯顿电桥。惠斯顿电桥四个桥臂中任何一个都可以连接应变片，当四个桥臂电阻相等时，电桥输出为零，称之为"电桥平衡"。由于电桥电路的工作特点所限制，电桥输出的电压信号并不与检测到的应变信号成线性关系，造成应变仪应变显示值存在测量误差，误差的大小与所采用应变片阻值及各桥臂实际应变值大小相关。以YD—88型静态应变仪为例，当使用应变片的阻值为 $60 \sim 600\Omega$ 时对测量造成的误差极小；测试开始时，将电桥调平也是减少误差的有效措施。一般正常使用情况下，测量误差能控制在 0.1% 以内。采用半桥模式测量应变时，应变仪显示的应变为

$$\varepsilon = \varepsilon_1 - \varepsilon_2$$

式中　ε——应变仪显示的应变值；

　　　ε_1——测量应变片 R_1 的测量应变值；

ε_2——补偿应变片 R_2 的测量应变值（通常为温度应变）。

当应变片组成全桥应变测量电路时，应变仪显示的应变为

$$\varepsilon = \varepsilon_1 - \varepsilon_2 + \varepsilon_3 - \varepsilon_4$$

式中　　　　　　　ε——应变仪显示的应变值；

ε_1，ε_2，ε_3，ε_4——应变片 R_1、R_2、R_3、R_4 上测量的应变值。

（2）YD—88 型静态应变仪主要技术指标　　应变测量范围：$\pm 19\,999\mu\varepsilon$；分辨率：$1\mu\varepsilon$；零点漂移：2h 内不大于 $\pm 3\mu\varepsilon$；电阻平衡范围：应变片阻值为 120Ω 时为 $\pm 0.6\Omega$；供桥电压：直流 2.5V。

（3）YD—88 型静态应变仪正常的工作条件

1）环境温度：$20^\circ\!C \pm 5^\circ\!C$，温度变化速度不超过 $1^\circ\!C/h$。

2）环境湿度：相对湿度不超过 85%。

3）环境无腐蚀性气体。

4）环境无工频强磁场干扰，电源电压波动范围不超过额定值的 3%。

5）使用前预热 30min。

YD—88 型应变仪允许使用的环境温度：$0 \sim 40^\circ\!C$；允许电源电压波动范围为 $-10\% \sim +5\%$。

（4）YD—88 型应变仪的使用

1）将应变仪面板的电源开关置于 OFF，电源处于断路状态；选择开关置于"0"通道；桥路模式开关置于半桥工作模式；灵敏系数开关置于 2.0。

2）将标准应变发生仪的 A、B、C 接线端子与应变仪后面板 0 号端子板的 A、B、C 插孔一一对应相接，并注意应旋紧螺钉，其他端子板不应连接任何应变片或电阻，否则会影响应变仪标定工作的正常进行。初始工作时，标准应变发生仪的各个旋钮应置于 0 位。

3）接通 220V 交流电源，开启电源开关，显示屏应显示一组稳定的数字，此时显示的数字就是电桥不平衡的分量。调节前面板 0 通道对应的调平电位器（多圈电位器），使显示的数字为 0。旋转标准应变发生仪的旋钮，产生某一应变值，应变仪应显示相应的应变值，否则表示应变仪存在误差，应调整维修后使用。

4）应变仪前面板的选择开关 $1 \sim 10$ 挡位与电位器 $1 \sim 10$ 是一一对应的，与后面板 $1 \sim 10$ 测点的接线端子也是一一对应的。如果测点数不超过 10 个，使用主机即可；若测点多于 10 个，可配用外接平衡箱，每台平衡箱可增加测点 20 个。

5）进行半桥测量。半桥单补法：将工作应变片接至后面板 $1 \sim 10$ 号接线端子板的 A，B 端子，B，C 端子与温度补偿应变片连接，调节与应变片连接的端子板相对应的平衡电位器，使应变仪显示值为 0，旋转选择开关至各个挡位，依次调整平衡，就可以准备进行应变测量了。应注意，未接应变片的挡位，应变仪的显示值将无序闪动，无法调节至 0；进行应变测量时，应按照工作应变计出厂时所标明的灵敏系数（调整应变仪的灵敏系数开关，与之相等），否则应变仪的输出值与工作应变片的实际应变值将存在较大误差。

半桥公共补偿法：半桥测量时，除选择单独温度补偿模式外，还可以选用公共补偿模式。即将工作应变计依次分别接至各个接线端子的 A、B 端子上，在公共补偿端子，连接一只公共温度补偿应变片，按照上述的方法调节各个测点电路，即可正常工作。

半桥互补法：当桥路中连接的 2 只应变片都是工作应变片时，可采用与半桥单补法相同的连接模式，2 只工作应变片互相进行温度补偿，并具有较高的桥臂系数。电路调整方法与

前述方法相同。

6）进行全桥测量。将桥路模式开关拨动至全桥位置，调整灵敏系数开关，使其与所选用的工作应变片标明的灵敏系数相同，将4个桥臂的应变片组成测量电桥，依次连接到接线端子板的A、B、C、D端子上，调节平衡电位器，使其达到平衡状态，依次连接并调节好每一个测点，测量准备工作即已完成。应注意，应变仪只能在半桥或全桥单一模式下工作，因此，应变仪正常工作时，不允许半桥模式和全桥模式混合使用。

（5）使用应变仪时的注意事项

1）要求测量电路的工作应变片与温度补偿应变片阻值应尽量相等，灵敏系数相同，工作片与补偿片的连接导线应相同，便于调节平衡。

2）应变仪应远离磁场源（电动机、大型变压器等），如有较强的磁场源，可调整应变仪的放置方向，并将应变仪的金属外壳妥善接地，以减少干扰。

3）工作片与补偿片均不应受到强日光照射，避免高温辐射和空气剧烈流动的影响，补偿片应粘贴在与测试构件相同材质的试块上，并与工作片保持相同的工作温度。应变片对地的绝缘电阻应大于20MΩ。

利用在等强度梁上粘贴的应变片，在应变仪上进行各种半桥及全桥测量电路的连接练习。

1.3 试验报告

1）写出试验的操作过程、电桥或万用表的使用方法。

2）写出所参与的试验操作、体会及感想。

3）简述所使用的静态电阻应变仪的使用方法。

4）阐述半桥以及全桥测量电路的连接方法和工作特点。

试验2 等强度梁的应变测量

2.1 试验目的

1）熟悉静态电阻应变仪的操作规程。

2）掌握静态电阻应变仪使用方法以及单点应变测量的基本原理。

3）熟悉测量电桥的应用。掌握应变片在测量电桥中的各种接线方法。

2.2 试验设备及仪表

1）YD—88型静态数字电阻应变仪一台。

2）等强度标准钢梁一台。

3）温度补偿块一块。

4）数字式万用电表一块。

2.3 试验原理和方法

1. 试验原理

桥路变换接线试验是在等强度试验梁上进行。等强度梁材料为钢，弹性模量 $E = 2.1 \times$

10^5 MPa，泊松比 $\mu = 0.3$。在梁的上、下表面沿轴向各粘贴四个应变片，可分两组试验，每组两个上表面应变片和两个下表面应变片，如附图 1 所示（1、2、3、4 为一组，5、6、7、8 为一组），应变片的灵敏系数 $K = 2.08$，$R = 120\Omega$；应变仪灵敏系数为 $K = 2.0$，应变片电阻值为 $R = 120\Omega$。

2. 试验方法

将等强度梁上的电阻应变片和电阻应变仪正确连接，进行单臂测量、半桥测量、相对两臂测量、全桥测量、串联测量和并联测量等试验。

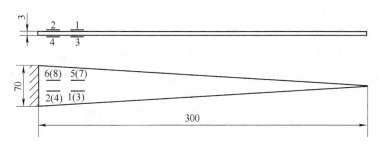

附图 1　等强度试验钢梁示意图

2.4　试验步骤

1. 单臂测量

采用半桥接线法，测量等强度梁上四个应变片的应变值。将等强度梁上每一个应变片分别接在应变仪不同通道的接线柱 A、B 上，补偿块上的温度补偿应变片接在应变仪的接线柱 B、C 上，并使应变仪处于半桥测量状态。YD—88 型静态数字应变仪的操作步骤参见使用说明书。

加载方法：取 $P_0 = 20\text{N}$，$\Delta P = 20\text{N}$，$P_{\max} = 100\text{N}$ 记录各级载荷作用下的读数应变。

2. 半桥测量

采用半桥接线法。选择等强度梁上两个应变片，分别接在应变仪的接线柱 A、B 和 B、C 上，应变仪为半桥测量状态，应变仪作必要的调节后，按步骤 1 的方法加载并记录读数应变。

3. 相对两臂测量

采用全桥接线法。选择等强度梁上两个应变片，分别接在应变仪的接线柱 A、B 和 C、D，应变仪为全桥测量状态。应变仪作必要调节后，按步骤 1 的方法进行试验。

4. 全桥测量

采用全桥接线法。将等强度梁上的四个应变片有选择地接到应变仪的接线柱 A、B、C、D 之间，此时应变仪仍然处于全桥测量状态。应变仪作必要的调节后，按步骤 1 的方法进行试验。

5. 串联测量

将等强度梁上的应变片 1、4 和应变片 2、3 分别串联后按半桥接线，应变仪为半桥测量状态。应变仪作必要的调节后，按步骤 1 进行试验。

6. 并联测量

将等强度梁上的应变片 1、4 和 2、3 分别并联后按半桥接线，应变仪为半桥测量状态。应变仪作必要调节后，按步骤 1 进行试验。

2.5 试验结果的处理

1）求出各种桥路接线方式所测得的梁的应变值，并进行灵敏系数修正。
2）计算试验值与理论应变值的相对误差。
3）比较各种桥路接线方式的测量灵敏度。

2.6 试验报告要求

1）简述电阻应变测量的全过程。
2）比较几种桥路连接方式的优、缺点。
3）比较几种桥路连接方式测得的试验结果及理论计算结果之间的关系。
4）分析各种桥路接线方式中温度补偿的实现方式。

试验3 简支钢梁非破坏试验

3.1 试验目的

1）掌握各种仪器仪表的使用方法。
2）掌握结构试验的步骤和方法。
3）掌握应变花的使用技术和结构复杂应力的测试方法。

3.2 试件准备及试验仪器仪表

1）试件：I 30×1200 工字钢梁一根，处于简支状态。测点布置如附图2所示。

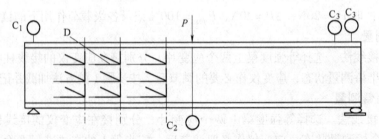

附图2 简支梁测点布置图

2）仪器仪表：C_1、C_2、C_3 为百分表或位移传感器；D 为电阻应变花，共9个，可选用直角应变花或用 3mm×5mm 应变片粘贴成应变花；静态电阻应变仪；加载架及液压千斤顶等加载设备。

3.3 试验方案

采用加载架及液压千斤顶组成加载装置，进行加载试验，荷载控制在使试件产生的最大应变为 500～750$\mu\varepsilon$ 为宜。荷载值的大小，可根据工字钢的截面计算得出，或预加载时通过试验获得。

预加载后即可进行正式试验。试验采用3级加载，加载后分2级卸载并空载静停一段时间后，进行下一次试验。整个试验反复进行 3 次。

3.4 试验报告

1）绘制荷载—挠度曲线。
2）计算各个测试点的主应力大小及其方向。
3）将试验得出的主应力方向绘制在布点网格图上。

试验 4 钢筋混凝土梁正截面试验

4.1 试验目的

通过对钢筋混凝土简支梁的抗弯强度、刚度及抗裂试验，进一步掌握钢筋混凝土受弯构件的试验过程，包括以下几个方面。

1）制定加载方案，计算极限承载力荷载，正常使用状态荷载及开裂荷载值。
2）观察裂缝出现情况，记录裂缝开展过程，测量在正常使用极限状态下的裂缝宽度及间距，描绘出构件裂缝分布情况。
3）测量在各级荷载作用下梁中点的挠度值，绘制弯矩—挠度关系曲线。
4）测量在各级荷载作用下梁在纯弯段内的转角，绘制弯矩—曲率的关系曲线。
5）测量在各级荷载作用下沿梁高度混凝土（平均）应变的分布规律，了解受压区高度的变化。
6）测量受压区边缘混凝土及受拉钢筋的（平均）应变，尽量跟踪获取承载力达到极限时的承载力极限值。通过绘图描绘出在各级荷载作用下受压混凝土及受拉钢筋应变的增长情况。
7）观察钢筋混凝土梁承载力丧失的过程及承载力检验标示的特点，绘图表示。

4.2 试件准备

1）钢筋混凝土梁，截面尺寸及配筋如附图 3 所示。混凝土强度为 C20，架立筋采用 $\phi 8$ 钢筋，跨中不配架立筋。

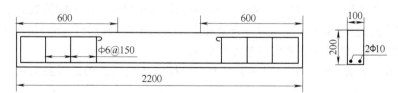

附图 3 钢筋混凝土梁构件图

2）制作钢筋混凝土梁时，在梁跨中受拉钢筋处预留孔洞，以备将来粘贴电阻应变片或架设手持应变仪测量钢筋应变之用，若安装倾角仪，则需埋设预埋件。

3）制作混凝土梁的同时，用同批混凝土制备 150mm × 150mm × 150mm 立方体试件 6 个，100mm × 100mm × 300mm 棱柱体试件 6 个；用梁内使用的同批钢筋制作受力钢筋拉伸试件 3 个。

4.3 仪表布置

1）挠度计 M_3——位移传感器，测量跨中挠度；百分表 M_1、M_2，测量支座沉陷。

2）电阻应变片 R_1、R_2、…R_9，其中 R_6、R_7 是在钢筋上粘贴的应变片。C 是手持应变仪测点。

3）电子倾角仪 I_1 及 I_2，测量转角并求得平均曲率。

4）动态电阻应变仪 1 台，X—Y 函数记录仪 1 台，用于绘制荷载—挠度、荷载—转角曲线。

5）静态电阻应变仪 1 台，3mm×10mm 电阻应变片（测量钢筋应变）；5mm×60mm 电阻应变片（测量受压区混凝土应变）。

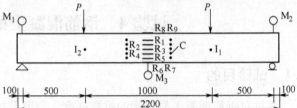

6）手持式应变仪 1 台，脚标数枚。

7）放大镜 2 支，刻度显微镜 1 台。

8）加载设备及荷重传感器。

9）仪表及传感器布置如附图 4 所示。

附图 4　钢筋混凝土梁仪表布置

4.4 试验准备

1）制定试验计划。

2）进行材料性能试验：混凝土强度等级、棱柱体抗压强度、棱柱体抗拉强度、棱柱体受压弹性模量；钢筋拉伸试验测定，弹性模量及屈服强度。

3）利用实测材料性能及构件几何尺寸，计算钢筋混凝土梁极限承载力值，开裂荷载计算值，并确定正常使用极限状态试验荷载。

4）确定试验荷载分级，将各级试验荷载列于表格备用。

5）进行梁表面处理，涂刷白灰浆干透后待用。

4.5 试验步骤

1）安装试件。

2）安装仪表。

3）进行预加载试验。

4）正式加载试验：按荷载分级加载，每级持荷 10～15min 后开始读数并进行试验数据记录。每级加载应进行观察，发现第一条裂缝后，开始描绘裂缝开展图并量测裂缝宽度。将试验数据详细记录。试验记录表格可参考附表 1。

5）接近承载力极限时，注意观察承载力检验标志的出现，确定承载力极限实测值与承载力检验标志的类型。

附表 1　试验记录表

荷载等级	荷载值	弯矩值	M1			M2			M3		
			读数	差值	累计	读数	差值	累计	读数	差值	累计

4.6 试验报告内容

1）原始资料的描述。

2）计算资料的整理。

3）试验方案的介绍。

4）绘制裂缝展开图，并加以评述。展开图格式如附图 5 所示。

5）绘制弯矩—挠度关系曲线，并加以评述。

6）绘制弯矩—转角关系曲线。

7）绘制在各级荷载下，沿梁高混凝土应变的分布情况图及中和轴变化情况。

8）绘制钢筋混凝土梁在各级荷载下，受压区边缘混凝土的压应变以及受拉钢筋拉应变的变化图。

9）实测的开裂荷载值及承载力极限值。

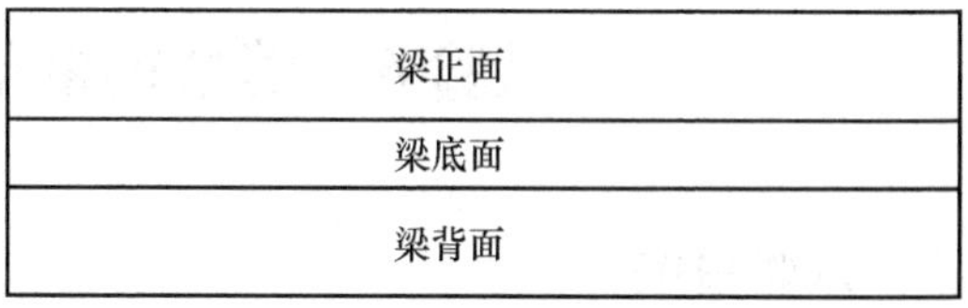

梁正面
梁底面
梁背面

附图 5　钢筋混凝土梁裂缝展开图

试验 5　自由振动法测定结构动力特性试验

5.1 试验目的

1）掌握测振仪器的使用方法。

2）掌握用自由振动法测定结构动力特性的试验方法及过程。

5.2 试件准备及试验仪器仪表

1）试件：I10×1200 工字钢一根、固定铰支座 1 个、活动铰支座 1 个。

2）加速度计 1 支、动态数据采集仪 1 台或采用电荷放大器及记录设备代用。

3）荷载块 1 块，用于施加到钢梁上，使其产生初始位移，突然卸载后使试件产生自由振动。

5.3 试验方案

试件及仪器的安装如附图 6 所示。

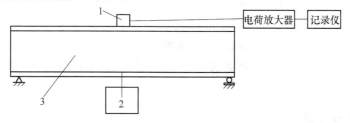

附图 6　自由振动法测定结构动力特性

1—加速度计　2—加荷块　3—工字钢

试验时，用细钢丝将加荷块吊装于梁下，使其产生初位移，然后突然剪断钢丝，激发工字钢梁产生自由振动。

5.4 试验报告

1）记述整个试验方案、方法和试验过程。

2）计算工字梁的固有振动频率和阻尼系数。

试验 6 模型钢框架动力特性测定试验

6.1 试验目的

1）通过试验掌握强迫振动振动参数（位移、频率）的测定方法。学习激振设备的使用方法。

2）掌握使结构产生强迫振动的方法。

3）掌握利用共振法测量结构动力特性的方法。

6.2 试件准备

1）试件：三层钢框架模型，模型如附图 7 所示。该模型的立柱是 4 根 3mm × 300mm × 900mm 扁钢；横梁是 I10 × 1400 热轧轻型工字钢，共 3 根；底座是热轧槽钢，预先打出 ϕ10 孔 4 个。整个结构全部焊接。

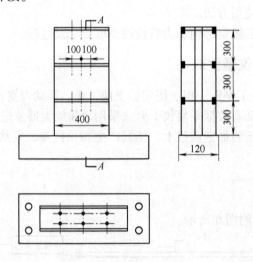

附图 7 钢框架模型结构图

2）配重：试验用配重采用热轧扁钢 6 块，尺寸为 50mm × 95mm × 350mm，用螺栓固定于工字钢上。

6.3 试验用仪器设备

1）电磁激振台 1 座。

2）加速度计、动态数据采集仪或电荷放大器及记录仪。

6.4 试验方案

将试验模型固定在电磁振动台上，将仪表按照附图 8 连接，仔细检查仪表是否安装正确。

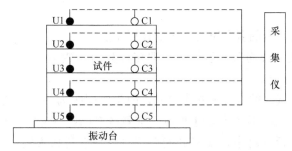

U1～U5 压阻式加速度传感器　　C1～C5 差容式加速度传感器

附图 8　试件及仪表安装图

6.5 试验准备

1）预先将试件安装在振动台上，试验指导人员应仔细检查试验模型固定是否牢固。
2）安装并调整全部仪器、设备。

6.6 试验

采用不同频率、强度大小相同的正弦波信号进行激振，使试件产生强迫振动。将加速度信号经两次积分后便获得位移信号，由动态数据采集仪采集并加以记录。逐步增加振动频率，直至超过共振频率为止。

6.7 试验报告

1）叙述动力特性试验方案的制定及试验的全过程。
2）作出共振曲线，求出钢框架结构的模型固有频率和阻尼比。

试验 7　预制板检验

7.1 试验目的

1）通过预制多孔板的检验试验，掌握预制构件检验的全过程。
2）进一步掌握各种仪器仪表的使用方法。
3）观察预制多孔板丧失承载力的过程及承载力检验标志。

7.2 试件准备

准备预制多孔板一块，几何尺寸为 3510mm×1180mm。或根据试验条件，选用其他几何尺寸的预制多孔板。了解并熟悉该多孔板的生产标准或标准图提供的设计及检验资料。根据图样或资料给出的说明，确定检验加载方式及各级检验荷载值。

7.3 试验准备

1）计算跨度 L_0。计算跨度 L_0 为多孔板轴跨 L 减去 180mm，即 $L_0 = 3510\text{mm} - 180\text{mm} = 3330\text{mm}$。

2）板的计算宽度。板的名义宽度即板的计算宽度。

3）确定检验荷载。按均布荷载检验，即在计算跨度内分成 4 个区格，用加荷块加载（或用等效集中荷载加荷）。

4）试件的安装。试件的安装形式为简支，两支座间距离为计算跨度。板的底面和侧面涂刷白石灰水，干后待用。应在板的上面画出加载区格（或集中力的位置）。

5）仪表安装。在板的跨中及支座处安装位移计，准备放大镜、读数显微镜、刻度尺、米格纸和水准仪。水准仪用于在承载力极限状态检验阶段测量挠度。

7.4 试验阶段

1）预加载试验。检查位移传感器工作是否正常，人员工作准备是否充分。

2）正式加载试验。每级加载后，持荷 10～15min 之后开始观察并记录读数，试验过程中确定开裂荷载实测值以及承载力极限值。

7.5 试验报告

1）绘制荷载—挠度曲线。

2）测定在正常使用检验荷载标准值下的挠度，判定多孔板是否合格。

3）判定多孔板抗裂性能是否合格。

4）判定多孔板承载力是否合格。

5）确定承载力极限荷载并说明承载力检验标志。

试验8 回弹法检测结构混凝土强度

8.1 试验目的

了解利用回弹仪检测构件混凝土强度的原理，学习并熟悉回弹仪的使用方法。

8.2 试验设备及仪表

2000kN 材料试验机 1 台，HT—225 型回弹仪 1 台。

8.3 试验准备

试验前准备好混凝土试件，即混凝土立方体试件 3 个，几何尺寸为 150mm×150mm×150mm；混凝土立方体试件内部不得有缺陷；试验时混凝土试件的龄期应大于 28 天。

8.4　试验步骤

1）熟悉回弹仪的结构，掌握其使用方法。

2）用卡尺测量混凝土立方体试件侧面的长度 a（mm）和宽度 b（mm）。计算试件侧面的面积 $A = ab（mm^2）$。

3）将混凝土立方体试件的一对侧面置于材料试验机的承压板间，加压 40kN。

4）在恒压的条件下，用回弹仪对试件另外两个侧面进行回弹。回弹时在每个侧面分别均匀选择 8 个测点，测量并记录混凝土试件的回弹值 $W_i（i = 1,2,3,\cdots,16）$。使用回弹仪测量混凝土回弹值时，回弹仪应处于水平位置，弹杆应垂直于测试表面。

5）将测得的 16 个回弹值，舍去 3 个最大值和 3 个最小值。利用余下的 10 个中间值 $W_j（j = 1,2,3,\cdots,10）$计算的混凝土立方体试件回弹测试平均值

$$W_m = \frac{1}{10} \sum_{j=1}^{10} W_j$$

6）利用测强公式，计算混凝土试件的立方体抗压强度值

$$f_{cu,i}^c = 0.025 W_m^{2.0108} \qquad （i = 1,2,3）$$

由计算获得的 3 个立方体抗压强度值的最小值 $f_{cu,min}^c$ 推定测试混凝土的立方体抗压强度值。

7）回弹测试结束后，将试件在材料试验机中进行加载，测量混凝土立方体试件的破坏荷载 P。

8）计算混凝土试件的立方体抗压强度 f_{cu}（MPa）

$$f_{cu,i} = \frac{P}{A} \qquad （i = 1,2,3）$$

计算其平均值，当所有 $f_{cu,i}$ 与其平均值相差小于 20% 时，取平均值为混凝土立方体抗压强度代表值 $f_{cu,m}$；如果其中某个 $f_{cu,i}$ 与平均值相差大于 20% 时，则舍去该 $f_{cu,i}$，取另外两个 $f_{cu,i}$ 的平均值作为混凝土立方体的抗压强度代表值 $f_{cu,m}$。

9）试验的误差分析。试验的相对误差为

$$\eta = \frac{f_{cu,m} - f_{cu,min}^c}{f_{cu,m}} \times 100\%$$

8.5　试验报告要求

1）简述两种检测结构混凝土强度的试验过程。

2）比较两种方法测定的混凝土强度的可靠度，并分析产生误差的原因。

试验 9　超声法检测混凝土裂缝的深度

9.1　试验目的

了解利用超声波检测仪检测混凝土构件裂缝深度的原理，学习并熟悉利用超声法检测混凝土构件裂缝深度的技术。

9.2 试验设备及仪表

非金属材料超声波检测仪 1 台、铅笔、直尺及黄油若干。

9.3 试验准备

试验前浇筑具有裂缝的混凝土试件 1 件，试件尺寸如附图 9 所示，图中 h 表示裂缝深度。试件的制作方法如下：

1）利用厚度为 1～2mm 的薄钢板（尺寸 250mm × 350mm）制作成裂缝模型，在钢板的两个侧面涂抹脱模剂（黄油），脱模剂应薄且均匀。

2）制作混凝土试件的木模型，并将裂缝模型按一定的裂缝深度牢固固定在木模上，然后浇筑混凝土。养护期间应加强养护，决不允许再产生其他裂缝。龄期超过 28 天方可进行试验。

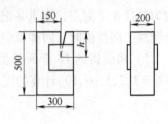

附图 9　裂缝试件试模

3）待混凝土试件制成后，用三合板和 914 环氧树脂胶将裂缝尖端处封固，避免学生试验时用尺直接量测裂缝深度。

9.4 试验步骤

1）用直尺在混凝土裂缝试件上的裂缝两侧面，各画一条直线与其上表面平行，且距上表面的距离为 H，过画出直线的中点垂直于上表面作直线，两个中点分别为 A_1 和 B_1。

2）过无裂缝处，做平行于上表面的截面与两垂线相交的点为 A_2 和 B_2。

3）辐射换能器 A 和接收换能器 B 的测量位置 A_1、A_2、B_1、B_2 见附图 10 所示，同时测量两换能器之间的距离 A_1B_1 和 A_2B_2。

4）在测点 A_1、B_1、A_2、B_2 处涂抹耦合剂（黄油），将辐射换能器和接收换能器的中心分别对准 A_1 和 B_1 测点，并使两换能器紧靠混凝土试件表面。

5）根据 A_1B_1 间距离的测量值调整超声检测仪的测距、衰减，然后测量 A_1B_1 间距离 L_1 的声时 3 次，再计算声时测量值的平均值 T_1。T_1 为 A_1B_1 距离间的超声传播所用时间。

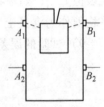

附图 10　超声波探头测量位置

6）用同样的方法测量 A_2B_2 间距离 L_2 的声时 3 次，计算声时测量值的平均值 T_2。T_2 为 A_2B_2 距离间的超声传播所用的时间。

7）利用下式计算裂缝的深度

$$HL_i = H + \frac{L_2}{2}\sqrt{\left(\frac{T_1}{T_2}\right)^2 - 1}$$

8）重新设置 H、A_1、B_1、A_2 和 B_2 的值，再进行两次试验。

9）取 3 次 $HL_i(i = 1, 2, 3)$ 的平均值作为裂缝深度 HL 的测量值。

10）将封住裂缝尖端的三合板打掉，用直尺直接测量裂缝的深度 HL_0，计算超声法测量裂缝深度的相对误差

$$\eta = \frac{HL_0 - HL}{HL_0} \times 100\%$$

11）误差分析：在两次测量中，超声波传播的途径不尽相同，超声通过不同途径的混凝土强度也必然存在差异，混凝土强度的差异造成超声波在混凝土中的波速不同。所以测量的声时 T_1 和 T_2 会存在差异；使用直尺测量 H 和 L_2 时也会产生误差。

9.5 试验报告要求

简述超声波法检测混凝土构件裂缝深度的试验操作过程。

参 考 文 献

[1] 湖南大学，等. 建筑结构试验[M]. 北京：中国建筑工业出版社，1991.

[2] 姚谦峰，陈平. 土木工程结构试验[M]. 北京：中国建筑工业出版社，2001.

[3] 王娴明. 建筑结构试验[M]. 2版. 北京：清华大学出版社，1997.

[4] 姚振纲. 建筑结构试验[M]. 武汉：武汉大学出版社，2001.

[5] 李忠献. 工程结构试验理论与技术[M]. 天津：天津大学出版社，2004.

[6] 姚振纲，刘祖华. 建筑结构试验[M]. 上海：同济大学出版社，1996.

[7] 宋彧，李丽娟，等. 建筑结构试验[M]. 2版. 重庆：重庆大学出版社，2005.

[8] 易伟建，等. 建筑结构试验[M]. 北京：中国建筑工业出版社，2005.

[9] 袁海军，姜红. 建筑结构检测鉴定与加固手册[M]. 北京：中国建筑工业出版社，2003.

[10] 李慎安，李兴仁. 测量不确定度与检测辞典[M]. 北京：中国计量出版社，1996.

[11] 宋彧，段敬民. 建筑结构试验与检测[M]. 北京：人民交通出版社，2005.

[12] 于俊英，建筑结构试验[M]. 天津：天津大学出版社，2003.

[13] GB 50152—1992 混凝土结构试验方法标准[S]. 北京：中国建筑工业出版社，1992.

[14] JGJ 101—1996 建筑抗震试验方法规程[S]. 北京：中国建筑工业出版社，1997.

[15] GB/T 50081—2002 普通混凝土力学性能试验方法标准[S]. 北京：中国建筑工业出版社，2003.

[16] JGJ/T 23—2011 回弹法检验混凝土抗压强度技术规程[S]. 北京：中国建筑工业出版社，2011.

[17] CECS 40—1992 混凝土及预制混凝土构件质量控制规程[S]. 北京：中国计划出版社，1993.

[18] GB 50292—1999 民用建筑可靠性鉴定标准[S]. 北京：中国建筑工业出版社，1999.

[19] GB 50023—2009 建筑抗震鉴定标准[S]. 北京：中国建筑工业出版社，2009.

[20] GB/T 50315—2000 砌体工程现场检测技术标准[S]. 北京：中国建筑工业出版社，2000.

[21] GBJ 321—1990 预制混凝土构件质量检验评定标准[S]. 北京：中国计划出版社，1990.

[22] 《新编混凝土无损检测技术》编写组. 新编混凝土无损检测技术[M]. 北京：中国环境科学出版社，2002.

[23] GB/T 50344—2004 建筑结构检测技术标准[S]. 北京：中国建筑工业出版社，2004.